KB182635

명문대 입학을 위해
반드시 읽어야 할

생기부
고전
필독서
30

| 과학 편 |

명문대 입학을 위해 반드시 읽어야 할
생기부
고전
필독서
30
홍석균 지음
과학 편

데이스타
Daystar

《생기부 고전 필독서 30》 시리즈를 내며

우리는 빠른 속도로 변하는 사회에 살고 있습니다. 그 사이 정보는 폭발적으로 증가하고, 내용과 형식 면에서 더욱 다양해지고 있습니다. 이에 반해 정보의 생명력은 날이 갈수록 짧아지는 모습입니다. 이에 따라 우리 사회가 요구하는 인재상도 달라지고 있습니다.

현대 사회는 단순히 한 분야만을 전문으로 하는 인재보다는 다양한 능력과 가치를 동시에 지니며 공동체 내에서 활발히 소통하고 협력할 수 있는 전인적이며 통합적인 인재를 원합니다. 스스로 새로운 가치를 창출하고 이를 증명할 창의적이고 종합적인 사고력을 지닌 인재를 요구하는 것입니다. 이는 단순히 인지적 능력만이 아니라 정서적 능력, 실천 능력, 의사소통 능력, 창의적 능력 등 다방면의 능력과 공동체 역량까지 골고루 발달시켜야 한다는 의미이기도 합니다.

현대 사회가 요구하는 인재를 키우기 위해서는 무엇이 필요할까요? 의외로 다시 옛것으로 돌아가는 것이 요청됩니다. 변화하는 세상 속에서 변하지 않는 것을 찾는 일이지요. 바로 고전古典 읽기입니다. 고전은 시간과 공간을 초월하여 인류 문화의 보편적 가치를 담고 있습니다. 인류의 정수를 담은 보고와도 같습니다. 고전을 읽고 탐구하는 것은 단순히 지식을 습득하는 과정을 넘어서 그 시대의 문화, 사상, 가치는 물론 인간이 마주한 근본적인 질문과 답을 찾는 과정입니다. 고전은 시대를 대표하는 천재들의 사유를 포함하며, 이를 통해 학문의 발전에 기여하고 인류 발전의 원동력이 되어 왔습니다.

복잡다단한 현대 사회를 살아가며 우리가 맞닥뜨리는 문제를 해결하는 데에도 고전이 필요합니다. "나는 어떻게 살아야 하는가?", "내가 원하는 게 무엇인가?", "어떤 삶이 올바른 삶인가?", "어떤 선택을 하는 것이 도움이 되는가?"와 같이 본질적인 문제에 대해 고전이 훌륭한 조언을 줄 수 있습니다. 고전에는 시간이 흘러도 변치 않는 인류의 지혜와 통찰이 담겨 있기 때문입니다.

시대를 살아오며 많은 이들이 고민해 온 보편적인 문제들, 그 문제들을 바라보고 해결하는 과정, 그 속에서 나의 가치관을 세우는 시간. 고전을 읽다 보면 자연스럽게 경험할 수 있는 것들입니다. 이는 창의성과 비판적 사고력을 키울 수 있는 가장 좋은 방법입니다. 또한 고전을 읽다 보면 다양한 감정과 상황에 대한 이해를 넓혀 갈 수도 있습니다. 이는 자신과 타인에 대해 깊이 이해할 기회가 됩니다. 고전을 읽는 것은 단순히 책을 읽는 것이 아니라 인생을 읽고 삶의 의미를 탐구하는 일입니다.

최근 교육의 흐름도 바뀌고 있습니다. 통합적 전인적 인재 양성이 중요해짐에 따라 고교학점제가 도입되고, 문이과가 통합되었습니다. 이에 따라 학생들은 스스로 진로를 탐색하고 결정하여 교과목을 선택해야 합니다. 이번 《생기부 고전 필독서 30》 시리즈는 2022 개정 교육과정과 2028 대입 개편안에 따라 학교생활기록부에 교과 세부 능력 및 특기사항의 중요성이 커지고 있는 교육 현장의 변화를 반영하여 기획되었습니다.

고전의 중요성에 공감하는 현직 교사 6명이 한국문학, 외국문학, 경제, 과학, 역사, 철학 등 다양한 분야의 대표적인 고전 작품 180편을 엄선하여 소개합니다. 국내 굴지의 대학들이 제시하는 권장 도서 혹은 필독 도서를 중심으로 학생들이 반드시 살펴보아야 할 대표적인 작품을 담았습니다. 이렇듯 다양한 영역의 고전 독서는 학생들이 선택의 방향을 잡는 데 나침반이 되어 줄 것입니다.

이 책에는 고전에 대한 소개뿐 아니라 학생들의 학업 역량을 향상시킬 수 있는 내용, 심화 탐구 활동 가이드를 함께 제공함으로써 단순히 독서 활동에서 끝나지 않고 학업과 연계될 수 있도록 심혈을 기울였습니다. 핵심 내용을 통해 학생들이 고전 읽기에 대한 심리적 허들을 낮추고 한결 편안하게 고전을 받아들일 수 있도록 하였으며, 작품에 대한 꼼꼼한 해설로 내신 대비도 가능하도록 했습니다.

한 단계 더 나아가 교과별로 고전과 연계하여 찾아볼 탐구 주제와 방향 등을 제시하여 학생들이 고전 독서를 학교생활기록부 교과 세특과 연계하여 반영할 방법을 예시를 통해 안내하였습니다. 이는 독서를 통해 학생부종합전형을 대비할 수 있는 최고의 방법이 되어 줄 것입니다.

고등학교의 생활기록부는 그 학생의 명함이나 마찬가지입니다. 자신의 진로를 위해 준비해 나가는 모습을 고스란히 담은 것이 바로 학교생활기록부입니다. 현직 교사로서 학교생활기록부의 중요성을 크게 체감하고 있습니다. 진로가 확고하든 확고하지 않든 가장 안전하고 편안하게 접근할 수 있는 방법이 바로 독서입니다. 더구나 그것이 양질의 독서라면 더할 나위 없을 것입니다. 나만의 포트폴리오를 만드는 방법으로, 고전 독서를 통해 학교생활기록부의 로드맵을 그려 보길 추천합니다.

이 책을 통해 학생들이 독서의 즐거움과 삶의 가치를 배우고, 학부모님들은 자녀가 독서를 통해 풍부한 경험과 지식을 쌓도록 도울 방법을 찾길 바랍니다. 교사들 또한 학생들에게 독서를 장려하는 효과적인 방법을 찾을 수 있으면 더욱 좋겠습니다.

이 고전 시리즈가 여러분의 독서 여정을 돕고, 그 기록이 학교생활기록부를 통해 더욱 빛나기를 바랍니다. 그 과정에 이 시리즈가 도움이 되기를 기원합니다. 감사합니다.

《생기부 고전 필독서 30》 과학 편을 내며

과학이란 인간의 삶을 변화시키고, 세상을 이해하는 새로운 창을 여는 학문입니다. 고대부터 현대에 이르기까지 과학은 지식의 진보를 이끌며 인간의 한계를 확장해 왔습니다. 수많은 위대한 과학자들이 남긴 고전은 과학이 오늘날 우리에게 다다르기까지 그 여정을 기록한 중요한 이정표입니다. 이 책은 고등학생들이 대학 입학을 준비하는 과정에서 고전 과학 도서를 통해 얻을 수 있는 통찰과 지식을 제공하기 위한 길잡이로 쓰였습니다.

대학 입시 준비 과정에서 시간에 쫓기는 학생들이 과학 고전을 읽고 깊이 있게 이해하는 것은 결코 쉬운 일이 아닙니다. 방대한 입시 준비를 하며 복잡한 과학 개념을 다룬 책을 접하다 보면 많은 학생들이 조급함을 느끼곤 합니다. 이에 이 책은 과학 고전의 중요한 핵심 내용을 간결하고 쉽게 전달하여 바쁜 학생들도 효율적으로 독서를 이어갈 수 있도록 돕기 위해 집필되었습니다.

더불어 어려운 과학 개념들을 일상적인 예시와 비유를 통해 최대한 쉽게 풀어 설명함으로써 과학에 대한 접근성을 높이는 데 주안점을 두었습니다.

과학 고전이 제공하는 지식은 시대를 초월합니다. 뉴턴의 만유인력의 법칙은 고전 역학의 기반을 닦았고, 다윈의 진화론은 생물학의 기초 개념을 세웠습니다. 이러한 고전은 단순한 과학적 사실을 넘어서 새로운 문제를 바라보는 방법과 논리적 사고의 틀을 제공해주며, 그 과정을 통해 독자가 스스로 문제를 해결할 수 있는 능력을 키워줍니다. 이 책에서 다루는 고전들은 대학 입학을 준비하는 학생들이 과학적 사고력을 기르고 나아가 미래에 학문의 여정을 밟아 나가는 데 큰 도움이 될 것입니다.

과학 고전들은 단순히 과거의 유산이 아닙니다. 현재에도 많은 과학적 문제가 고전으로부터 시작된 아이디어의 연장선에서 논의되고 있으며, 그중 많은 부분이 현대 과학의 발전과 맞닿아 있습니다. 고등학생들이 대학에서 학문을 시작하기 전, 이 책을 통해 고전 과학을 접한다면, 단순히 대학 입시에서의 경쟁력을 넘어서 세상을 더 넓고 깊게 이해할 수 있는 토대를 쌓을 수 있을 것입니다.

이 책의 목적은 대학 입학을 준비하는 학생들이 과학의 다양한 분야에서 고전을 탐독하고, 그 속에서 새로운 배움과 통찰을 얻도록 돕는 것입니다. 특히 바쁜 일상에서 시간을 쪼개어 공부하는 학생들에게 효율적인 독서를 지원하며 과학적 사고를 쉽게 이해할 수 있도록 돕고자 했습니다.

독자들이 이 책을 통해 과학에 대한 흥미와 열정을 발견하고, 자신만의 탐구 여정을 시작할 수 있기를 바랍니다. 고전은 단순히 오래된 책이 아니라, 미래로 나아가는 문을 여는 열쇠임을 깨닫게 되길 기대하며, 이 책이 여러분의 성장에 작은 도움이 되길 바랍니다.

차례

첫 번째 책

물고기는 존재하지 않는다

룰루 밀러 ▸ 곰출판

《물고기는 존재하지 않는다》는 과학 서적이지만 사회과학 분야의 책으로도 분류됩니다. 전기적 성격을 지닌 책이면서 동시에 자전적 에세이 형식을 띠는 책이기도 합니다. 저자 룰루 밀러Lulu Miller는 방송계의 퓰리처상으로 불리는 피버디상Peabody Awards을 수상한 과학 전문 기자입니다.

저자 밀러는 한 과학자의 삶(전기적 성격)에서 자신의 문제에 대한 해법을 찾아가며(자전적 에세이), 그 과정에서 과학적 진리(과학)가 사회적 문제(사회과학)에 대한 해답을 줄 수 있음을 보여줍니다. 특히 과학 전문 기자인 작가의 사실에 근거한 생생한 묘사와 무수한 복선은 이 책의 매력을 크게 높여줍니다.

혼돈 vs 질서

룰루 밀러는 어릴 때부터 이 세계가 혼돈 그 자체인지, 그 안에 질서가 존재하는지에 대한 질문에 사로잡혔다고 합니다. 7살의 어린 소녀는 아버지에게 묻습니다. “인생의 의미가 뭐예요?” 한참을 생각하던 아버지는 대답합니다. “의미는 없어!” 일찍이 저자에게 세상의 엔트로피는 증가하기만 할 뿐이라고 가르쳤던 아버지는 혼돈만이 존재하고, 혼돈 앞에서는 그 어떤 것도 중요하지 않다고 말합니다. 이 때문인지 저자는 모든 것에 의문을 품고, 삶의 의미를 찾지 못한 채 어두운 청소년기를 보냅니다.

대학에서 곱슬머리 남자를 만나 사랑을 하며 잠시나마 안식을 찾았지만, 여행길에서 만난 여성과의 관계로 그를 잃고 다시 혼돈에 빠집니다. 이러한 절망 속에서 저자는 혼돈 속에서도 질서를 찾으려 했던 한 명의 과학자를 떠올립니다. 그리고 그의 삶을 추적하며 의문에 대한 답을 찾기 시작합니다.

어류 분류학자 데이비드 조던을 떠올린 이유

저자가 떠올린 인물은 바로 스탠퍼드대학교 초대 총장이자 어류 분류학자인 데이비드 스타 조던David Starr Jordan입니다. 저자는 조던이 자연의 생물 종들을 체계적으로 분류하는 분류학자로서 혼돈 속에서 질서를 찾아내는 것이 가능한 사람이자 어떤 시련에도 의지를 꺾지 않을 사람이라고 생각했습니다. 그리고 그를 통해 자신이 찾고자 하는 답을 얻고자 했습니다.

어릴 때부터 분류에 심취했던 조던은 자연스럽게 대학에서 분류학을 전공하며 자연의 질서를 찾고자 했습니다. 당대 최고의 박물학자 루이 아가시의 영향을 받았던 조던은 자연의 생물을 분류함으로써 신의 계획을 이해할 수 있다고 믿었습니다. 특히 아가시의 기준에 하등한 생물을 잘 관찰하면 인류에 대한 신의 경고, 즉 잘못하면 하등 생물로 퇴화할 것이라는 경고의 의미를 알아낼 수 있으리라 생각했습니다. 그는 당시 불완전했던 어류의 분류를 통해 이 목표를 추구했고, 이를 통해 학문적 성공을 거두며 스탠포드대 초대 학장이 됩니다.

저자는 모두에게 하찮게 여겨지는 일을 했던 그가 어떻게 사회적으로 성공할 수 있었는지에 호기심을 갖습니다. 여기 에피소드가 하나 있습니다. 1906년 샌프란시스코 대지진으로 인해 조던이 30년 동안 분류해 온 어류 표본들이 모두 뒤섞이는 일이 일어납니다. 이와 함께 어류 표본에 붙인 이름표들도 함께 뒤섞이고 맙니다. 이러한 최악의 상황에서 조던은 절대 포기하지 않고, 바늘을 집어 들어 물고기 살에 이름표를 하나씩 꿰매기 시작합니다.

30년의 성과가 뒤죽박죽이 된 상황에서 그는 오히려 앞으로 절대 뒤섞이지 않을 수 있는 방법을 찾아냅니다. '혼돈' 속에서도 질서를 찾아내기 위해 노력했던 것입니다. 이러한 일화를 접하며 저자는 자신의 의문에 대한 해답을 찾기 위해 그의 삶을 더욱 집요하게 추적합니다.

의지가 아닌 자기기만

조던은 '분류를 통해 자연이 이미 만들어 놓은 질서, 즉 신의 계획을 발견하는 것이 인간이 할 수 있는 최대한의 것'이라고 이야기합니다. 이를 통해 저자는 어류 표본이 뒤섞이는 혼돈 속에서 조던이 스스로 절망하지 않기 위해 자신의 가치관을 속여야 했음을 알아 챕니다.

조던은 신이 세워 놓은 질서가 곧 자신이 세운 자연의 질서이자 의지라고 생각했으나 이는 자기기만이었습니다. 즉, 끊임없이 변화하고 무질서한 자연의 특성을 거부하고 자신의 방식으로 자연을 정의함으로써 절망에서 벗어나고자 했던 것입니다. 이처럼 '스스로를 기만하는 것'은 저자가 찾고자 했던 해답은 아니었습니다. 저자는 조던처럼 '자기기만'의 성격이 강한 사람들이 자기 스스로 혼돈을 통제할 수 있다는 강한 믿음을 가지고 있다는 점을 알게 됩니다.

우생학으로 질서를 찾고자 했던 조던의 착오

조던은 우생학을 신봉한 사람이었습니다. 인류의 발전을 위해

'퇴화된' 사람들을 몰살해야 한다고 주장하기까지 했습니다. 그는 육체적으로 장애를 지닌 사람들을 보호하기 위해 만든 마을인 '아오스타 마을'을 방문한 후, 이곳의 주민들이 루이 아가시가 말한 '퇴화'의 증거라고 생각하게 됩니다.

그는 인류의 발전의 위해 '쇠퇴'를 막아야 하고, 이를 위해서는 퇴화된(부적절하게 태어난) 사람들을 강제로 불임화해야 한다고 주장하게 됩니다. 그의 영향으로 인디애나주를 비롯한 여러 주에서 불임을 강제하는 것이 합법화되었고, '부적합한 사람'이라고 치부되었던 이들, 소위 문란하다고 평가된 여성들, 이민자들, 아메리카 원주민 여성 등이 그 희생양이 됩니다. 우생학을 통해 혼돈 속에서 질서를 찾아내고자 했던 조던의 비밀을 알아낸 후 저자는 다시 혼돈 속으로 빠져들게 됩니다.

민들레 법칙

'민들레 법칙'이 있습니다. 누군가에게는 잡초이지만 누군가에게는 훌륭한 약초로 쓰일 수 있는 것이 민들레입니다. 우생학의 관점에서 불임을 강제당한 사람은 중요하지 않아 보이는 생명체입니다. 하지만 자연에서 생물의 지위를 매기는 단 하나의 방법은 존재하지 않습니다. 《종의 기원》을 쓴 다윈의 말처럼 생태계는 그보다 훨씬 복잡합니다. 즉 저자는 민들레 법칙으로 생물에 가치와 질서를 부여하는 절대적인 기준은 존재하지 않음을 알아냅니다.

'물고기는 존재하지 않는다'

조던 이후, 분류학자들은 '분기학'을 통해 생물의 진화를 추적하고, 공통의 진화적 특성을 바탕으로 생물 간의 유사성을 분석합니다. 이 과정에서 '어류는 존재하지 않음'을 알게 됩니다. 물에 산다고 해서 모두 같은 종이 아니라는 사실이 이러한 주장을 뒷받침합니다.

예를 들어, 소와 폐어, 연어 중에 다른 종을 골라 봅시다. 소와 폐어는 호흡하게 해주는 폐와 유사한 기관이 있지만 연어에게는 없습니다. 소와 폐어에게는 후두개가 있지만 연어에게는 없습니다. 또한 폐어의 심장 구조는 연어보다 소와 비슷합니다. 결론적으로 폐어는 연어보다 소에 가깝습니다. 셋 중에 다른 종은 연어입니다.

사실상 조던이 평생을 바쳐 자연의 질서를 알아내기 위해 분류했던 '어류'는 존재하지 않았습니다. 이는 혼돈의 자연에는 조던이 절대 알 수 없었던 다른 정의와 규칙이 존재한다는 것을 의미합니다.

어류는 존재하지 않지만 사람들은 여전히 '직관'에 따라 물고기가 존재한다고 생각합니다. 하지만 직관에 어긋나더라도 사실은 사실입니다. 갈릴레이가 천동설을 부정하고 지동설을 주장한 것처럼, 직관을 버리면 더 많은 진실을 알 수 있습니다. 물고기를 포기한다면(어류가 존재하지 않음을 인정한다면), 그리고 당연하다고 믿었던 질서(범주)를 의심한다면, 우리는 어떤 것들을 얻을 수 있을까요? 진짜 세상을 알 수 있게 됩니다.

물고기를 버린 저자는 한 여성을 만납니다. '나를 보호해 줄 수 있는 남자가 필요하다'고 생각했던 저자는 곱슬머리 남자와의 재회를 포기하고, 스스로 웃게 만든 여성을 사랑하게 됩니다. 저자는 자신이 그려 온 인생은 아니었으나 범주를 부수고 나올 수 있었고, 있는 그대로의 세상(자연이 프린트된 커튼 뒤)을 볼 수 있게 됩니다.

과학적 진리와 사회적 질문의 만남

오랫동안 유지되어 온 관습·질서·직관은 쉽게 무너지기 어렵습니다. 우리 사회는 다양한 기본 질서들을 강요합니다. 하지만 때로는 이러한 직관들, 즉 '물고기'를 버려야만 진짜 세상을 알 수 있다고 이 책은 말합니다. 우리는 이제 어떤 직관들을 버려야 할까요? 이 책을 읽고 그 해답을 찾아보길 바랍니다.

도서 분야	과학	관련 과목	통합과학, 생명과학 계열 교과	관련 학과	의학 계열, 생명과학 계열, 자연과학 계열

▸ 기본 개념 및 용어 살펴보기

개념 및 용어	의미
엔트로피	엔트로피entropy는 무질서나 혼란의 정도를 나타내는 개념이다. 시스템이 얼마나 예측 불가능하고 불규칙한 상태에 있는지를 설명한다. 예를 들어, 얼음은 입자가 정렬된 상태로 엔트로피가 낮고, 물이나 증기는 입자가 자유롭게 움직여 엔트로피가 높다. 일반적으로 시간이 지남에 따라 엔트로피는 증가하는 경향이 있다.
퇴화	퇴화退化는 생물체나 시스템이 원래의 기능이나 구조를 잃고 점차 단순해지거나 약해지는 과정을 의미한다. 예를 들어, 동물이 불필요해진 신체 기관을 점차 사용하지 않게 되어 그 기능이 축소되거나 퇴화하는 경우가 있는데, 이는 진화와는 반대되는 개념으로 환경 변화나 사용 빈도 감소에 의해 발생할 수 있다.
우생학	우생학優生學은 인간의 유전적 특성을 개선하려는 이념이나 과학적 연구를 의미한다. 19세기 말에서 20세기 초에 발전했으며, 인간의 유전자를 분석해 '우수한' 유전적 특성을 가진 사람들의 번식을 장려하고, '열등한' 유전적 특성을 가진 사람들의 번식을 제한하려는 목적을 가지고 있었다. 우생학은 과학적으로 불완전할 뿐만 아니라 특히 나치 독일의 인종 청소와 같은 비인도적이고 비윤리적인 정책에 악용되면서 큰 비판을 받았다. 오늘날 우생학은 윤리적으로 잘못된 것으로 간주되며, 과거의 인종 차별이나 차별적 시각을 반성하는 측면에서 주로 언급된다.

▸ 시대적 배경 및 사회적 배경 살펴보기

책에 등장하는 주요 인물인 조던은 19세기 후반과 20세기 초반 미국에서 활동한 자연과학자로, 스탠퍼드대학교의 초대 총장이자 미국 어류학 및 자연사 분야의 선구적인 학자로 알려져 있다. 당시는 급속한 산업화와 과학 기술의 발전이 있던 시기로, 이러한 사회적 분위기는 자연과학 분야에서도 혁신적인 발전과 다양한 연구와 탐험을 이끌어냈다. 다윈Darwin의 진화론을 비롯하여 지구 역사에 대한 탐구가 새롭게 진척되었고, 이러한 이론들은 생물의 다양성에 대한 흥미를 불러일으켰다.

또한 미국은 이 시기에 급속한 경제 발전과 변화로 자원의 측정, 분류, 관리에 대한 필요성이 높아진 상황이었다. 이러한 시대적 상황에서 다윈의 진화론에 대한 인식 증가와 함께 종 다양성에 대한 연구가 활발하게 이루어졌다. 이는 조던과 같은 과학자들이 생명체의 분류와 다양성에 관해 깊이 탐구하는 계기가 되었다.

현재에 적용하기

과학적 발견이 고정된 진리가 아니라 시대와 관점에 따라 변화할 수 있다는 사실을 사례를 들어 설명해 보자.

생기부 진로 활동 및 과세특 활용하기

▸ 책의 내용을 진로 활동과 연관 지은 경우(희망 진로: 생명공학과)

'물고기는 존재하지 않는다(룰루 밀러)'를 통해 생물 종의 다양성과 환경 보호에 대한 중요성을 인식하고, 이를 알리기 위한 방안으로 지역 생태계 보전의 중요성에 대한 생각을 글로 정리하여 SNS에 공유함. 지역 생태계를 구성하는 생물 종들을 조사하고, 각 종의 진화 과정을 분석하여 그 공통점과 차이점을 논리적으로 밝혀냄. 특히 각각의 생물들이 다양한 방식으로 생태계에 기여하고 있음을 근거로 제시하여, 자연에 존재하는 모든 생명체는 우열을 가릴 수 없으며 모두가 중요한 존재임을 설명함. '물고기는 존재하지 않는다'에 등장하는 우생학의 문제점을 지적하고, 장애와 난치병 치료 등을 위한 유전자 조작 기술에 대한 생각을 글로 작성함. 유전자 조작을 통해 많은 사람의 삶의 질을 향상시킬 수 있지만, 그 과정에서 여러 윤리적 문제들이 발생할 수 있음을 제시하여 생명과학 기술 발전의 양면성을 정확하게 짚어 냄.

▸ 책의 내용을 생명과학 계열 교과와 연관 지은 경우

생물의 진화에 대한 여러 과학자들의 연구 내용을 조사하고, 과거부터 현재까지 진화에 대한 사회적 인식이 어떻게 변화해 왔는지 그 과정을 정리하여 발표함. 특히 '물고기는 존재하지 않는다(룰루 밀러)'를 읽고 우생학의 관점에서 진화의 개념을 설명함과 동시에 우생학이 팽배했던 시기에 무분별하게 자행된 강제 불임화를 통해 인간의 가치가 짓밟힌 여러 사례들을 제시함. 이를 통해 과학과 사회가 긴밀하게 연결되어 있음을 논리적으로 이끌어 내고, 과학 기술의 발전에 따라 발생할 수 있는 다양한 윤리적 문제에 대한 성찰의 중요성을 주장함.

후속 활동으로 나아가기

- 책 속에서 조던이 연구 과정에서 겪었던 수많은 실패와 이를 극복한 사례를 통해 과학에 대한 열정과 의지에 대해 토론해 보자. 이를 통해 '실패'가 과학적 탐구에 어떤 영향을 줄 수 있는지 논의해 보고, '실패를 대하는 자세'에 대해 생각을 정리해 보자.
- 특정 동물이나 식물에 대한 연구를 수행하고, 그 생물 종이 진화한 과정과 생태학적인 역할을 정리해 보자. 이를 통해 지구의 생물 다양성과 환경 보호의 중요성에 대해 생각해 보자.
- 우생학을 통해 인간을 포함한 모든 생물의 위계를 결정하고자 했던 조던의 모습을 보며, 현대 과학과 기술의 발전 속에서 인간의 가치와 과학적 윤리 문제에 대해 고찰해 보자.

함께 읽으면 좋은 책

찰스 다윈 **《종의 기원》** 사이언스북스, 2019

리처드 도킨스 **《이기적 유전자》** 을유문화사, 2018

유발 하라리 **《사피엔스》** 김영사, 2015

유발 하라리 **《호모데우스》** 김영사, 2017

두 번째 책

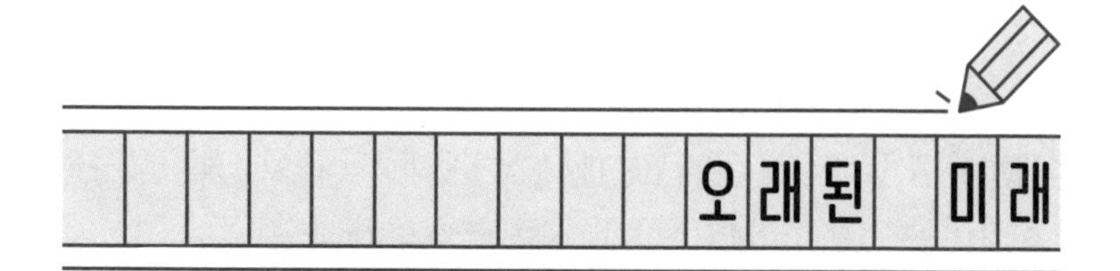

오래된 미래

헬레나 노르베리 호지 ▸ 중앙북스

인도 최북단에 위치한 라다크는 '산길의 땅'이라는 뜻에 걸맞게 거대한 산맥들에 둘러싸인 고원 지대에 자리하고 있습니다. 스웨덴 출신의 언어학자 헬레나 노르베리 호지Helena Norberg-Hodge는 16년 동안 라다크에서 주민들과 함께 먹고 자고 생활하고 그들의 언어와 문화를 배우며 지냈습니다. 라다크 주민들의 삶 속으로 들어가 그들의 생활 방식을 직접 경험하고, 오랜 시간 그들의 삶을 충실히 관찰하고 기록하여 나온 책이 바로 《오래된 미래》입니다. 이 책은 저자의 눈을 통해 바라본 라다크의 급격한 변화 과정을 담고 있습니다. 자본주의와 세계화가 라다크의 고유한 문화를 어떻게 바꾸어 놓았는지에 관해 이 책은 우리에게 많은 질문을 던져줍니다.

척박한 환경의 라다크

라다크는 인도 최북단에 위치한 지역으로 외부와의 접촉이 적어 독자적인 문화를 유지해 온 곳입니다. 라다크 사람들은 여름에는 강한 햇빛, 겨울에는 영하 40도의 혹독한 기후 속에서 삶을 영위해 왔습니다.

고도 3,000미터 이상의 고원 지대인 이곳에서는 작물 재배 기간이 4개월로 제한되어 있어 이들은 주로 보리를 재배했습니다. 그마저도 재배가 어려운 지역에서는 목축을 주요 경제 활동으로 삼았습니다. 하지만 열악해 보이는 이러한 환경은 라다크 사람들에게 큰 문제가 되지 않았습니다.

대지와 함께 더불어 사는 삶의 기쁨

혹독한 기후, 척박한 환경 속에서 라다크 사람들을 행복하고 만족스러운 삶을 살아왔습니다. 그것은 라다크 사람들이 지닌 강한 자립심과 검소한 생활 태도, 그리고 불교문화의 영향 때문일 것입니다. 라다크에서 핵심적인 역할을 하는 가축들은 노동력과 먹거리를 제공합니다. 또한 운송 수단이 되기도 하고, 이들의 배설물은 연료가 되기도 합니다.

라다크 사람들은 모든 것을 재활용하고 아주 적은 것에서 더 많은 것을 얻어 내며 자급자족 생활을 영위했습니다. 남녀노소 모두에게 주어지는 사회 구성원으로서의 책임과 역동적인 균형감은 그들에게 삶의 활력을 불어넣어 주었습니다.

자연, 그리고 사람과 함께하는 삶, 불교를 기반으로 한 비영원성에 대한 직관적 이해는 라다크 사람들의 내면에 집착과 욕심 대신 풍요로움과 안정감을 주었습니다.

변화의 바람

그러던 그들의 삶에 큰 변화가 생깁니다. 1974년 인도 정부의 관광 지역 지정을 시작으로 라다크에 변화의 바람이 불기 시작한 것입니다. 도로와 에너지 생산 시설과 같은 인프라가 건설되고 의료와 교육 부분에도 정부의 막대한 예산이 투입되기 시작합니다. 도로가 만들어지면서 외부 사람들이 라다크로 몰려들고, 이들이 돈을 쓰기 시작합니다.

외부인들은 하루에 약 100달러의 돈을 썼는데, 이는 라다크에서 한 가정이 1년 동안 쓸 수 있는 돈입니다. 돈의 역할에 대해 잘 몰랐던 라다크 사람들에게 이러한 모습은 문화적, 경제적 충격으로 다가옵니다.

관광 산업이 본격화되면서, 서양과 인도의 영화 유입이 활발해지고 텔레비전 보급이 확산되기 시작합니다. 문제는 여기서도 발생했습니다. 이러한 영상 매체는 라다크의 젊은이들에게 자신들의 삶을 미개하고 무능하다고 느끼게 만들고, 고유문화에 대한 열등감에 사로잡히게 만들었습니다.

이러한 분위기 속에서 라다크의 젊은이들은 고유문화를 거부하고 새로운 문화를 무분별하게 받아들이기 시작합니다. 과거에 라다크에서는 소금과 장신구 정도를 구입하는 데 돈을 사용했습니다. 하지만 이제 기본적인 의식주를 해결하고 선망하는 선글라스와 청바지를 사기 위해 돈이 필수적인 것이 되었습니다. 돈이 유통되기 시작하면서 기존의 라다크 경제는 점점 파괴되었고, 그들의 경제도 달러의 영향권 아래 들어가게 되었습니다.

대지와 분리된 삶

새로운 경제 체제는 사람들을 땅에서 분리시켰습니다. 예전에는 공동 작업으로 농사를 지었고 자급자족의 삶을 살았기에 돈이 필요하지 않았으나 이제 농사를 짓기 위해 사람을 사고 새로운 욕구를 충족하려면 돈이 필요했습니다. 라다크 사람들은 기존의 환경에서 벗어나 외지로 나가서 돈을 벌 수밖에 없었습니다.

그러면서 기존의 전통적인 모든 것이 거부되기 시작합니다. 신앙에 변화를 불러일으킨 과학적 시각, 지역의 자원이 열등하다고 가르치는 서구식 교육, 사회적으로 농부와 여성, 노인들을 도태시키는 새로운 경제 체제 등 여러 요인들은 라다크의 모든 것을 새로운 기준으로 평가하게 만들었습니다.

과학과 기술 개발의 함정

부정적인 영향은 이뿐만이 아니었습니다. 생명 공학으로 만들어진 인공 작물에 의한 유전자 오염은 라다크를 포함한 특정 지역의 생태계를 파괴했습니다. 실제로 대부분 과학 기술의 발전은 경제와 문화에 대한 광범위한 고려 없이 진행되었고, 생태와 문화의 다양성을 축소하고 획일화하는 경향을 보였습니다.

처음에 개발이 진행될 때는 라다크 사람들도 어떤 일이 벌어지게 될지 잘 몰랐습니다. 개발이 불러오는 파괴적인 영향력은 시간이 조금 지난 후에, 그것을 되돌아볼 때 비로소 명확히 드러났습니다. 그렇다면 이러한 문제점을 해결할 방법은 없는 것일까요?

전통과 세계화의 균형, 그리고 최적의 기술

저자는 라다크 주민들이 영위해 왔던 사회적 · 생태학적 균형을 희생하지 않고도 그들의 삶의 수준을 끌어올릴 수 있다고 말합니다. 이를 위해서는 전통적인 생활 방식을 해체하는 것이 아니라 그 기반 위에서 새로운 것을 건설해야 한다고 주장합니다.

최적의 기술은 특정한 사회 지리적 연구를 통해 얻어지는 것이며, 지역적 여건을 통해 조절되는 것입니다. 책에서 언급한 라다크의 기후를 이용한 태양 에너지 개발, 트롱브의 벽이라는 이름의 난방 시스템, 물레방아를 이용한 에너지 생산 등은 라다크의 지역적인 것과 세계적인 것 사이에 지속 가능한 중도를 찾는 과정이라고 볼 수 있습니다.

이 모든 과정에 라다크 사람들이 참여하고, 이를 통해 그들은 다시 원래의 땅으로 돌아올 수 있게 됩니다.

세계적인 흐름, 다시 라다크로

전 세계적으로 자연과 인간과의 균형 관계를 추구하는 흐름이 생겨나고 있습니다. 이 책에서 이야기하듯이 죽음을 앞둔 환자들을 돌보는 호스피스 서비스나 명상 문화는 라다크의 오래된 문화와 매우 유사합니다. 라다크 사람들은 이미 오래전부터 명상을 습관으로 해왔고, 건강 문제를 해결하기 위해 자연 치료법을 사용해 왔습니다.

생활의 모든 영역에서 생명의 상호 연관성에 대한 자각이 커지는 것도 세계적인 흐름입니다. 인간적인 삶과 여성 존중, 영적 가치를 추구하는 새로운 운동들이 속속 이어지고 있는데, 이는 라다크 사회가 오래전부터 해오던 일입니다.

모순적으로 느껴지는 '오래된 미래'라는 책 제목은 오래된 것(오래된)과 새로운 것(미래)의 균형을 찾고자 하는 저자의 생각이 담긴 표현이라 짐작해 봅니다. 《오래된 미래》에서 저자는 16년 동안 라다크를 좋은 방향으로 변화시키기 위해 충실히 관찰하고 기록했으며, 한편으로는 실질적인 대안을 만들기 위해서 노력했습니다. 이 책이 진정성 있게 느껴지는 이유이기도 합니다.

도서 분야	과학	관련 과목	과학 계열 교과, 환경, 기술, 공학 교과	관련 학과	공학 계열, 생명과학 계열, 환경 계열, 자연과학 계열

고전 필독서 심화 탐구하기

▸ 기본 개념 및 용어 살펴보기

개념 및 용어	의미
라다크	라다크Ladakh는 인도 최북단에 자리한 지역으로, 히말라야 산맥의 고원 지대에 속한다. 해발 3,000미터 이상의 고도에 자리하며, 고유의 문화와 전통을 보존해 온 곳이다. 여름에는 강한 햇빛, 겨울에는 극심한 추위가 특징인 척박한 환경에서 라다크 사람들은 주로 보리 농사와 목축을 하며 생활한다. 불교문화가 깊이 뿌리내린 지역으로, 수도인 레Leh에는 많은 사원과 수도원이 있다.
유전자 오염	유전자 오염Genetic Pollution은 유전자 변형 생물GMO에서 유래된 유전자가 자연 생태계의 야생종이나 비유전자 변형 작물로 확산되는 현상을 말한다. 이로 인해 자연종의 유전자 다양성이 감소하거나 생태계 균형이 무너지는 등의 위험이 있다. 유전자 오염은 주로 바람이나 곤충을 통해 전파된 유전자 변형 작물의 꽃가루나 종자에 의해 발생하며, 예측하기 어렵고 되돌리기 힘들다는 점에서 환경적 우려를 낳고 있다.
트롱브의 벽	트롱브의 벽Trombe Wall은 태양열을 이용해 건물의 온도를 조절하는 수동적인 태양열 난방 시스템이다. 이 벽은 일반적으로 건물의 남쪽 벽에 설치되며, 콘크리트나 벽돌과 같은 두꺼운 열 저장용 재료로 만들어진다. 벽의 외부에는 유리판이나 투명한 커버가 설치되어 햇빛이 벽에 직접 닿게 한다. 햇빛이 벽을 통과하면 열이 벽에 흡수되고, 벽은 이 열을 천천히 방출하여 실내를 따뜻하게 유지한다. 트롱브의 벽은 특히 추운 지역에서 난방 비용을 절감하고 에너지를 효율적으로 사용할 수 있는 방법으로 많이 활용된다.

▸ 시대적 배경 및 사회적 배경 살펴보기

이 책은 1970년대부터 1980년대까지 세계화와 현대화의 영향을 받은 라다크 지방 지역 사회의 변화를 직접 관찰한 저자의 경험을 담고 있다. 20세기 후반 글로벌 경제의 변화와 라다크 지방에서 일어난 현대화 과정을 통해 세계화의 영향으로 지역 경제와 문화가 어떻게 변했는지, 전통적인 생활 방식이 어떻게 사라지고 있는지를 보여 주며, 이러한 변화가 현대 사회에 미치는 영향에 대해 생각해 볼 계기를 마련해 준다.

이 책은 또한 글로벌 시장과 과학 기술의 도입이 현지 라다크 지역 사회의 문화와 가치관에 어떤 영향을 미치는지 살피며 이러한 변화로 인해 생겨나는 문제들에 대해 분석한다. 저자는 지역 사회에서 지속 가능한 삶의 중요성을 강조하면서 글로벌 경제의 일방적인 영향에 대한 비판적 시각을 제기한다. 이와 함께 현대 사회의 발전과 지역 사회의 가치에 대한 깊은 이해를 통해 지구 전체의 지속 가능한 미래를 위한 통찰을 제시한다.

현재에 적용하기

현대 사회에서 과학 기술의 발전이 공동체에 미치는 영향을 분석해 보고, 지속 가능한 발전에 대해 자신의 의견을 서술해 보자.

생기부 진로 활동 및 과세특 활용하기

▸ 책의 내용을 진로 활동과 연관 지은 경우(희망 진로: 환경공학과, 문화인류학과)

여러 방면에서 지역 사회의 문제점들을 파악하고, 지역 사회 발전을 위한 다양한 방안들을 제시함. 특히 '오래된 미래(헬레나 노르베리 호지)'에서 세계화로 인해 급격하게 변한 라다크의 모습을 소개하고, 그 과정에서 무너져 버린 라다크의 전통문화와 주민들의 삶을 통해 지역 사회가 나가야 할 방향을 제시함. 더 나아가 우리나라에서 일부 지역의 특색있는 문화와 전통이 소실되는 것에 대한 우려를 표하며, 다양성이 사회적 안정과 번영에 크게 기여할 수 있음을 강조함. '오래된 미래'에서 과학 기술의 무분별한 도입으로 인해 기존 생태계가 망가지는 과정을 분석하여, 과학 기술 발전의 문제점을 지적하고 올바른 발전을 위해 문화적, 사회적, 환경적으로 철저한 분석이 선행되어야 함을 강조함.

▸ 책의 내용을 기술 계열 교과와 연관 지은 경우

지속 가능한 발전 기술에 대해 조사하고, 해당 기술이 적용된 실제 사례들을 소개함. 이를 통해, 특정 지역의 경제적 가치를 창조하면서도 환경을 생각하고 사회적 책임을 고려할 수 있는 제품들의 필요성에 대해 역설함. '오래된 미래(헬레나 노르베리 호지)'에서 라다크 지역에 적용된 지속 가능 기술 중 하나인 '트롱브의 벽'을 소개하고, 그 원리를 분석하여 무분별하게 과학 기술을 도입하는 것이 아니라 특정 지역의 사회 환경과 지리적 특성을 고려하는 방향으로 발전해야 한다는 점을 강조함. '오래된 미래'에서 라다크의 환경에 적합하게 교배된 종인 '쪼'와 비교하여, 특정 지역의 환경을 전혀 고려하지 않은 인공 작물들이 도입될 경우 지역 생태계가 파괴될 수 있음을 강조하고 생태계에서 종의 다양성이 중요함을 주장함.

후속 활동으로 나아가기

- '오래된 미래'에서 이야기하는 지속 가능한 삶과 지역 사회의 중요성을 인식하며, 내가 살고 있는 지역에서 환경 친화적이며 지속 가능한 방식으로 지역 경제를 활성화시키는 방법에 대해 생각해 보고 이를 보고서로 작성해 보자.
- 세계화가 전 지구적으로 확산된 현대 사회에서 지역 문화와 다양성을 존중하고 보존할 수 있는 방법에 대해 구체적으로 알아보고 이를 보고서로 작성해 보자.
- 지속 가능한 소비와 지역 생산품의 중요성에 대해 생각해 보고, 지역 시장이나 농산물 직거래 등을 통해 우리 지역에서 생산할 수 있는 제품들을 찾아내는 프로젝트를 진행해 보자. 이어 자신의 소비 습관을 스스로 분석하고, 지속 가능한 방향의 소비를 추구하는 방법에 대해 생각해 보자.
- 세계화가 미치는 영향 및 지역 문화의 중요성과 다양성을 고려하며, 서로 다른 문화나 지역의 전통적인 것들을 조사하여 발표하는 프로젝트를 진행해 보자.

함께 읽으면 좋은 책

레이첼 카슨 **《침묵의 봄》** 에코리브르, 2024

E.F. 슈마허 **《작은 것이 아름답다》** 문예출판사, 2022

도넬라 H. 메도즈 외 2인 **《성장의 한계》** 갈라파고스, 2021

제인 구달 외 2인 **《희망의 밥상》** 사이언스북스, 2006

세 번째 책

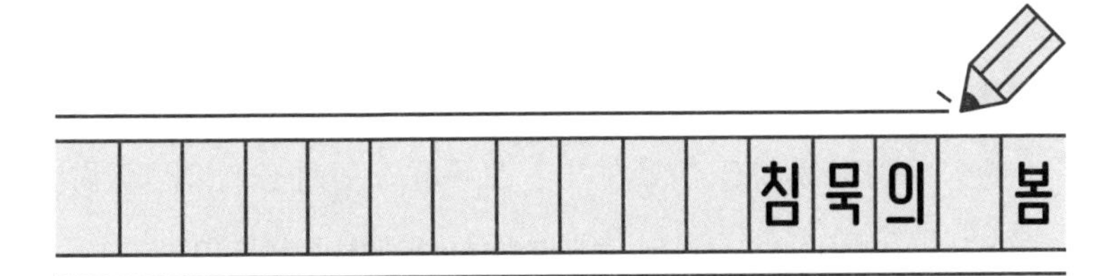

레이첼 카슨 ▸ 에코리브르

어느 날 미국 전역에서 동물들이 알 수 없는 이유로 죽기 시작합니다. 새는 옆으로 드러누워 바들바들 떠는 채로 가쁜 숨을 몰아쉬고, 다람쥐는 몸을 잔뜩 웅크리고 앞발로 가슴을 잡은 채 축 늘어져 있습니다. 봄이 왔음을 알려주는 새들의 지저귀는 소리 또한 사라집니다. 미국의 수많은 마을에서 활기 넘쳤던 봄의 소리가 더 이상 들리지 않게 된 것입니다. 미국의 과학자 레이첼 카슨Rachel Carson은 책《침묵의 봄》에서 미국의 봄이 침묵에 휩싸이게 된 이유를 설명합니다.

신의 선물이라 불리던 물질이 있었습니다. 전쟁 중 수천만 명의 몸에서 이를 없애고, 질병을 옮기거나 사람들의 식량을 갉아먹는 해충들을 박멸시킬 수 있는 물질이었습니다. 그 '물질'은 즉각적으로 어떤 다른 문제를 발생시키지 않았기 때문에 모두에게 환영받았습니다. 심지어 그 물질을 발견한 스위스의 화학자 파울 뮐러Paul Hermann Muller는 노벨상을 받았습니다. 모두를 구원해 줄 거라 믿었던 그 물질은 바로 DDTDichloro-Diphenyl-Trichloroethane입니다.

신의 선물에서 죽음의 비책으로

DDT는 살충제의 일종입니다. 메탄의 분자 구조에서 수소를 다른 물질로 치환하는 것이 가능하다는 것을 알아낸 이후로, 기존 물질에 작은 변화를 주어 DDT와 같은 수많은 종류의 살충제가 만들어지기 시작합니다. 일반적으로 해충이라고 불리는 곤충이나 쓸모없는 풀로 여겨지는 잡초 등을 없애기 위해 매년 새롭고 독성이 강한 유독 물질이 등장합니다. 그리고 그 결과 이 물질들은 생물계와 무생물계를 가리지 않고 어디에나 스며들게 됩니다.

한 살배기 아기를 데리고 새집으로 이사한 미국인 부부가 있었습니다. 이들은 바퀴벌레를 없애고자 엔드린이 포함된 살충제를 집 안 곳곳에 뿌렸습니다. 살충제를 뿌리기 전에 아기와 집에서 키우는 강아지는 집 밖에 머물도록 했고, 살충제를 뿌린 후에는 집 안 곳곳을 잘 닦았습니다. 비극은 아기와 강아지가 집으로 돌아오고부터 시작되었습니다. 집으로 온 강아지는 한 시간쯤 후에 발작을 일으키며 죽었고, 그날 저녁 아기 또한 발작을 일으키며 의식을 잃게 됩니다. 건강했던 아기는 살충제로 인해 식물인간이 되었고, 아기를 담당했던 의사는 다음과 같이 말했습니다. "온전한 상태로 회복될 수 있을지 의문입니다."

생태계로 확산된 폭발적 축적

'각다귀'라는 벌레는 모기와 비슷하지만 모기처럼 피를 빨지 않고 아무것도 먹지 않아도 생존이 가능한, 인간에게는 무해한 벌레입니다. 미국 캘리포니아주의 클리어 호수는 각다귀가 살기에 적합한 환경이었고, 많은 개체가 서식하는 것은 당연한 일이었습니다. 하지만 호수를 찾는 낚시꾼들에게 이 벌레는 성가신 존재였습니다. 낚시꾼들에게 성가시다는 이유로 이곳에 살충제가 살포되기 시작됩니다.

처음엔 DDT보다 상대적으로 덜 해롭다고 알려진 DDD Dichloro-Diphenyl-Dichloroethane를 7,000만 분의 1로 희석하여 살포했습니다. 이러한 방제법이 성공적으로 보이자 이번에는 농도를 5,000만 분의 1로 높여 추가 살포를 진행했습니다. 그런데 각다귀를 완벽하게 방제했다고 생각한 순간 예상치 못한 문제가 발생하고 맙니다. 호수에 서식 중인 논병아리 100여 마리가 사체로 발견되고, 이후 호수에서 아예 자취를 감추게 된 겁니다.

각다귀를 방제하기 위해 살포한 DDD는 호수에 0.02ppm이라는 낮은 수치로 남았지만, 호수에 번식하고 있는 플랑크톤 내에는 무려 5ppm가량이 함유되어 있었습니다. 플랑크톤을 먹고 사는 어류부터, 이러한 어류를 잡아먹는 상위 포식자들까지 먹이 사슬의 상부로 올라갈수록 DDD의 양은 폭발적으로 증가했습니다.

이러한 축적은 호수에서 끝나지 않았습니다. 호수의 물과 함께 살충제 일부가 토양으로 스며들었고, 비가 오자 토양에 스며든 살충제가 씻겨 내려가 지하수와 강, 바다로 유입되었습니다. 이러한 순환이 얼마나 폭발적인 축적을 만들어 냈을까요?

불필요한 파괴

한 번은 미시간주 남동부 상공에 알드린이 살포되는 일이 벌어졌습니다. 학교에 가던 아이들과 출근하던 사람들 모두가 독극물 세례를 받았습니다. 수입 묘목으로부터 유입된 '장수풍뎅이'를 박멸하기 위한 무분별한 살충제 살포는 수많은 새를 죽이고, 개와 고양이 같은 반려동물을 병들게 했습니다. 나아가 야생 동물과 가축도 큰 피해를 보았습니다.

이러한 '불필요한 파괴'는 '네덜란드 느릅나무병' 방제 작업에서도 드러났습니다. 병을 옮기는 매개체인 딱정벌레를 박멸하기 위해 무분별하게 살포한 살충제로 인해 지렁이, 개미, 곤충들이 중독되고 이를 먹이로 하는 수많은 새가 희생됐습니다.

살충제는 대부분 비선택적인 성질을 가지고 있습니다. 없애려는 특정한 종만 제거할 수 있는 것이 아닙니다. 인간의 필요에 따라 선택한 특정한 종을 없애기 위해 살충제를 사용하는 것 자체가 사실 모순입니다. 인간의 무지와 살충제에 대한 맹목적인 믿음 속에 불필요한 희생이 발생해 온 것입니다.

마지막 기회

저자 레이첼 카슨은 살충제로 인해 무너진 생태계에 대한 희망의 끈을 놓지 않았습니다. 자연은 인간이 지배할 수 없지만 살충제는 인간의 손아귀에 있기 때문에 문제를 극복할 수 있다고 강조합니다.

그는 이를 위해 몇 가지 대안으로 자연 방제법을 제안합니다. 먼저 천적을 이용한 방법이 있습니다. 이는 앞서 언급했던 장수풍뎅이와 '네덜란드 느릅나무병'의 매개체인 딱정벌레의 방제 과정에 적용해 볼 수 있습니다. 실제로 유화병milky disease을 유발하는 박테리아를 이용하여 장수풍뎅이를 효율적으로 방제할 수 있습니다. 또한 느릅나무 자체를 땔감으로 사용하면 나무에 붙어 있던 딱정벌레를 없애버리면서 동시에 열에너지 효율까지 높일 수 있습니다. 이 책은 그 외에도 유충 호르몬, 초음파 등을 이용한 생태학적인 다양한 생물 방제법들을 제안합니다. 이는 어쩌면 우리의 삶에 너무 많이 퍼져 있는 화학물질에 대해 어떻게 접근해야 할지 생각해 볼 기회를 마지막으로 제공하는 것일 수도 있습니다.

레이첼 카슨은 인간이 자연을 통제한다는 것은 매우 오만한 표현이며, 자연이 인간의 편의를 위해 존재한다는 것은 원시적인 생각이라고 말합니다. 그런데 이 원시적이며 단순한 생각을 기반으로 한 과학이 때로 끔찍한 무기가 되어 돌아옵니다. 곤충을 향해 겨눈 총구가 사실은 인간, 그리고 지구 전체를 향하고 있음을 깨달아야 한다고 저자는 말합니다.

《침묵의 봄》은 출간 당시 기업과 정부, 언론으로부터 많은 질타와 비난을 받았지만, 국가 환경 정책 법안을 통과시키고 미국 환경보호국을 설립하게 하는 등 환경과 생태에 긍정적인 영향을 끼쳤습니다. 책이 출간된 지 반세기 정도가 지났습니다. 현재 우리는 살충제와 같은 화학 물질들을 어떻게 사용하고 있는지 다시 한번 점검하고 생각해 봐야 할 것입니다.

도서 분야	과학	관련 과목	통합과학, 화학, 생명과학, 지구과학 계열 교과, 환경 교과	관련 학과	환경 계열, 생명과학 계열, 자연과학 계열

고전 필독서 심화 탐구하기

▸ 기본 개념 및 용어 살펴보기

개념 및 용어	의미
DDT	DDT Dichloro-Diphenyl-Trichloroethane는 20세기 중반에 널리 사용된 유기 염소계 살충제로, 1874년에 처음 합성되었으나 1939년에 스위스 화학자 파울 뮐러가 살충 효과를 발견하면서 본격적으로 사용되었다. 농업에서 해충 방제 및 말라리아와 같은 질병을 매개하는 모기의 퇴치에 크게 기여했으나, 시간이 지나면서 환경과 건강에 미치는 부정적인 영향이 밝혀졌다. DDT는 자연환경에서 잘 분해되지 않아 토양과 수생 생태계에 축적되고, 먹이 사슬을 통해 농축되면서 조류와 같은 생물의 번식에 악영향을 미쳤다. 또한 인체에 대한 장기적인 건강 위험도 제기되어, 대부분 국가에서 사용이 금지되었다. DDT의 사례는 화학 물질 사용이 주는 이점과 위험성을 신중히 평가해야 하며, 환경 보호와 인체 건강을 위한 규제와 관리가 필요함을 보여 준다.
DDD	DDD Dichloro-Diphenyl-Dichloroethane는 DDT의 대사 생성물로, DDT가 환경에서 분해될 때 생성되는 유기 염소계 화합물이다. 과거에는 DDT와 함께 살충제로 사용되었으나, 환경에 오랫동안 잔류하며 생태계와 건강에 해로운 영향을 미치는 것으로 밝혀져 사용이 금지되었다.
유화병 (풍뎅이 유충 세균병)	유화병은 포필리아균 Bacillus popilliae과 렌티모르부스균 Bacillus lentimorbus 같은 세균에 의해 발생하는 질병으로, 감염된 벌레의 체액이 흐려지면서 유백색을 띠는 것이 특징이다. 포필리아균은 풍뎅이 유충에서 발견되며, 부포자를 형성하여 유충의 소화관에서 성장한다. 이 과정에서 세균이 영양분을 흡수하고 세포가 커지면서 감염된 벌레의 체액 안에서 번식하게 된다. 세균의 증식으로 인해 벌레는 결국 사망하게 된다.

▸ **시대적 배경 및 사회적 배경 살펴보기**

20세기 중반, 미국에서는 경제 성장과 산업화가 급속도로 진행되었다. 이로 인해 화학 물질의 대규모 사용이 증가하였고 환경 오염 문제 또한 심각해졌다. 또한 농업 기술의 발전으로 인해 농약과 살충제 등의 화학 물질 사용이 증가했으며, 이에 따른 생태계 파괴와 생물 다양성 감소에 대한 우려가 대두되었다. 환경 보호에 대한 인식이 높아지고 있었으나, 일부 기업이나 정부는 경제적 이익을 우선시하면서 환경 보호 문제를 무시하거나 화학 물질을 오히려 미화하는 경향을 보이기도 했다.

저자 레이첼 카슨은 화학 물질에 대한 맹목적인 믿음과 이로 인한 환경 파괴를 비판하고, 환경 보호의 필요성과 살충제가 인간의 환경에 미치는 파괴적인 영향을 경고하며, 미국 사회에 큰 파장을 일으켰다. 이는 이후 환경 보호 운동을 활성화하고 환경 정책 제정에도 큰 영향을 미쳤다.

현재에 적용하기

다양한 종류의 살충제를 조사하여 각각의 화학적 구조와 특성에 대해 분석해 보고, 살충제의 사용이 생태계와 인간에 어떤 영향을 미치는지 토의해 보자.

생기부 진로 활동 및 과세특 활용하기

▸ 책의 내용을 진로 활동과 연관 지은 경우(희망 진로: 화학공학과)

우리 사회에 큰 파장을 불러일으켰던 '가습기 살균제' 사건에 대한 전반적인 내용을 조사하고, 많은 피해가 발생할 수밖에 없던 이유에 대해 자신의 의견을 논리적으로 제시함. 특히 유해성이 입증된 성분이 유독 우리나라에서만 가습기 살균제로 이용될 수 있도록 허용된 것이 가장 큰 문제였음을 지적하고, 다른 나라들과 같이 살균 물질에 대한 별도의 예외 조항을 두어 체계적인 안전성 검사와 성분에 대한 정보 공개를 의무화해야 한다고 주장함. '침묵의 봄(레이첼 카슨)'에서 살충제 사용으로 인한 생태계 파괴 사례들을 소개하고, 화학 제품의 무분별한 사용이 자연에 부정적인 영향을 미칠 수 있음을 알리는 포스터를 제작하여 교내에 게시함. 또한 책에서 저자가 전달하고자 하는 핵심적인 내용을 파악하고 이를 알리기 위해, 일상에서 생태계와 자연을 보호할 수 있는 실천 방안에 대한 칼럼을 작성하여 학교 신문에 기고함.

▸ 책의 내용을 화학 계열 교과와 연관 지은 경우

'침묵의 봄(레이첼 카슨)'에서 소개된 DDT와 같은 유기 합성 살충제가 해충의 신경 시스템과 호르몬에 영향을 주는 원리에 대해 탐구를 진행함. 탐구 내용을 일목요연하게 정리하고 공유하여 살충 과정에 대한 이해도를 높이는 데 큰 도움을 줌과 동시에 살충제가 생태계에 미치는 부정적인 영향을 함께 제시하여 무분별한 화학 물질 개발에 대한 경각심을 높임. 일상에서 사용하고 있는 다양한 화학 제품의 성분을 조사하여 제품 사용으로 인해 발생할 수 있는 부작용에 대해 설명함. 특히 먼지 제거제 사용으로 인한 가스 중독 사례들을 소개하고, 위험성을 지닌 화학 제품들을 저렴한 가격으로 손쉽게 구할 수 있는 판매 시스템에 대한 문제점을 지적함. 이를 해결할 방안에 대해서도 아이디어를 설득력 있게 제시함.

후속 활동으로 나아가기

- 책에서 다룬 환경 오염과 생태계 파괴에 관한 내용을 기반으로 환경을 보호하고 지속 가능하게 할 수 있는 기술에는 무엇이 있을지 생각해 보자.
- 책에서 소개된 환경 문제 중 하나를 선택하여 연구하고 발표하는 프로젝트를 수행해 보자. 환경 오염의 원인과 영향, 그리고 해결책까지 탐구하여 보고서를 작성해 보자.
- 지역 사회에 환경 문제에 대한 인식을 확산시키고 환경 보호의 대한 중요성을 강조하며 행동을 촉구할 수 있는 캠페인을 기획하고 실행해 보자.
- 책을 읽고 그 감상을 바탕으로 환경 보호에 관한 시 또는 에세이를 작성해 보자. 또는 환경을 주제로 하는 예술 작품을 창작하여 환경 보호에 대한 메시지를 전달해 보자.

함께 읽으면 좋은 책

헨리 데이비드 소로우 **《월든》** 은행나무, 2011

레이첼 카슨 **《잃어버린 숲》** 에코리브르, 2018

앨런 와이즈먼 **《인간 없는 세상》** 알에이치코리아, 2020

네 번째 책

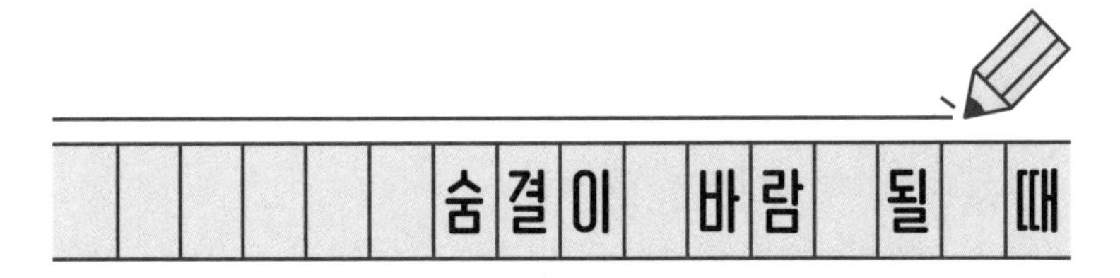

폴 칼라니티 ▸ 흐름출판

《숨결이 바람 될 때》는 신경외과 의사인 저자가 폐암 말기 판정을 받은 후 죽음을 맞이하는 과정에서 삶의 의미를 찾아가는 회고록입니다. 저자 폴 칼라니티Paul Kalanithi는 촉망받던 미국의 젊은 의사입니다. 다른 사람의 생명을 살리는 의사가 자신의 죽음을 앞두고 풀어내는 이 이야기를 통해 삶과 죽음의 의미를 헤아리고, 지금 내 삶이 얼마나 아름답고 가치 있는지를 생각해 보는 시간을 가질 수 있을 것입니다.

인문학도가 의사가 되기까지

언제나 시간에 쫓기며 살던 의사 아버지의 모습은 어린 저자에게

'의학'은 곧 '부재不在'라는 인식을 심어 주었습니다. 환자들에게는 언제나 헌신적이었고 존경받는 사람이었지만 그만큼 가정에는 충실할 수 없었던 아버지의 모습을 보며 그는 의사라는 직업에 대해 부정적인 인식을 가지게 되었습니다.

교육 열정이 남달랐던 어머니 덕분에 그는 어린 시절부터 많은 책을 접했고, 이 시기에 폭넓고 깊은 인문학적 지식을 쌓게 됩니다. 이후 명문 스탠퍼드대학교에 입학하여 영문학과 생물학을 공부하였는데, 당시 영문학으로 석사 학위를 받아 졸업을 앞둔 상황에서 그는 큰 고민에 빠지게 됩니다.

삶의 의미에 대해 고민했던 저자에게 인문학은 인간의 정신적인 삶을 가장 잘 설명해 줄 수 있는 분야였습니다. 그러나 결국 인간은 뇌의 지배를 받는 하나의 생물일 수밖에 없다는 딜레마에 빠지게 됩니다. 인간이 삶에서 마주하는 순간마다 뇌가 하는 역할에 대해 의문을 가지게 된 그는 신경과학 분야에 끌리게 됩니다. 생물학적인 삶에 대한 통찰을 위해 의학을 공부하기로 결심한 저자는 예일 의과 대학원에 진학해 본격적으로 의사가 되는 길을 걷게 됩니다.

촉망받는 젊은 의사, 죽음과 마주하다

레지던트로서 수많은 뇌 손상 환자들을 성공적으로 치료해 내며 그는 신경외과 분야에서 촉망받는 의사의 반열에 오르게 됩니다.

뛰어난 연구 성과로 권위 있는 상들을 휩쓸고, 전국 곳곳에서 채용 제안을 받으며 의사로서 경력도 정점에 다다르게 됩니다. 이제 곧 저자가 그토록 꿈꿔왔던 미래가 눈앞에 펼쳐질 예정이었습니다. 그러던 그때, 그는 극심한 요통을 시작으로 몸 여기저기에 이상 증상을 느낍니다. 이와 함께 저자가 기다렸던 순간은 점점 멀어지게 됩니다.

의사이기 때문에 그는 누구보다 잘 알았을 겁니다. 자신의 몸이 치료해도 회복하기 어려운 상태임을 말이죠. 저자는 폐암 4기를 선고받고 나서 이렇게 말합니다. '내 남은 삶이 석 달이라면 가족과 함께 시간을 보내고 싶고, 1년이라면 늘 쓰고 싶었던 책을 쓰고 싶다. 만약 10년이 남았다면 병원에 복귀해 환자들을 치료하고 싶다.'

생명 연장 vs 의사로서의 정체성

그 어떤 것도 확실하지 않은 상황에서 저자는 의사로서의 삶을 계속 이어 나가기로 하고 병원에 복귀합니다. 최고참 레지던트로서 엄청난 업무량을 소화해 내고, 아내와 인공 수정을 통해 임신에도 성공합니다.

그러나 레지던트 수료를 코 앞에 두고 병이 급속도로 악화됩니다. 더 이상 의사로서의 생활을 감당하기 어렵게 되자 그는 의사로서의 삶을 내려놓습니다. 일상적인 활동이 불가능하게 되었고, 그는 이제 만삭인 아내의 간호를 받습니다.

그는 환자로서, 그리고 의사로서 단순히 생명을 연장시킬 수 있는 소생 치료를 거부하고 자신의 정체성을 끝까지 지켜 나갑니다. 가족, 그리고 딸 케이디와 함께 행복한 시간을 보내던 어느 날 상태가 급격하게 악화되기 시작했고, 결국 그는 가족들 곁에서 숨을 거둡니다.

딸 케이디가 태어난 지 8개월이 되던 날, 가족과 이별하기 직전까지 사력을 다해 그는 이 책을 써내려 갑니다. 자신의 과거를 회상하고, 대학 시절부터 의사의 삶, 그리고 치료를 받던 환자로서의 삶까지 책에 모두 넣고자 했지만 결국 완성하지 못하게 됩니다.

이 책의 에필로그는 그의 아내였던 의사 루시가 완성합니다. 아내는 저자에 대해 이렇게 기술합니다.

'폴은 자신의 약한 모습을 솔직하게 보여줬다. 불치병에 걸렸어도 폴은 온전하게 살아 있었으며, 육체는 병들어 갔지만 활기차고 솔직하며 희망에 가득 차 있었다. 그가 바랐던 것은 가능성 없는 완치가 아니라, 목적과 의미로 가득한 삶이었다.'

삶과 죽음에 대한 사유

우리는 시간과 공간에 따라 서로 다른 모습으로 살아갑니다. 이 책에서 저자는 의사이기도 하고 환자이기도 하며, 의사이자 환자인 상황에 놓여 있기도 합니다. 저자는 병약했을지 몰라도 나약하지는 않았습니다.

이 책에는 저자가 의사로서, 또 환자로서 느꼈던 삶과 죽음의 의미, 문학도로서 느꼈던 삶의 철학적 의미, 그리고 생물학도로서 느꼈던 생명의 존엄함에 대한 사유가 잘 녹아 있습니다. 우리는 보통 죽음을 떠올릴 때 이를 회피하곤 합니다. 하지만 죽음에 대해 논하고 생각하기를 피하는 것이 정말 최선일까요? 언젠가는 누구나 경험하게 될 죽음. 이에 대해 진정성 있게 함께 이야기할 때 삶을 좀 더 가치 있게 만들 수 있지 않을까 생각해 봅니다.

도서 분야	과학	관련 과목	통합과학, 생명과학, 화학 계열 교과	관련 학과	의약학 계열, 생명과학 계열

고전 필독서 심화 탐구하기

▸ 기본 개념 및 용어 살펴보기

개념 및 용어	의미
레지던트(전공의)	전공의는 의과 대학을 졸업한 후, 특정 전문 분야에서 수련하며 임상 경험을 쌓는 의사를 말한다. 보통 레지던트라고도 불리며, 전문의 자격을 얻기 위해 병원에서 정해진 기간 동안 진료와 치료에 참여하며 전문 지식을 습득한다. 전공의 과정은 일반적으로 3~4년 정도이며, 이 기간 동안 다양한 질환과 상황을 접하면서 의학적 기술과 능력을 발전시킨다.
신경외과	신경학Neurology은 신경계의 구조와 기능, 그리고 신경계와 관련된 다양한 질병과 장애를 연구하고 치료하는 의학의 한 분야이다. 그중 신경외과는 신경계, 즉 뇌, 척수, 신경, 그리고 그 주변 조직과 관련된 질병을 진단하고 수술적 치료를 하는 임상의학 분야이다.

▸ 시대적 배경 및 사회적 배경 살펴보기

'숨결이 바람 될 때'의 저자 폴 칼라니티는 1977년에 태어나 2015년에 세상을 떠났다. 이 책은 그가 죽기 전 죽음에 직면하면서 쓴 글로, 20세기 후반부터 21세기 초반 현대적인 의학과 인간의 삶에 관한 이야기를 다루고 있다. 이 책은 특히 의학 분야의 발전과 함께 현대 사회에서 죽음과 삶에 대한 인식의 변화를 반영하고 있다. 독자들에게 인간의 삶과 죽음의 의미에 대한 심오한 사색을 제공하며, 생명과 죽음을 어떻게 바라볼지에 관한 가치 판단과 도덕적 고찰을 이끌어 내는 책이다.

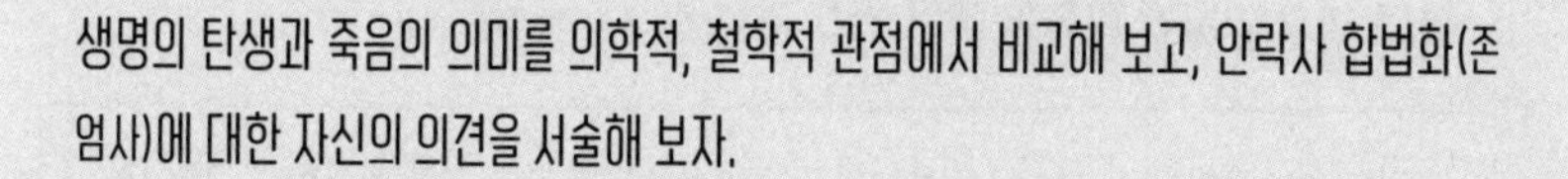

생명의 탄생과 죽음의 의미를 의학적, 철학적 관점에서 비교해 보고, 안락사 합법화(존엄사)에 대한 자신의 의견을 서술해 보자.

생기부 진로 활동 및 과세특 활용하기

▸ 책의 내용을 진로 활동과 연관 지은 경우(희망 진로: 의학과)

현재 우리나라의 의료 시스템을 분석하고 문제점을 지적하며 이를 개선할 수 있는 여러 아이디어를 제시함. 환자를 중심으로 하는 의료 환경을 제안하고, 이를 위한 사회적·정책적 제도의 필요성을 강조함. 특히 '숨결이 바람 될 때(폴 칼라니티)'를 통해 현대 의료 환경에서 무엇보다 환자에 대한 인간적인 접근과 소통이 매우 중요함을 설명함. 스위스, 네덜란드, 벨기에 등 안락사를 법적으로 인정하는 국가들의 안락사 허용 기준에 대해 분석하고, 그 기준에 관한 생각을 글로 정리하여 학교 신문에 투고함. SNS를 통해 직접 진행한 '안락사에 대한 여론 조사' 결과를 근거로 하여 많은 사람이 안락사를 긍정적으로 생각하고 있음을 제시하고, 이러한 결과는 죽음에 대한 선택의 자유가 인간의 기본적인 권리 중 하나라고 여기는 사회적 분위기를 반영하는 것임을 설명함. 한편 경제적인 이유 등으로 안락사가 악용되거나 환자에 대한 치료 가능성을 무시하는 일이 발생할 수 있음을 설명하여 안락사에 대한 다양한 관점을 객관적으로 제시함.

▸ 책의 내용을 생명과학 계열 교과와 연관 지은 경우

알츠하이머, 파킨슨병, 뇌전증 등 여러 뇌 질환을 겪는 환자들의 특성을 살펴보고, 뇌 질환이 환자들의 사고와 의지에 어떤 영향을 주는지에 대해 자기 주도적으로 학습을 진행함. 뇌는 인간의 행동과 감정을 조절하는 중요한 기관이지만 단순히 뇌의 특정 부위나 신경전달물질에 의해서만 인간의 의지를 설명할 수 없음을 알아내고, 여러 요인의 복합적인 상호작용의 결과임을 밝혀냄. '숨결이 바람 될 때(폴 칼라니티)'에서 저자가 뇌 손상 환자의 수술을 앞두고, 질병의 치료와 환자의 정체성 문제에 대해 고뇌하는 내용을 소개함. 뇌 질환과 자기 의지와의 관계를 알아내는 것보다 환자가 삶에서 가치 있게 여기는 것을 존중하는 것이 더욱 중요함을 설명하고, 의학을 포함한 모든 과학 기술은 인간의 존재를 의미 있게 만들어 줄 수 있는 방향으로 발전해야 함을 주장함.

후속 활동으로 나아가기

▸ 폴 칼라니티가 죽음을 앞둔 상황에서 삶을 대하는 태도를 분석해 보고, 삶의 진정한 의미가 무엇인지에 대해 토의해 보자.

▸ 모둠 안에서 삶과 죽음에 대해 의사의 입장에서, 환자의 입장에서 각각 이야기해 보자. 이를 통해 내가 삶에서 가장 중요하게 생각하는 것이 무엇인지 생각해 보고, 이를 바탕으로 삶의 목표와 방향을 설정해 보자.

함께 읽으면 좋은 책

아툴 가완디 **《어떻게 일할 것인가》** 웅진지식하우스, 2018

랜디 포시 외 1인 **《마지막 강의》** 살림, 2008

다섯 번째 책

모든 순간의 물리학

카를로 로벨리 ▸ 쌤앤파커스

'양자역학'이나 '상대성이론'. 한 번쯤은 들어본 친숙한 단어들입니다. 하지만 대부분 사람들이 그 내용까지 친숙하게 여기지는 않는 듯합니다. 《모든 순간의 물리학》의 저자 카를로 로벨리Carlo Rovelli는 이탈리아 태생의 과학자로 과학의 대중화를 위해 노력해 온 저명한 물리학자입니다.

이 책에서 그는 어려워 보이는 과학적인 개념을 일반인들도 이해하기 쉽게 설명하고 전달합니다. 과학을 어렵게만 생각하던 이들도 이 책을 통해 현대 물리학의 주요 개념을 이해할 수 있게 될 것입니다. 나아가 세상을 새로운 시각으로 보다 넓게 바라볼 수 있게 될 것입니다.

시간은 왜 사람마다 다르게 흘러갈까: 상대성 이론

영화 〈인터스텔라〉에서는 지구와 시간이 다르게 흐르는 행성들이 등장합니다. 실제로 시간은 중력이 약한 곳에서는 빨리 흐르고, 중력이 강한 곳에서는 천천히 흐릅니다. 예를 들어, 쌍둥이 중 한 명은 산에, 나머지 한 명은 바다에 살게 했을 때 산에 산 사람이 바다에서 산 사람보다 빨리 늙게 되는 원리입니다.

이렇게 '왜 모든 사람에게 시간이 똑같이 흘러가지 않을까?'에 대해 설명하는 이론이 바로 상대성이론입니다. 그러면 도대체 왜, 시간은 사람마다 다르게 흘러가는 걸까요? 이를 알기 위해서는 공간에 대한 이해가 선행되어야 합니다.

뉴턴에 의해 제안된 중력이론은 정말 완벽해 보였지만 현상을 설명할 뿐 그 힘의 이유를 알 수 없었습니다. 이후 마이클 패러데이Michael Faraday와 제임스 클러크 맥스웰James Clerk Maxwell은 어떤 힘이 작용하는 범위인 '장field'이라는 개념을 도입하는데, 아인슈타인이 그 장의 개념을 중력에 적용하여 '중력장'이라는 개념을 만들어 냅니다. 텅 비어 보이는 '공간'은 중력을 갖고 있는 '물질'이며 그 자체가 '중력장'입니다. 좀 더 쉽게 이야기해 보도록 하겠습니다.

풍선 표면을 손가락으로 누르면 움푹 들어가는 것처럼, 태양은 자신의 주변 공간(풍선과 같은 물질)을 움푹 들어가게 합니다. 그 움푹 들어간 공간에서 직선 운동을 하는 지구는 태양 주위를 돌게 됩니다. 눈에 보이지는 않으나 이 공간은 세상을 구성하는 하나의 '물질'입니다. 그리고 이 공간은 파도처럼 물결을 이루기도 하고 휘거나 굴절될 수 있는 실체입니다. 이처럼 시간도 휘어질 수 있습니다. 그렇기 때문에 중력이 약한 곳에서는 시간이 빠르게 흐르고, 중력이 강한 곳에서는 시간이 느리게 흐르는 것입니다.

공간이 장이자 하나의 물질이라는 개념을 이해했다면, 이 장을 이루고 있는 것이 무엇인지에 대해 살펴보도록 하겠습니다.

세상은 불연속적인 입자로 이루어졌다: 양자역학

양자역학은 독일의 물리학자 막스 플랑크Max Planck가 전기장의 에너지가 '양자'와 같은 덩어리(입자)로 분포되어 있다는 특이한 생각을 바탕으로 그 값을 계산한 것에서 시작됩니다. 그 당시까지는 에너지는 '연속적으로 변화하는 것'이라는 개념이 지배적이었고, 이 때문에 하나의 물체(입자)로 볼 수 없다고 생각했습니다. 그런데 플랑크는 이러한 보이지도 않는 에너지를 하나의 덩어리로 가정하여 계산했는데 측정 결과와 맞아떨어지는 것에 의아함을 느낍니다.

그 에너지 덩어리가 실재한다는 것은 그로부터 5년 후에 아인슈타인에 의해 증명됩니다. 아인슈타인은 빛은 에너지 입자, 즉 광자가 모여서 만들어진다고 말합니다. 이때 빛 에너지가 연속적으로 분포하는 것이 아니라 공간 속의 '특정한 지점들'에 위치하고 있다고 설명하는데, 이러한 '불연속적'인 특성을 '양자화'되었다고 말합니다.

덴마크의 과학자 닐스 보어Niels Bohr는 원자 내의 전자가 원자핵 주위에 연속적으로 위치할 수 없고 '특정한 위치'에 존재할 수 있음을 알아냅니다. 이는 아인슈타인이 설명한 빛 에너지의 불연속적인 특성과 같은 개념입니다. 이러한 '양자화' 개념은 추후 베르너 하이젠베르크Werner Heisenberg에 의해 하나의 방정식으로 정리됩니다. 이렇게 양자역학은 우리 눈에 보이지 않는 미시 세계를 설명하는 분야로, 그 연구는 지금까지도 진행 중입니다.

상대성이론과 양자역학의 결합: 루프 양자 중력이론

현재 물리학에서는 앞에서 살펴본 두 이론(상대성이론과 양자역학)을 결합하려는 시도가 이루어지고 있고, 이 책의 저자도 그 연구에 참여하고 있습니다. 이러한 새로운 이론을 루프 양자 중력이론이라고 하는데, 이는 공간 입자 물리학이라고 볼 수 있습니다.

좀 더 쉽게 이야기해 보자면, 과학자들이 중력의 개념을 연구하는 과정에서 공간의 왜곡과 휘어짐을 발견했고 양자역학에 근거하여 불명확하지만 세상이 어떠한 입자로 이루어져 있음을 알아냈습니다. 이 두 가지 개념을 합쳐본다면 '공간'이라는 것 역시 어떠한 입자로 구성되어 있음을 짐작할 수 있습니다. 즉 공간은 이러한 입자의 배열에 불과한 것입니다.

저자는 이러한 이론을 통해 우리가 살고 있는 우주, 지구, 공간, 그리고 시간의 의미를 설명하기 위해 노력합니다. 이외에도 우주의 형성과 블랙홀, 그리고 시간이 존재하지 않는다고 말할 수 있는 이유에 대해 현대 물리학 이론으로 설명해 줍니다.

인간의 인식을 확장시키는 과학 이론의 발전

과학자들은 철학적 사고를 많이 합니다. 실제로 관측할 수 없고 규명할 수 없는 무언가를 알아내야 하기에 다양한 것들을 상상하는 훈련이 과학자들에게 필수적입니다. 이렇게 진화하는 과학 이론은 우리의 인식도 확장시켜 줍니다. 과학적 지식이 발전하면 인간 존재에 대한 이해 역시 달라집니다. 뇌 과학이 있기 전과 후로 인간에 대한 개념이 많이 달라진 것만 보아도 알 수 있습니다.

이 책은 여러 가지 과학 이론이 복잡하고 때로는 서로 모순되는 것처럼 보여도 우리가 세상을 이해하고 인식의 한계를 넓혀가는 데 도움이 된다고 말해줍니다.《모든 순간의 물리학》을 통해 여러분도 세상을 새롭게 알아가는 기쁨을 느낄 수 있다면 좋겠습니다.

도서 분야	과학	관련 과목	통합과학, 물리학, 화학, 지구과학 계열 교과	관련 학과	물리 계열, 과학교육 계열

고전 필독서 심화 탐구하기

▸ 기본 개념 및 용어 살펴보기

개념 및 용어	의미
중력장	중력장gravitational field은 물체 사이에 작용하는 중력의 영향을 공간에 걸쳐 나타내는 개념이다. 중력은 물체가 서로를 끌어당기는 힘을 의미하며, 중력장은 이러한 힘이 공간 전체에 어떻게 미치는지를 나타낸다. 중력장은 특정 물체가 존재할 때 그 주변에 형성되며, 물체에 가까울수록 중력의 영향이 강하게 나타난다. 예를 들어 우리가 지구 표면에 서 있을 때, 지구의 중력은 우리를 아래로 끌어당긴다. 이처럼 중력장을 통해 중력의 영향을 시각화할 수 있다.
하이젠베르크 방정식	하이젠베르크 방정식은 양자역학에서 파동 함수wave function의 시간 변화를 설명하는 핵심 방정식 중 하나로, 양자역학의 기본 방정식으로 널리 사용된다. 이 방정식은 양자역학에서 물체의 상태를 나타내는 파동 함수의 시간 변화를 설명하는데, 특정 물리적 시스템의 에너지와 운동량을 나타내는 에너지-운동량 연산자operators와 파동 함수의 시간 변화를 나타내는 미분항으로 구성된다. 이 방정식을 통해 파동 함수의 시간 변화를 알 수 있으며, 이를 통해 양자 시스템의 다양한 물리적 특성을 예측할 수 있다.

▸ 시대적 배경 및 사회적 배경 살펴보기

이 책은 현대 물리학의 핵심 개념과 이론들을 일반 대중에게 소개한다. 저자인 카를로 로벨리Carlo Rovelli는 과학에 대한 대중의 흥미와 이해를 높이는 데 크게 기여한 인물로, 양자역학, 상대성이론, 우주론 등 복잡한 물리학적 개념과 이론을 알기 쉽게 설명하고 이를 통해 독자들이 현대 물리학의 중요성을 깨닫게 함과 동시에 이를 바탕으로 우주의 특성을 이해할 수 있도록 돕는다. 급격한 과학 기술 발전 속에서 이의 근간이 되는 물리학에 대한 이해를 통해 우리가 살아가는 세계를 더 깊이 이해하고 탐구할 기회를 제공하는 책이다.

현재에 적용하기

이 책에서 설명하는 이론에 따라 시간과 중력의 관계를 설명하고, 우리가 일상에서 경험하는 시간의 개념이 어떻게 다르게 이해될 수 있는지 설명해 보자.

생기부 진로 활동 및 과세특 활용하기

▸ 책의 내용을 진로 활동과 연관 지은 경우(희망 진로: 에너지공학과)

기후 변화, 에너지 문제 및 각종 자연 재해가 과학 기술의 발전과 함께 가속화되고 있음에 주목하고, 현대 사회에서 과학 기술이 일상에 미치는 영향이 매우 막대함을 설명함. 과학 기술을 어떻게 개발하고 사용할 것인지에 관심을 갖는 것이 스스로를 위한 것임을 강조하고, 이를 위해 교내에서 과학 커뮤니케이션 활동을 자체적으로 진행함. 활동 과정에서 '모든 순간의 물리학(카를로 로벨리)'에 소개된 개념들을 다양한 방식으로 재구성하여 제공하고, 그 내용을 기반으로 우리를 둘러싸고 있는 모든 환경 속에 숨어 있는 과학적 원리들을 매주 소개하여 큰 호응을 얻어냄.

▸ 책의 내용을 물리학계열 교과와 연관 지은 경우

'모든 순간의 물리학(카를로 로벨리)'에서 설명하는 양자역학, 상대성이론, 우주의 구조 등의 주제에 관해 탐구 활동을 진행하고, 그 내용을 정리한 자료를 공유함. 단순히 물리학적 개념을 설명하는 것에 그치지 않고 과학 이론이 우리가 사는 세계를 어떻게 표현하고 있는지 설명하여, 과학이 우리를 둘러싼 환경을 이해하는 데 매우 중요한 도구가 됨을 깨닫게 하는 기회를 제공함. 굴절 현상을 이용하여 빛과 색을 활용한 작품을 제작하고, 음파를 변형시킬 수 있는 앱을 이용하여 특징적인 음향 효과를 제작해 보는 등 과학적인 원리를 활용한 예술 작품을 통해 보다 흥미롭게 과학을 접할 수 있는 여건을 마련해 줌.

후속 활동으로 나아가기

- 책에서 소개된 현대 물리학의 이론을 이해하는 데 도움이 될 실험을 진행해 보자. 전기 회로 및 전자기장의 개념을 이해할 수 있는 '전자기학 실험', 물체의 운동, 가속도, 운동량 보존 등의 물리학적인 개념을 이해할 수 있는 '역학 실험', 파동의 속도, 파장, 주파수 등을 이해할 수 있는 '파동 실험' 등을 직접 해 보며 주요 물리학 개념을 이해해 보자.
- 태양계의 형성 과정, 우주의 확장, 상대성이론 등 다양한 과학 주제를 선택하여 연구 프로젝트를 진행하고, 이러한 연구 내용을 공유할 수 있는 과학 콘퍼런스나 전시회를 개최해 보자. 그리고 연구 내용을 다른 학생들과 함께 공유하고 토론해 보자.
- 책에서 다루는 물리학 이론과 발견이 현재의 과학 기술 및 혁신에 어떤 영향을 주었는지에 대해 생각하고 이를 보고서로 작성해 보자.

함께 읽으면 좋은 책

리처드 파인만 **《파인만의 여섯 가지 물리 이야기》** 승산, 2003

카를로 로벨리 **《시간은 흐르지 않는다》** 쌤앤파커스, 2019

하시모토 고지 **《세상에서 가장 재미있는 물리 이야기》** 사람과나무사이, 2022

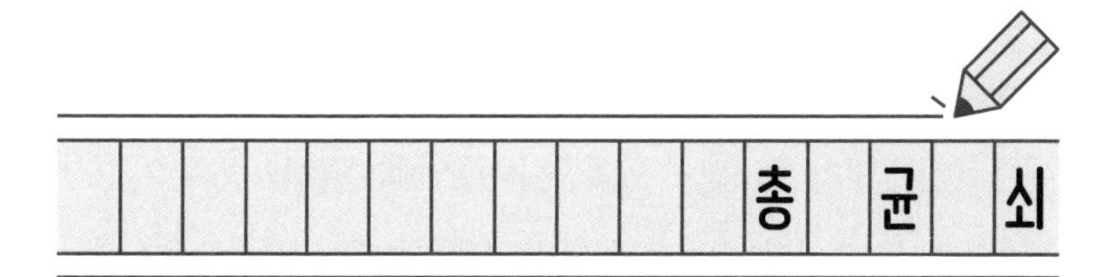

재레드 다이아몬드 ▸ 김영사

여러분들은 자신에게 주어진 환경에 만족하나요? 우리를 둘러싼 것들이 세계 모든 이들에게 평등하게 주어진다고 생각하나요? 왜 어떤 나라는 가난하고 어떤 나라는 부유할까요? 《총 균 쇠》는 이러한 질문에 답을 찾아가는 책입니다.

저자 재레드 다이아몬드Jared Mason Diamond는 이 책에서 인류 문명이 불평등한 이유를 탐구합니다. 책은 호주 북부에 위치한 뉴기니섬에 살고 있는 한 흑인 정치가의 질문으로부터 시작됩니다. 왜 기술적으로나 문명적으로나 백인이 흑인보다 우월할 수밖에 없었는지 묻는 질문에 저자는 '총', '균', '쇠'를 통해 인류의 문명사를 통찰하며 답합니다.

유럽이 지닌 강력한 힘: 총, 그리고 쇠

먼저 유럽의 아메리카 대륙 침략을 살펴봅시다. 1532년 스페인 군대가 신대륙을 점령하기 위해 잉카 제국에 들이닥칩니다. 그곳에는 8만여 명의 원주민이 있었습니다. 스페인 군대의 인원은 고작 168명뿐이었습니다. 수적으로 매우 열세했음에도 불구하고 스페인 군대는 전투에서 승리를 거둡니다. 그 이유는 무엇이었을까요? 바로, '총'과 '쇠'가 있었기 때문입니다.

원주민들을 난생처음 듣는 총소리와 나팔 소리에 혼비백산했고, 스페인 군대는 무장한 무기로 그들을 가차 없이 학살합니다. 이 과정에서 7,000여 명의 원주민이 사망합니다. 총과 쇠로 만든 무기로 무장한 스페인 군대는 전쟁에서 완벽한 승리를 거두게 됩니다. 하지만 유럽인들이 아메리카 대륙에서 원주민들을 상대로 이길 수 있었던 데에는 한 가지 더 큰 요인이 작용했습니다. 바로 '균'이었습니다.

유럽이 세계를 정복한 힘의 원천: 균

유럽인들이 몸속에 가지고 온 홍역, 장티푸스, 천연두와 같은 균은 아메리카 원주민들에게 매우 치명적이었습니다. 당시 원주민의 90퍼센트 이상이 '균'에 의한 전염병으로 사망했다고 합니다. '총'과 '쇠'가 아닌 '균'으로 인해 원주민들이 죽어 나간 것입니다. 이는 유럽이 아메리카 대륙을 정복할 수 있었던 결정적인 요인으로 분석되고 있습니다.

그렇다면, 유럽인들은 어떻게 '총'과 '쇠'를 가질 수 있었을까요? 그리고 어떻게 '균'을 지닐 수 있었을까요? 저자 재레드 다이아몬드는 그 비밀을 '농업'에서 찾아냅니다.

남미를 정복한 유럽의 힘: 농업, 그리고 가축

인류는 수렵 시기를 거쳐 농경 사회에 이르러 안정적인 정착 생활을 시작했습니다. 이로 인해 출산율이 증가하였고, 인구가 늘었으며, 자연스럽게 분업과 협업도 가능해졌습니다. 그 과정에서 '문자'도 탄생했습니다.

여기서 '문자'는 인류 문명의 발전에 생각보다 큰 힘을 발휘했습니다. 문자는 오랜 세월 동안 선조들이 겪은 시행착오를 기록하는 데 활용되고, 이를 통해 방대한 데이터를 구축할 수 있게 해주었습니다. 이는 칼, 총과 같은 무기를 만드는 기술의 근간이 되었습니다. 즉, 이러한 모든 발전의 시작에는 바로 '농업'이 있었습니다.

또한 농업의 발달은 '가축'의 필요성을 야기했습니다. 아메리카 대륙과 달리 유라시아 대륙은 가축이 될 수 있는 포유류가 매우 많이 분포하고 있었습니다. 이로 인해 농업 발달이 더욱 가속화될 수 있었습니다. 이 과정에서 바로 '균'이 등장하게 됩니다.

물론 초기에는 유럽인들도 균에 대한 저항력이 없었습니다. 가축으로 인한 전염병으로 많은 피해를 입었습니다. 하지만 전쟁과 교역 등을 통해 여러 시행착오를 거치며 항체를 형성할 수 있게 되었습니다. 이미 항체를 보유한 유럽인들을 따라 들어온 '균'. 이 '균'이 바로 이후 아메리카 원주민들에게는 큰 재앙이 되고 맙니다.

아메리카에 농업이 발달하지 못한 이유

여기서 한 가지 의문점이 듭니다. 왜 아메리카 원주민들은 유럽인처럼 농업을 발달시킬 수 없었던 것일까요? 저자는 그 이유를 '환경적인 요인'에서 찾습니다. 세계 지도를 살펴보면, 그 환경적 요인을 쉽게 발견할 수 있습니다.

아프리카와 아메리카 대륙은 세로로 긴 형태를 보이는 데 반해 유라시아 대륙은 가로로 긴 형태를 보입니다. 이는 농업의 확산과 발달에 큰 영향을 미치는 요인입니다. 대륙의 형태와 농업의 발달이 무슨 연관성이 있기에 그런 걸까요?

유라시아와 같이 대륙이 가로로 긴 형태를 가질 경우, 대부분 지역이 같은 위도에 위치합니다. 이는 넓은 지역에 걸쳐 기후와 식생, 토양이 같음을 의미합니다. 즉 유사한 환경으로 농작물이 확산되기에 매우 용이한 환경임을 시사합니다.

하지만 아메리카의 경우 세로로 긴 형태의 대륙으로 지역마다 기후와 식생 등이 달라 농작물이 확산되기 매우 어려운 환경이었습니다. 이뿐만 아닙니다. 아메리카 대륙에는 가축이 되기 적합한 포유류가 없었습니다. 이러한 요인으로 인해 더욱더 농업이 발달하기 어려웠습니다.

'가축'은 유럽인들에게 풍부한 노동력과 먹을거리 등 수많은 자원들을 제공했습니다. 여기에 더해 '균'이라는 자원은 유럽인들에게 큰 선물이자 무기가 되었습니다.

인류의 문명을 바꾼 힘: 지리적 요인

이렇듯 '총', '균', '쇠'는 인류의 역사를 바꾼 큰 요인으로 작용했습니다. 저자는 여기에 결정적인 요인을 한 가지 더 듭니다. 바로 '지리적 요인'입니다.

저자는 유럽과 중국을 그 예로 제시합니다. 중국은 역사적으로 일찍이 통합될 수밖에 없었고, 유럽 대륙은 분열되어 있었습니다. 분열된 유럽은 자연스럽게 나라마다 기술, 과학 등 여러 분야에서 경쟁이 촉진되었지만, 통합된 중국은 그럴 수 없었습니다.

뉴기니섬의 한 흑인이 제기한 질문에 이 책《총 균 쇠》는 '백인들은 지리적으로 좋은 환경에서 태어났기 때문'이라고 답합니다. 민족마다 그 역사가 달라질 수밖에 없던 것은 그들의 유전적 우월성 때문이 아니라 단지 환경적인 차이 때문이라는 뜻입니다.

과거, 유전적 요인으로 모든 것이 결정된다고 생각했던 때가 있었습니다. 마치 그때처럼 우리 스스로가 우리의 능력을 한정하고 있는 것은 아닌지 모르겠습니다. 이 책을 통해 인류 문명사를 바라보는 재레드 다이아몬드의 통찰적 시각을 배워보면 어떨까요. 스스로 무한한 가능성을 믿고, 자신을 둘러싼 환경을 적극적으로 바꿔 나가는 지혜로운 태도를 가지면 좋겠습니다.

도서 분야	과학	관련 과목	과학 계열 교과 지리, 역사 교과	관련 학과	사회과학 계열, 공학 계열, 자연과학 계열, 역사, 인류학

고전 필독서 심화 탐구하기

▸ 기본 개념 및 용어 살펴보기

개념 및 용어	의미
잉카 제국	잉카 제국은 현재 페루, 볼리비아, 콜롬비아, 에콰도르, 칠레, 아르헨티나 일부 지역에 걸쳐 있던 고대 인디오 문명으로, 중앙 안데스산맥 지역에서 번영했다. 이 제국은 15세기에 성장하여 16세기 초반에 스페인에 의해 멸망했다. 1533년 스페인 정복자 프란시스코 피사로가 잉카 제국을 정복하면서 잉카 문명은 종말을 맞이하고 스페인 식민지로 흡수되었다. 그러나 잉카 문명의 유산은 현대 페루와 인디오 문화에 깊이 남아 있으며, 특히 그들의 건축 및 농업 기술은 여전히 이 지역의 독특한 요소로 자리 잡고 있다.
항체	항체는 우리 면역 시스템이 감염된 병원체나 외부 유해 물질을 감지하고 제거하기 위해 사용하는 단백질이다. 항체는 특정 병원체나 유해 물질인 항원과 상호작용하여 기능한다. 항체는 혈액, 림프액 및 기타 체액에서 발견되며, 주로 B세포로 알려진 특정 유형의 백혈구에 의해 생성된다.

▸ 시대적 배경 및 사회적 배경 살펴보기

이 책은 인류 역사에 대한 여러 요소들을 종합적으로 고려하여, 그 시대적 배경과 사회적 배경을 통해 인류의 발전과 분포에 영향을 미친 다양한 요인들을 분석하고 있다. 특히 인류 문명의 초기 모습부터 현대에 이르기까지 그 과정을 탐구하는데, 농업 혁명부터 문명의 형성, 유럽의 식민지 시대, 그리고 현대의 글로벌화까지 주요 역사적 사건과 그 과정을 다룬다.

저자는 인류 역사에 영향을 미친 주요 요인들로 지리적 요소, 농업과 식량 생산, 전염병, 기술 및 문화적 요소들을 제시하며, 지리적 환경적 요소가 인류 역사의 발전에 큰 영향을 미쳤다고 이야기한다. 그중에서도 농업 혁명과 식량 생산, 그리고 전염병의 확산이 인류의 역사와 문명 발달에 어떤 영향을 미쳤는지, 기술적 진보와 문화 교류가 어떻게 인류 역사에 영향을 미쳤는지에 대해 비중있게 다루고 있다.

현재에 적용하기

유럽이 다른 대륙을 정복하게 된 주요 요인들을 분석하고, 이러한 요인이 과학 기술의 발전과 어떻게 연결되어 있는지 알아보자.

생기부 진로 활동 및 과세특 활용하기

▸ 책의 내용을 진로 활동과 연관 지은 경우(희망 진로: 고고학과, 인류학과)

인류의 역사와 문명의 발전에 영향을 미친 요인에 대해 조사하고 발표하는 프로젝트를 진행함. '총, 균, 쇠(재레드 다이아몬드)'에서 다루는 요인인 총기, 세균, 강철이 인류 문명의 발전에 영향을 준 과정을 분석하여 정리함. 특정 국가들의 지리적 환경을 분석하고 이러한 지리적 요인들이 문명의 발전과 어떤 연관성을 갖는지 논리적으로 밝혀냄. 또한 현재 대두되고 있는 사회의 문제점들을 파악하고, 이를 인류 문명의 역사적 사건과 연관 지어 설명해 냄. 다양한 문화와 인종 간의 상호작용과 그 영향을 조사하고, 이를 바탕으로 현재 문명의 다양성과 인종 간의 관계에 대한 탐구를 진행함. 이를 통해 인류의 다양성을 인식하고 존중하는 자세를 갖는 것이 중요함을 강조함과 동시에 지역 문화에 대한 깊이 있는 이해를 바탕으로 지역적 관점에서 인류 문명의 역사를 바라보는 것이 중요함을 설명함.

▸ 책의 내용을 지구과학 계열, 지리 교과와 연관 지은 경우

'총, 균, 쇠(재레드 다이아몬드)'에서 세균이 인류 역사와 문명 발전에 영향을 미친 과정을 분석하고, 전염병에 의해 많은 원주민이 사라질 수밖에 없었던 이유를 과학적으로 밝혀냄. 전파력이 매우 강한 질병의 특성을 조사하고, 이러한 질병을 유발시키는 원인과 질병의 전파 경로에 대한 분석을 통해 인류 역사에 질병이 매우 큰 영향을 미칠 수밖에 없었음을 역설함. 지리적 환경과 문명 발전의 연관성에 관해 언급한 책의 내용을 제시하고, 특정 지역을 선정하여 해당 지역의 환경을 분석함. 지형, 기후, 자원 등 여러 환경 요소가 그 지역의 문명 발전에 어떤 영향을 주었는지 탐구하여 그 내용을 공유함. 특히 지리적 환경에 따른 기후 특성으로 해당 지역이 기후 변화의 영향을 크게 받을 수 있음을 밝혀내 큰 호응을 얻음.

- 다양한 문명의 발전과 지리적 요소의 상관관계에 대해 탐구해 보자. 예를 들어, 세계 지도를 이용하여 특정 지역의 지리적 특성과 해당 지역에서의 문명 발전 사이의 관련성을 조사하고 보고서를 작성해 보자.
- 전염병의 확산과 예방에 대한 이해를 위해 특정 전염병의 특징을 알아보고, 원인, 전파 경로, 예방 방법 등을 조사하여 그 내용을 공유해 보자.
- 특정 분야의 기술 혁신, 또는 이로 인해 일어난 문화적 사건에 대해 알아보고, 해당 사건이 사회에 미친 영향과 그 중요성에 대해 토론해 보자. 이를 바탕으로 '과학 기술과 문화의 역할'을 주제로 보고서를 작성해 보자.

함께 읽으면 좋은 책

재레드 다이아몬드 **《문명의 붕괴》** 김영사, 2005

마이크 데이비스 **《인류세 시대의 맑스》** 창비, 2020

일곱 번째 책

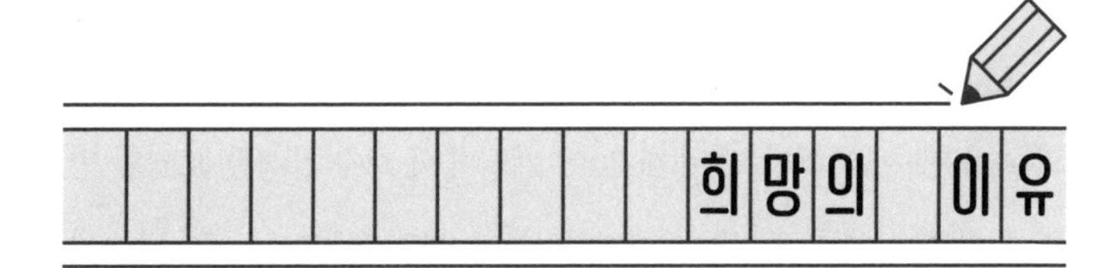

제인 구달 ▸ 김영사

《희망의 이유》는 자연과 인간, 그리고 동물 사이의 연결성을 통해 지구의 미래를 위한 희망과 지속 가능한 변화를 제시하는 책입니다. 저자인 제인 구달Jane Goodall 박사는 60년이 넘게 침팬지 연구와 야생 환경 보호 및 동물 처우 개선을 위해 노력하고 있는 영장류 학자입니다. 또한 전 세계를 누비며 기후 변화가 가져올 위기와 자연과 인간의 공생에 대해 목소리를 높이고 있는 환경 운동가이기도 합니다.

지구의 미래에 희망이 있을까?

제인 구달 박사는 1960년 탄자니아에서의 침팬지 연구를 시작으로, 1977년 제인 구달 연구소를 설립하여 침팬지 등 야생 동물이 처한 실태를 알리고 서식지 보호를 위해 힘써왔습니다. 또한 1991년에는 환경과 동물, 이웃을 돕는 풀뿌리 환경 운동 단체인 '뿌리와 새싹'을 제안하여 전 세계 70여 개국에서 지구 환경을 보호할 방안을 함께 모색해 오고 있습니다. 현재도 세계를 돌아다니며 다양한 지구 생물 종을 보호하기 위한 활동을 활발히 진행하고 있습니다.

《희망의 이유》에서 저자는 기후 위기와 생물 다양성 파괴, 전쟁과 폭력 등 인류가 직면한 위기를 돌아보고 희망을 위해 나서자고 말합니다. 이 책에서 저자가 말하는 '희망'은 단지 '희망적인 생각'에 그치지 않습니다. 바로 '희망적인 행동'에 관한 것입니다. 그는 또한 그가 진행해 온 침팬지 연구를 통해 인간의 행동에서 희망을 발견할 수 있다는 메시지를 분명히 전하기도 합니다. 이 책은 연구자로서, 지구에서 살아가는 한 인간으로서 자연과의 연대를 계속해서 강조해 온 그의 삶의 철학과 신념을 강하면서도 다정하게 느낄 수 있도록 해줍니다.

현재 지구 환경이 매우 심각한 상태임은 누구나 알고 있습니다. 우리가 직면한 전 지구적인 문제들이 과연 개인이나 몇몇 사람이 해결할 수 있는 문제일까요? 아마 많은 이들이 이 부분에 대해 강한 회의감을 느낄 겁니다.

저자는 우리가 망쳐 놓은 지구에 과연 희망이 있냐는 질문을 가장 많이 받는다고 합니다. 그는 이 질문에 희망이 있다고 단정 지어 말하기 힘든 상황이라고 솔직히 말합니다. 또한 지구가 이러한 상황을 계속 유지한다면 어느새 비참한 종말을 맞이하게 될 거라고 경고합니다. 그러나 그럼에도 제인 구달은 여전히 희망은 있다고 이야기합니다. 단 여기에는 전제 조건이 있습니다. 우리가 삶의 방식을 적극적으로 바꿀 때만 희망이 존재한다고 그는 강조합니다.

첫 번째 희망의 이유: 우수한 인간의 두뇌

저자는 희망의 이유를 인간과 자연, 그리고 미래 세대에게서 찾습니다. 그 첫 번째 희망의 근거는 인간이 가지고 있는 무한한 잠재성을 지닌 두뇌입니다. 두뇌 덕분에 인류의 조상들은 거칠고 원시적인 세계에서 살아남을 수 있었습니다. 도구를 발명하고, 기술을 만드는 재주 덕분이었습니다. 때로 그 기술로 대량 살상 무기 같은 것을 만들기도 하지만, 대체로 전 지구적인 문제를 이해하고 해결하는 데 기술을 활용하고 있습니다. 플라스틱 대신 옥수수로 만든 컵 같은 대체제를 사용하거나 수소 에너지를 이용한 대중교통 수단을 개발하는 것이 그 사례라고 볼 수 있습니다.

기술이 언제나 긍정적인 결과를 만들어 내는 것은 아니지만, 그러한 기술로 인해 여러 가지 문제를 조금이나마 해결할 수 있습니다. 그리고 그 기술을 만들어 낸 것이 바로 인간의 우수한 두뇌입니다.

두 번째 희망의 이유: 자연의 놀라운 회복력

저자가 말하는 두 번째 희망의 근거는 자연 그 자체입니다. 자연은 스스로 회복하는 놀라운 능력을 지니고 있습니다. 물론 당장 자연의 회복력을 온전히 발휘하기 위해선 자연이 스스로 회복할 수 있도록 어느 정도의 도움이 뒷받침되어야 합니다.

탄자니아 일부 지역에서 파괴된 숲을 복원해 낸 과정이 이를 입증합니다. 숲을 재조성하기 위해 수많은 임업 관계자들이 투입되었고, 주민들을 대상으로 한 환경 교육, 친환경 농업 교육 등에도 엄청난 인원과 노력이 투입되어 숲을 재조성할 수 있었습니다. 이처럼 자연의 자생력을 바탕으로 여기에 인간의 노력이 더해진다면 자연과 함께 더불어 살 수 있다는 희망이 있다고 저자는 이야기합니다.

세 번째 희망의 이유: 미래 세대의 아이들

저자는 마지막 희망의 이유로 미래 세대인 아이들을 이야기합니다. 전 세계 젊은이들이 지닌 에너지와 열정, 불굴의 의지에서 그 희망을 발견할 수 있다는 것입니다.

저자는 인류가 연민과 사랑이 넘치는 세계를 향해 나아가고 있으며, 우리의 후손과 자녀들이 이러한 세계에서 평화롭게 살 수 있다고 단언합니다. 그 세계는 풍성한 나무와 침팬지와 같은 야생 동물들로 인해 생명력이 넘치는 곳이며, 푸른 하늘 아래 새들의 지저귀는 소리와 원주민들의 북소리가 아름답게 울려 퍼지는 곳이라고 합니다.

그러나 여기에도 조건이 있습니다. 우리에게는 시간이 한정되어 있고, 지구의 자원은 고갈되고 있습니다. 우리가 지구의 미래를 진정으로 걱정한다면, 그 문제들을 직면하고 해결하기 위해 적극적으로 나서야 합니다. 내일의 세계를 구하는 것은 우리 모두의 책임이며, 당신과 나의 일입니다. 저자 제인 구달은 행동하는 것이 가장 중요하다고 강조합니다. 지구적으로 생각하고, 지역적으로 행동한다면 분명히 변화시킬 수 있다고 그는 말합니다.

《희망의 이유》를 통해 지구의 미래 희망을 함께 꿈꿔 보면 좋겠습니다. 현재를 살아갈 우리들을 위해, 그리고 미래를 살아갈 다음 세대들을 위해 조금씩, 매일, 함께 노력한다면 희망이 현실이 되리라 생각합니다.

도서 분야	과학	관련 과목	생명과학, 지구과학 계열 교과, 환경 교과	관련 학과	수의학 계열, 동식물자원 계열, 환경 계열, 자연과학 계열

고전 필독서 심화 탐구하기

▸ 기본 개념 및 용어 살펴보기

개념 및 용어	의미
영장류학	영장류학Primatology은 주로 인간을 포함하여 원숭이, 고릴라, 침팬지 등의 영장류에 대한 연구를 다루는 학문 분야다. 이 분야는 주로 영장류의 행동, 생태학, 생리학, 발생학, 진화학 등을 연구한다. 영장류학은 영장류의 사회적 행동, 소통 방법, 사회적 구조, 사회적 계급, 거주 지역 및 환경 적응, 먹이 획득 방식, 번식 전략 등을 이해하고자 하는 학문이다. 이를 통해 인간과 유사한 특성을 가진 영장류와의 공통점과 차이점을 이해하고, 인간 진화에 대한 정보를 얻을 수 있다. 영장류학은 자연과학 분야에서 광범위한 연구를 수행하며, 생물학, 심리학, 사회학, 지리학 등 여러 학문 분야와 융합하여 다양한 분야의 전문가들이 함께 연구를 진행한다. 이러한 연구 결과는 인간과 영장류 사이의 관계를 이해하고 인간 진화에 대한 통찰력을 제공하는 데 중요한 역할을 한다.
친환경 농업교육	친환경 농업 교육은 환경 보호를 중시하면서 농업 생산을 실현하기 위한 교육 프로그램을 말한다. 이 교육은 지속 가능한 농업 방법과 관련된 지식, 기술, 실무 경험 등을 제공하여 농부들이 환경 친화적인 방식으로 농업 생산을 수행할 수 있도록 돕는 것을 목표로 한다. 유기농법, 종합적인 작물 관리 방법, 토양 보호 기술, 건강한 작물의 선택 및 관리, 생태계 서비스의 이해 등을 가르치며, 현장에서의 실무 경험과 실험을 통해 실질적인 기술을 제공한다. 이를 통해 농부들은 환경을 보호하고 지속 가능한 농업 생산을 실현하는 데 도움을 받는다.

▸ 시대적 배경 및 사회적 배경 살펴보기

2000년대 초반은 환경 보호와 지속 가능한 발전에 대한 관심이 높아지고 있던 시기였다. 기후 변화, 생물 다양성 감소, 산림 파괴 등의 환경 문제가 세계적으로 주목받았으며, 이에 대한 대응 방법과 해결책을 모색하는 시대였다.

사회적으로는 제인 구달과 같은 환경 운동가들이 환경 보호와 생물 다양성 보전을 위해 헌신적으로 노력해 왔으며, 특히 이 책의 저자인 제인 구달은 인류학자로서 자연과 환경을 보존하는 데 중요한 역할을 했다. 그녀의 연구와 활동은 사람들에게 자연을 존중하고 보호하는 방법을 생각하게끔 하고, 미래 세대를 위한 지속 가능한 삶을 실현하는 데 영감을 주었다.

현재에 적용하기

자연과 인간의 상호작용을 바탕으로, 지속 가능한 미래를 위해 우리가 실천할 수 있는 방안들을 찾아 제안해 보자.

생기부 진로 활동 및 과세특 활용하기

▸ 책의 내용을 진로 활동과 연관 지은 경우(희망 진로: 수의학과, 환경공학과)

지속 가능한 개발과 기술에 대한 탐구를 진행하고, 지속 가능한 미래를 위한 기술과 이를 일상에 적용해 볼 수 있는 다양한 아이디어를 제시함. 이를 토대로 환경 문제 해결을 위한 기존의 접근 방식을 비판하고, 새로운 과학 기술과 혁신이 무엇보다 중요함을 강조함. 지역의 생태 환경을 살펴보고, 관련 기관의 지역 환경 관리 실태를 조사함. '희망의 이유(제인 구달)'에서 환경 문제에 대한 저자의 생각을 근거로 제시하며 지역사회가 환경 보존을 위해 나아가야 할 방향을 제시함. 또한 이를 위해 일상에서 실천 가능한 방안들을 알릴 캠페인을 교내에서 적극적으로 주도하여 활동하는 모습을 보임.

▸ 책의 내용을 지구과학 계열 교과와 연관 지은 경우

지구 온난화와 기후 변화에 대해 조사하고, 이에 대한 원인과 영향에 대한 탐구를 진행함. 기후 모델링 소프트웨어를 사용하여 지구 온난화에 따른 미래 모습에 대해 시뮬레이션을 진행하고, 이를 근거로 제시하여 환경 보호에 대한 중요성을 강조함. '희망의 이유(제인 구달)'에서 저자가 침팬지와 같은 야생 동물들을 보존하기 위한 노력과 그 과정을 소개하며, 생물의 종 다양성이 생태계의 균형에 매우 중요함을 설명하고 멸종 위기종에 대한 보존 방안 대책이 보다 완벽하게 수립되어야 함을 주장함. 재생 에너지와 친환경 기술의 중요성을 언급하고, 그 기술의 원리와 적용 가능성에 대해 설명함. 또한 이러한 기술들을 이용하여 환경을 보호할 수 있는 해결책을 제시하는 등 관련 내용에 대해 깊이 있게 이해하는 모습을 보여줌.

후속 활동으로 나아가기

- 교외 활동을 통해 지역의 자연 환경을 방문하여 생태계를 직접 관찰하고 생물 다양성이 얼마나 보전되어 있는지 조사해 보자. 생태학적 개념을 활용하여 현장 실습 내용을 보고서로 작성해 보자.
- 환경 보호와 생물 다양성 보전을 위한 프로젝트를 진행해 보자. 예를 들어, 학교나 지역 커뮤니티와 SNS를 통해 쓰레기 재활용이나 쓰레기 줄이기 캠페인 활동을 주도하는 등 지속 가능한 발전 방식을 실생활에 적용해 보자.
- 환경 보호와 자연 보전을 주제로 한 문학 작품이나 미술 작품을 창작해 보자. 이 책에서 다루는 주제를 바탕으로 시, 소설, 그림, 사진 등 다양한 형태의 작품을 만들어 환경 보호의 중요성을 알리는 메시지를 전달해 보자.

함께 읽으면 좋은 책

에드워드 윌슨 **《지구의 절반》** 사이언스북스, 2017

리처드 메이비 **《야생의 숨결 가까이》** 사계절, 2024

E. F. 슈마허 **《작은 것이 아름답다》** 문예출판사, 2022

여덟 번째 책

생각하지 않는 사람들

니콜라스 카 ▸ 청림출판

과학 기술의 발전과 함께 정보 전달의 핵심 도구인 미디어에도 큰 변화가 일어나고 있습니다. 그중에서도 비교적 최근에 등장한 인터넷은 매우 빠른 속도로 우리 삶을 파고들었습니다. 신문이나 책과는 달리 인터넷은 언제 어디서나 수많은 정보에 쉽게 접근할 수 있는 환경을 마련해 주었습니다. 인류의 삶에 큰 편리함을 준 것은 부인할 수 없는 사실입니다. 하지만 이와 동시에 부정적인 영향을 미치기도 했습니다. 세계적인 경영 컨설턴트이자 IT 미래학자인 니콜라스 카Nicholas Carr는《생각하지 않는 사람들》에서 인터넷 시대의 어두운 면과 정보 기술의 폐해를 날카롭게 분석하여 제시합니다.

우리의 뇌는 변할 수 있는가

1968년 위스콘신 대학교의 연구원인 마이클 머제니치는 한 실험을 진행합니다. 원숭이의 뇌에 미세 전극을 넣어 손 감각과 연결된 부위를 파악하고, 그 손에 상처를 내서 감각 신경을 절단합니다. 손의 신경은 마구잡이로 자라면서 통제가 어려웠지만 몇 달 후 원숭이의 뇌가 실제 손에서 보내오는 신호와 일치하는 신호를 보내는 것을 확인하게 됩니다. 재배치된 손의 신경에 맞게 뇌가 재정비한 것이었습니다. 이 실험은 보편적으로 받아들여졌던 뇌에 대한 관점을 바꾸는 계기가 됩니다.

그동안 뇌는 유년기에 틀이 잡히기 때문에 성인기에는 변할 수 없는 물리적인 조직이라고 생각했습니다. 하지만 머제니치의 실험을 통해 나이가 들어도 뇌는 변하고, 변화된 환경에 적응한다는 것을 알아내게 됩니다. 이를 '가소성'이라고 하는데, 뇌 과학이 발달하면서 이러한 신경 가소성에 대한 관점은 더욱 체계적으로 진화합니다.

실명한 환자들이 청각과 촉각을 통해 정보를 얻으면서 눈에 집중되어 있던 신경이 귀와 손끝에 재배치되는 경우도 있습니다. 이는 뇌의 여러 부위가 정해진 역할만을 수행하는 것이 아니라 경험과 환경, 필요에 따라서 변한다는 의미를 내포합니다. 같은 경험의 반복이 뇌 속 시냅스 연결을 강화하고, 또 다른 변화를 일으킨다는 연구 결과도 이를 뒷받침합니다.

이러한 뇌의 가소성, 즉 변화 가능성은 긍정적인 면만을 포함하지는 않습니다. 뇌가 지적으로 쇠퇴하는 부정적인 변화도 가능하기 때문입니다.

언어와 사고를 통한 지적 기술의 발달 과정

인류는 도구와 언어를 사용하며 진화해 왔습니다. 수많은 도구를 만들었고, 그 과정에서 인간의 지적 기술은 정신적 능력을 확장하는 데 큰 역할을 했습니다.

예를 들어, 우리는 지도를 통해 공간이라는 추상적인 개념을 시각화하고, 내비게이션을 통해 목적지를 효율적으로 찾아갈 수 있게 기술을 발전시켰습니다. 이처럼 우리를 둘러싼 환경을 정확하고 섬세하게 가공해 낸 지적 기술은 인간의 추상적 사고 능력을 성장시켰습니다.

이러한 지적 기술은 우리의 언어에도 직간접적으로 영향을 미칩니다. 우리는 시계를 발명하면서 시간의 흐름을 숫자로 표현할 수 있게 되었습니다. 습득한 정보들을 언어로 표현하고 나아가 그 정보들을 통해 새로운 무언가를 알아냈을 때도 그것을 언어로 표현합니다. 언어와 사고는 상호적 관계에 있습니다. 우리는 언어를 토대로 생각하고 생각은 또한 언어에서 나오기 때문입니다. 지적 기술은 이런 언어와 사고의 상호작용에도 영향을 준다고 할 수 있습니다.

여기에 더해 문자의 발명은 혁신적인 변화를 가져왔습니다. 문자의 발명으로 인해 언어를 읽고 쓰는 것이 가능해졌으며, 문자를 이해하고 해석하기 위한 읽기와 쓰기는 뇌에 새로운 자극과 변화를 이끌어냈습니다. 특히 문자를 통해 정보를 전달하는 책은 인류의 뇌에 큰 영향을 미쳤습니다. 짧게는 단어부터 문장, 그리고 문단을 넘어 책 전체를 이해하기 위해서는 보다 높은 집중력이 요구되었기 때문입니다.

책과 관련한 기술의 진보는 여러 변화를 가져왔습니다. 말하기 위해 무언가를 전부 기억할 필요가 없게 되었고, 그에 따라 어떠한 정보는 더 복잡해지고 정밀해졌습니다. 자연스럽게 인쇄업이 발달하여 여러 종류의 간행물이 만들어졌고, 철학, 사상, 역사 등 여러 다양한 문화가 탄생하고 문명의 변화를 이끌게 되었습니다.

인터넷이 가져온 사고의 변화

이러한 인류의 변화 과정에 어느 날 인터넷이 등장합니다. 물론 그사이에 라디오, 텔레비전과 같은 미디어도 새롭게 등장했고 지금까지 사용되고 있습니다. 하지만 지금은 인터넷이 대부분의 미디어를 흡수했다고 봐도 무방한 시대가 되었습니다.

인터넷은 핸드폰과 같은 기기를 통해 쉽게 연결됩니다. 이를 통해 우리는 수많은 정보에 손쉽게 접근할 수 있으며, 여러 사람들과 연결하여 다양한 욕구들을 채워나갈 수 있게 되었습니다. 하지만 인터넷은 그만큼의 비용을 우리에게 지불하게 합니다. 그 비용은 바로 우리의 '집중력'입니다. 그 이유는 인터넷의 구조를 살펴보면 알 수 있습니다.

책처럼 정보를 선형적으로 받아들이는 것과 달리 인터넷을 통하면 하이퍼텍스트로 된 링크를 통해 다양한 종류의 정보에 즉각적으로 접근할 수 있습니다. 수많은 자극 요소를 감지한 뇌는 그것들을 평가하고 클릭할지 말지 여부를 빠르게 판단해야 합니다. 이는 뇌를 혹사시키고 산만하게 만듭니다. 결국 깊이 있는 생각을 못 하게 만들고 피상적인 사고를 훈련시킵니다.

인터넷은 뇌가 빠르게 판단할 수 있는 짧고 자극적인 콘텐츠가 생산되도록 촉진합니다. 이러한 인터넷의 특성과 콘텐츠들은 뇌에 산만한 자극으로 다가오게 되고, 이는 '신경 가소성'의 부정적인 면을 활성화하게 만듭니다. 스마트폰과 컴퓨터 등 멀티미디어 기기를 통해 인터넷을 지속적으로 사용하면 피상적 사고가 반복되며 확장되고, 이는 기존에 깊이 사고하는 부분을 담당하는 신경까지 대체시킵니다.

사람의 지적 능력은 작은 크기의 작업 기억이 장기 기억으로 얼마나 많이 이동하느냐에 달려 있고, 이를 위해서는 하나의 작업 기억을 지속적으로 반복해야 합니다. 하지만 인터넷은 수많은 작업 기억을 동시에 무분별하게 제공하고 장기 기억으로 넘어갈 수 있는 에너지를 모두 소모해 버리게 만듭니다. 즉 인터넷은 사람의 기억 시스템에 부정적인 영향을 미치게 되는 것입니다.

깊이 생각하는 능력을 잃어버린다면

저자는 인터넷이 최종적으로 '인간성 소외' 현상을 촉발시킬 것이라고 말합니다. 타인에 대한 공감과 관심에도 집중력과 같은 깊은 사고가 필요합니다. 무분별한 정보로 인한 산만함은 고차원적인 감정에 대한 이해를 얕은 수준에 머물게 하기에 타인과 자신을 알아 가는 중요한 능력을 잃어버리게 합니다. 또한 저자는 사람들에게 깊이 사고하는 자아가 줄어들면 여러 방면의 문화 역시 시들어갈 것이라고 우려합니다.

긴 시간이 짧게 느껴질 정도로 인터넷에 푹 빠져 있던 경험은 누구나 한 번쯤은 겪어 봤을 것입니다. 심지어 이 책을 읽으면서도 인터넷에 존재하는 수많은 링크를 클릭하고 있을지도 모릅니다. 이러한 행동이 지속되면 무언가를 이해하고 배우는 과정에서 남는 것은 '무언가를 봤다는 사실'뿐일 겁니다.

이 책《생각하지 않는 사람들》의 원제는 'The shallows'입니다. 이는 생각과 사고가 얕아진 상태를 의미합니다. 책의 제목처럼 생각이 얕은 사람이 되지 않기 위해서는 어떻게 해야 할까요. 이 책을 통해 인터넷이 우리의 뇌를 어떻게 바꾸고 있는지 이해하고, 깊이 사고하기 위해서는 어떤 습관을 들여야 할지 고민하여 실천해 보면 좋겠습니다.

도서 분야	과학	관련 과목	과학 계열 교과, 정보과학 계열 교과	관련 학과	자연과학 계열, 컴퓨터공학

고전 필독서 심화 탐구하기

▸ 기본 개념 및 용어 살펴보기

개념 및 용어	의미
신경 가소성	신경 가소성은 신경 세포가 다시 성장하고 연결되는 과정을 통해 구조적, 기능적으로 스스로 신경 회로의 변형을 일으키는 특성을 뜻한다. 뇌 손상이나 질병으로 인해 신경 세포가 손상되는 경우, 손상된 신경 회로가 회복되면서 기억의 단서와 연관된 신호가 다시 전달되고, 이러한 과정은 과거의 경험과 기억을 복원하는 데 도움이 될 수 있다.
시냅스	시냅스synapse는 두 개의 신경 세포 사이에서 정보를 전달하는 부위를 가리킨다. 이는 뇌와 신경 계통에서 신호를 전달하는 곳으로, 전기적 또는 화학적으로 작동한다. 시냅스는 뇌의 학습, 기억, 감각 등 다양한 신경 기능에서 중요한 역할을 하는데, 신경 세포들이 서로 연결되고 시냅스를 통해 정보를 전달함으로써 뇌가 복잡한 정보를 처리하고 반응할 수 있다. 시냅스는 뇌와 신경계통 기능에 중요한 영향을 미치는 핵심 구조라 할 수 있다.
하이퍼텍스트	하이퍼텍스트hypertext는 문서나 정보를 비선형적으로 구조화하는 방법으로, 컴퓨터와 인터넷을 설명할 때 매우 중요한 개념이다. 하이퍼텍스트 문서는 일반적인 텍스트 문서와 달리 다른 문서나 정보로 연결된 링크를 포함한다. 이 링크를 통해 사용자는 원하는 정보로 즉시 이동할 수 있다. 이러한 링크는 주로 텍스트나 이미지 형태로 표시되며, 클릭하거나 탭하여 해당 문서나 웹 페이지로 이동할 수 있다. 하이퍼텍스트의 가장 큰 특징은 비선형적인 정보 구조를 제공하여 사용자가 원하는 순서로 정보를 탐색하고 접근할 수 있다는 점이다. 이는 정보의 발견과 이해를 용이하게 만들며, 인터넷 탐색을 효율적으로 돕는다.

작업 기억	작업 기억working memory은 정보를 일시적으로 저장하고 처리하는 인지 기능으로, 짧은 시간 동안 정보를 유지하고 해당 정보를 가공하여 문제 해결, 의사 결정, 학습 등의 작업을 수행하는 데 필요한 중요한 역할을 한다. 작업 기억은 주로 짧은 기간 동안 활성화되며, 정보를 유지하고 처리하는 동안 작업을 수행한다. 이는 주로 주의력과 집중력을 요구하는 작업에서 사용된다. 예를 들어, 숫자를 계산하거나 단어를 기억하며 다음 단어를 읽는 것과 같은 활동에 사용될 수 있다.

▸ 시대적 배경 및 사회적 배경 살펴보기

2010년은 스마트폰, 태블릿 등 디지털 기기가 보편화되고 소셜 미디어가 확대되면서 디지털 정보 노출 시간이 증가하던 시기였다. 사람들의 일상에 인터넷 검색, 소셜 미디어 활용, 온라인 게임 등 디지털 기술을 활용한 활동이 증가함에 따라 우리의 사고방식과 인지 과정에도 큰 변화가 생겼다. 이 책은 인터넷과 디지털 기술이 우리의 사고와 인지에 미치는 영향을 분석하고, 이로 인해 발생하는 사회적 변화에 관해 이야기한다. 특히 디지털 기술이 우리의 사고를 어떻게 변화시키고, 집중력, 기억력, 판단력 등의 인지 능력에 어떤 영향을 주는지에 대해 경고한다. 사회적으로도 인터넷 사용량의 증가로 인한 주의력 감소, 집중력 감소, 깊은 독해 능력의 저하 등과 같은 문제에 대한 우려가 커지고 있는 가운데, 이에 대한 관심과 해결책을 모색할 수 있는 책이다.

현재에 적용하기

인터넷과 디지털 기술이 우리의 사고방식과 집중력에 미치는 영향을 조사하고, 이를 바탕으로 자신의 학습 습관을 개선할 방법을 제안해 보자.

생기부 진로 활동 및 과세특 활용하기

▸ 책의 내용을 진로 활동과 연관 지은 경우(희망 진로: 컴퓨터공학과, 미디어학과)

'생각하지 않는 사람들(니콜라스 카)'을 읽고 디지털 기술이 우리의 사고와 인지에 미치는 영향에 대해 자신의 생각을 논리적으로 설명함. 이를 바탕으로 인터넷에서 제공되는 다양한 콘텐츠에 대한 비판적 사고력이 매우 중요함을 강조하고, 인터넷상의 정보를 판별하여 사용자에게 제공할 수 있는 아이디어를 제시함. SNS 조사를 통해 교내에서 학생들이 하루 동안 인터넷을 사용하는 시간을 알아내고, 그 시간 동안 어떤 형태의 정보들을 습득하는지 분석하여 그 결과를 공유함. 디지털 미디어가 학생들의 학업에 미치는 긍정적인 영향과 부정적인 영향을 균형 있게 제시하여, 매일 무의식적으로 접하는 콘텐츠를 올바르게 수용하는 것이 중요함을 알리는 계기를 마련함.

▸ 책의 내용을 정보 계열 교과와 연관 지은 경우

'생각하지 않는 사람들(니콜라스 카)'을 읽고 인터넷이 우리에게 어떤 영향을 미치는지에 대해 명확하게 정리해 냄. 특히 디지털 기술이 우리 뇌와 인지에 미치는 영향에 대한 탐구를 진행하여 인터넷상의 콘텐츠가 사고 인지 능력 저하 등 지적 능력에 어떤 영향을 주는지에 대해 자신의 생각을 논리적으로 설명함. 또한 학습 과정에 긍정적인 영향을 줄 수 있는 정보의 형태와 유형들을 직관적으로 제시하여 미디어 콘텐츠를 좀 더 지혜롭게 활용할 수 있도록 하는 데 기여함. 디지털 중독 예방을 위한 캠페인을 기획하고, 이와 관련된 다양한 활동을 진행함. 디지털 중독이 우리의 건강 및 학업, 그리고 사회에 미치는 부정적인 영향에 대해 강조하고 올바른 콘텐츠 이용을 위한 현실적인 방안을 제시하여 큰 호응을 얻음.

후속 활동으로 나아가기

- 온라인에 게시된 기사나 특정 웹사이트에 제공되는 콘텐츠를 모아 내용을 읽고, 그 콘텐츠의 신뢰성을 평가해 보자. 이 과정을 통해 어떤 정보가 우리에게 도움이 되는지 판단할 수 있는 방법에 대해 생각해 보자.
- 일정 기간 스마트폰 사용량이나 인터넷 사용 패턴을 기록해 보자. 얼마나 자주 디지털 기기를 사용하는지, 어떤 종류의 콘텐츠에서 가장 많은 시간을 보내는지를 기록하여 살펴본 후 인터넷 사용 습관을 긍정적으로 변화시킬 방법을 고민해 보자.
- 스마트폰이나 태블릿을 사용하지 않고 전통적인 방식으로 공부하거나 활동하는 시간을 가져 보자. 이를 통해 인터넷 의존성에 대한 경각심을 높이고, 디지털 환경에서 벗어나 집중력과 창의력을 향상시킬 방법에는 무엇이 있을지 생각해 보자.
- 디지털 중독을 벗어나기 위한 캠페인을 조직하거나 이와 관련된 활동에 참여해 보자. 스크린 타임 관리, 디지털 스트레스 관리 등의 방법에 대해 조사하고, 디지털 기술의 남용 및 오용과 무의식적인 사용에 대한 인식을 높이며 건강한 디지털 습관을 실천할 수 있는 방법을 찾아보자.

함께 읽으면 좋은 책

엘리자베스 리커 **《최강의 브레인 해킹》** 비즈니스북스, 2023

만프레드 슈피처 **《노모포비아 스마트폰이 없는 공포》** 더난출판, 2020

최재붕 **《포노 사피엔스》** 쌤앤파커스, 2019

아홉 번째 책

과학 혁명의 구조

토머스 S. 쿤 ▸ 까치

일상에서 한 번쯤은 들어보았을 '패러다임'이라는 말은 사실 과학 용어에서 온 말입니다. 우리가 살펴볼 책인 《과학 혁명의 구조》에 등장하는 핵심 개념으로, 미국의 과학사학자이자 철학자인 저자 토머스 S. 쿤Thomas S. Kuhn이 창안한 말입니다. 지금은 일상에서 흔히 사용할 정도로 보편화된 과학 개념이 되었고, 그만큼 이 책이 우리에게 큰 영향을 끼쳤다고 볼 수 있습니다.

토머스 쿤은 이 '패러다임'이라는 용어를 통해 우리에게 무엇을 말하고 싶었던 것일까요? 이를 통해 그가 우리에게 던지는 새로운 관점은 무엇인지 지금부터 살펴보도록 하겠습니다.

이 책의 서두에는 쿤이 《과학 혁명의 구조》라는 책을 집필하는 데 기폭제가 된 사상이 등장합니다. 바로 과학철학사에서 쿤 못지 않게 최고의 학자로 평가받는 칼 포퍼Karl Popper가 주창한 '반증주의' 입니다. 여기에 한 가지 더. 반증주의와는 그 성격이 조금 다르나 논리 실증주의 역시 이 책을 탄생시키는 데 큰 역할을 합니다.

반증주의와 논리 실증주의에 반하는 쿤의 과학철학

칼 포퍼와 논리 실증주의자들은 과학을 '객관적이고 합리적인 지식 활동'이라고 생각했습니다. 인간의 경험과 관찰 등을 통해 모든 과학적 사실은 객관적으로 입증할 수 있고, 합리적으로 반증하는 것도 얼마든지 가능하다고 생각했기 때문입니다. 이러한 관점에 따르면, 과학 지식은 과거부터 현재까지, 그리고 앞으로도 계속 누적되고 축적됩니다. 이는 과학 지식에도 계보가 존재하며, 과학이라는 지적 활동이 이 계보를 바탕으로 끊임없이 진보한다는 의미입니다. 이것이 칼 포퍼와 논리 실증주의자들의 과학철학적 입장입니다.

하지만 쿤은 반증주의자들과 논리 실증주의자들이 강조한 과학의 객관성 합리성을 전면적으로 부인합니다. 과학의 역사에서 등장하는 새로운 이론은 기존의 이론에 비해 더 포괄적인 설명 체계를 갖는 것도 아니고, 더 정확하고, 더 유용하게 쓰이는 것도 아니라는 겁니다. 한마디로 새로운 과학 이론이 과거의 이론보다 반드시 뛰어난 것은 아니며 단지 입장과 가치관의 체계가 과거와 완전히 달라졌을 뿐이라는 것입니다. 그래서 쿤은 과학의 역사를 진보나 발전과 같은 개념이 아니라 변화 그 자체에 불과한 것으로 봅니다.

패러다임, 그리고 혁명의 혁명

패러다임은 '일정 기간 동안 일정 범위와 절대 다수의 공동체 구성원들이 서로 공통적으로 합의하고 공유하고 있는 사물과 현상에 대한 인식 체계 또는 인지 방식'이라고 설명할 수 있습니다. 이를 조금 일상적인 표현으로 바꿔 보자면 가치관, 시대정신, 세계관 등으로 말할 수 있을 것입니다.

쿤에 따르면, 과학은 한 시대를 풍미한 과학적 패러다임이 계속 바뀌고 바뀌어 온 일종의 과학적 세계관의 교체에 불과합니다. 코페르니쿠스의 지동설과 뉴턴이 창시한 물리학적 패러다임이 아리스토텔레스의 패러다임을 퇴물로 만들어 버린 것처럼, 새롭게 등장한 패러다임이 기존의 패러다임을 수정·보완하는 것이 아니라 말 그대로 새로운 패러다임으로 교체되어 버린다는 말입니다.

하지만 이러한 혁명은 또 새로운 혁명에 의해 교체될 수밖에 없습니다. 이것이 혁명의 운명입니다. 아인슈타인에 의해 우주에 관한 뉴턴의 패러다임이 교체되었지만, 아인슈타인 역시 양자역학이라는 새로운 패러다임에 의해 미시 세계에 관한 과학적 패러다임의 지배권을 빼앗기게 되었습니다. 이는 대표적인 예시일 것입니다.

정상 과학과 변칙 사례

쿤은 특정 시기에 대부분의 과학자들이 믿는 패러다임과 그것과 관련된 과학 이론을 '정상 과학'이라 불렀습니다. 즉 일정한 기간 동안 과학자들 대부분에게 보편적으로, 일반적으로 통용되는 과학 원리가 바로 '정상 과학'이라는 것입니다.

그렇다면 왜 과학 혁명이 발생하는 것일까요? 또한 과학 혁명은 꼭 일어나야 하는 것일까요? 어떻게 보면 이는 아주 부자연스러운 현상입니다. 상당수 사회 구성원들이 신봉할 만큼 한 시대를 완전히 지배하는 절대적인 사상이 어느 순간 비정상적인 것으로 치부되는 것은 때로 모순처럼 보이기도 합니다. 이를 설명하기 위해 여기 또 하나의 중요한 개념이 등장합니다. 바로 '변칙 사례'라는 과학 개념입니다

변칙 사례란 정상 과학이라는 패러다임으로는 해결할 수 없고 설명할 수 없는 그런 사례들입니다. 예를 들어, 아리스토텔레스의 천동설로 설명할 수 없는 행성의 움직임이 변칙 사례에 해당한다고 볼 수 있습니다. 물론 변칙 사례가 발견되었더라도 천동설은 아주 오랫동안 우주관을 지배한 패러다임으로 자리했습니다. 변칙 사례의 양, 즉 변칙 데이터의 양과 그 변칙 사례를 믿는 사람들의 수가 충분하지 않았기 때문에 아리스토텔레스의 우주관을 반증하는 사례들이 발견되었더라도 이들은 비정상적인 것으로 폄훼당할 수밖

에 없었을 겁니다.

하지만 어느 순간 변칙 사례의 누적량이 무시하기 어려울 만큼 많아지기 시작한다면 기존의 패러다임이 흔들립니다. 쿤은 이러한 현상을 '정상 과학의 위기'라고 설명합니다. 이 시기에는 변칙 사례를 일반화한 체계적인 공식 또는 모형 등을 만들어서 일목요연하게 정리하는 과학자들이 등장하기도 하고, 그 공식이나 모형 등을 신봉하는 추종자들이 탄생하기도 합니다. 즉 패러다임의 이동이 시작되는 것입니다.

과학을 어떻게 볼까?

종교에도 종교적인 도그마가 있는 것처럼 과학에도 패러다임이라는 도그마가 존재합니다. 패러다임 이론에 따르면 과학자들은 객관적인 실체를 밝혀내는 사람들이 아니라 사물과 현상을 보고 적당히 이론을 구성한 뒤 그 이론에 맞춰 모든 것을 보고 듣고 느끼는 사람들입니다. 이에 따르면 과학도 어느 정도는 믿고 싶은 대로 믿는 행위에 불과한 것이 됩니다.

과거 패러다임을 잘 분석해 보면 과학적으로 굉장히 모순적인 고대, 중세, 근대의 과학적 패러다임들도 그것들 나름대로 당시의 세계를 잘 설명해 주었습니다. 실제로 당시의 기술 문명 수준과 그 기술 문명에서 사물과 현상을 관찰할 수밖에 없던 당대 사람들의 경험적인 한계를 생각해 보면 당시의 과학적 패러다임이 그렇게까지 이상하다고 볼 수는 없을 것입니다.

객관적 실체가 존재하고, 그 실체를 밝혀내는 것이 진리를 추구하는 것이라는 관점의 철학을 실재론이라고 합니다. 여기서 쿤은 이러한 실재론을 부정합니다. 자연의 객관적 실체를 인간이 정확하게 알아낼 수 없으며, 해석과 규명 정도의 작업만이 가능하다는 것입니다. 그래서 쿤은 이 책을 통해 과학을 이렇게 정의합니다. '과학이란 결국 일종의 신념에 불과하다.'고 말입니다.

칼 포퍼나 논리 실증주의자들의 말처럼 과학은 객관적인 사실을 입증하고 밝혀내며 꾸준히 발전해 나가는 진보적인 학문일까요? 아니면 토마스 쿤의 말처럼 실체를 찾는다고 착각하는 이념 또는 신념의 학문일까요? 이러한 판단 또한 여러분의 패러다임에 달려 있을까요? 토마스 쿤의 《과학 혁명의 구조》를 읽고, 과학이란 무엇인지에 대해 여러분도 깊이 고민해 볼 수 있기를 바랍니다.

도서 분야	과학	관련 과목	과학 계열 교과, 철학, 교육학 교과	관련 학과	자연과학 계열, 교육 계열

고전 필독서 심화 탐구하기

▸ 기본 개념 및 용어 살펴보기

개념 및 용어	의미
천동설	천동설Geocentric theory은 지구가 우주의 중심에 있고, 태양, 달, 행성, 별들이 모두 지구를 중심으로 돌고 있다는 이론이다. 이 이론은 고대 그리스 철학자 아리스토텔레스와 천문학자 프톨레마이오스에 의해 발전되었으며, 중세까지 오랫동안 받아들여졌다. 이때 행성들이 복잡한 궤도를 따라 움직인다고 설명하는 모델(주전원)이 사용되었다.
지동설	지동설Heliocentric theory은 태양이 중심에 있고, 지구를 포함한 모든 행성들이 태양 주위를 공전한다는 이론이다. 16세기 폴란드 천문학자 코페르니쿠스가 처음 주장했고, 이후 갈릴레오와 케플러 등의 과학자들이 망원경 관측과 수학적 분석을 통해 이를 지지했다. 지동설은 근대 천문학의 기초가 되었고, 오늘날 태양계 구조의 근간이 되는 이론으로 받아들여지고 있다.
도그마	도그마Dogma는 특정 종교, 철학, 정치 또는 사상체계에서 절대적인 진리로 받아들여지는 원칙이나 규정을 말한다. 이는 논의의 여지가 없는 불변한 원리나 신념을 의미한다. 도그마는 종교적이거나 이념적인 신념의 중심적인 부분으로 간주되며, 종종 해당 그룹이나 사상 체계에 대한 신뢰의 기초가 된다.

▸ 시대적 배경 및 사회적 배경 살펴보기

20세기 초는 과학적 발전과 기술 혁신이 극도로 활발했던 시기로, 상대성이론과 양자역학과 같은 혁명적인 과학의 발견이 이루어진 때이다. 이 시기에 과학의 발전은 기존의 패러다임을 깨뜨리고 새로운 이론과 개념을 수용하는 과학적 혁명의 기폭제가 되었다. 토마스 쿤은 이러한 과학 혁명을 이해하기 위해 사회적 배경을 매우 중요하게 다룬다. 그는 과학사의 발전을 그 시대의 사회, 문화, 그리고 인식론적 배경과 연관 짓는 데 중점을 두었다. 예를 들어, 과학계 내에서의 관습, 경험, 과학적 신념이 혁명을 어떻게 이끌었는지, 그리고 새로운 이론을 받아들이는 과정에서 인간적인 요소들이 어떻게 작용했는지를 탐구했다.

현재에 적용하기

역사적인 과학 혁명의 사례를 분석하고, 현재 과학 분야에서 일어날 수 있는 새로운 패러다임의 전환을 예측해 보자.

생기부 진로 활동 및 과세특 활용하기

▸ 책의 내용을 진로 활동과 연관 지은 경우(희망 진로: 과학교육과)

'과학 혁명의 구조(토마스 S.쿤)'에서 언급된 과학사의 주요 개념과 이론들을 학습하고, 자신의 희망 진로 분야에 적합한 과학 기술 분야에 대해 탐구를 진행함. 또한 책의 내용과 관련된 다양한 과학 기술 진로 탐색으로 프로그램에 대한 아이디어를 제시하여 학생들의 진로 탐색에 큰 도움을 줌. 책에서 언급된 과학 패러다임에 대해 탐구하고, 각각의 패러다임이 팽배했던 시대에 창작되었던 문학 작품과 예술 작품을 분석하고 비교하며, 과학과 인문학의 상호 관계를 논리적으로 정리해 냄. 현대 과학 이론들을 조사하고, 패러다임의 전환이라고 볼 수 있는 사례들을 찾아 이를 학습 자료로 정리하여 공유함. 양자역학의 발전 과정을 상세하게 서술하여 과학이 사회, 기술과 긴밀하게 연관되어 있음을 추론해 냄. 새로운 과학 이론이 등장했을 때 학교 교육 과정이 어떻게 바뀌었는지를 연구하여 교육 제도의 유연성과 대응 방식을 탐구함.

▸ 책의 내용을 물리학 계열 교과와 연관 지은 경우

'과학 혁명의 구조(토마스 S.쿤)'에서 다뤄진 핵심적인 과학사적 사건들을 탐구하고, 이에 대한 모의실험을 진행함. 간단한 역학 실험을 통해 물리학 분야의 발전 과정을 직관적으로 이해하고, 각각의 이론들이 어떠한 이유에 의해 폐기되고 다른 이론으로 대체되었는지에 대해 정확하게 밝혀내는 모습을 보임. 특히 과학 이론이 특정 시기에 사람들의 사고에 지배적으로 작용한 이유를 사회적 배경과 연관 지어 설명하여 패러다임의 변화에 대한 과정을 정확하게 이해하고 있음을 보여 줌. 17세기 합리주의와 계몽주의 사상으로 사람들이 자연 세계를 기계적으로 이해하려는 경향이 강했음을 설명하고, 이로 인해 자연을 기계와 같은 시스템으로 이해하려는 뉴턴의 고전 역학이 지배적인 패러다임으로 자리 잡게 되었음을 논리적으로 풀어냄.

후속 활동으로 나아가기

- 책에서 다루는 과학 혁명의 사례 중 하나를 선택하여 혁명 과정에 대해 분석해 보자. 예를 들어, 코페르니쿠스의 이론이나 달의 움직임에 관한 갈릴레오의 연구를 다루며, 과거부터 지금까지 특정 분야에 대한 과학 이론이 혁명 과정을 통해 어떻게 발생하고 진행되었는지, 그리고 이것이 어떻게 과학의 발전에 영향을 미쳤는지에 대해 탐구하고 '과학의 본성과 특징'에 대한 자신의 생각을 포함하여 보고서를 작성해 보자.
- 상대성 이론이나 양자역학과 같은 현대 과학 이론이 이전의 과학적 패러다임 변화와 어떤 연관성이 있는지에 대해 탐구하고, 이를 통해 현대의 과학적 지식과 발견이 과학 혁명에 어떤 영향을 받았는지 분석하여 보고서를 작성해 보자.

함께 읽으면 좋은 책

베르너 하이젠베르크 **《부분과 전체》** 서커스, 2023

토마스 S. 쿤 **《현대과학철학 논쟁》** 아르케, 2003

조던 B. 피터슨 **《의미의 지도》** 앵글북스, 2021

열 번째 책

아내를 모자로 착각한 남자

올리버 색스 ▸ 알마

《아내를 모자로 착각한 남자》는 자신이 만난 다양한 환자들을 따뜻한 시선으로 바라본 신경과 의사의 임상 기록입니다. 저자 올리버 색스Oliver Sacks는 인간의 뇌와 정신 활동에 대한 흥미로운 이야기들을 쉽고 재미있게, 감동적으로 들려주어 많은 이들의 사랑을 받은 미국의 신경학자이자 작가입니다. 이 책에는 기괴하기도 하고, 슬프기도 하며 때로는 감동적인 24개의 치료 사례들이 담겨 있는데, 이 중 일부를 함께 살펴보도록 하겠습니다.

상실: 아내를 모자로 착각한 남자

1부 '상실'에는 질병, 부상, 발달장애 등으로 뇌 기능의 일부나 전부를 상실한 사람들의 이야기가 실려 있습니다. 성악가 출신의 'P 선생'은 병원을 방문할 당시 음악 교사로 재직 중이었습니다. 행복한 가정을 꾸리고 안정적인 삶을 지내왔던 그에게 갑자기 이상한 일이 생깁니다. 교실에 앉아 있는 학생들이 눈으로는 보이지만 누가 누구인지 인식 불가능한 상태가 된 것입니다. 하지만 P는 목소리를 통해 학생들을 구별했기 때문에 학생들은 P의 상태를 알아차리지 못합니다. 상태는 더욱 심각해져 눈앞에 아무도 없는데 사람의 얼굴이 보이거나 길가에 있는 주차 정산기와 소화전을 학생으로 착각하기도 하는 웃지 못할 일이 벌어지기도 합니다. 눈에 문제가 있다고 생각한 P는 안과를 찾아갔으나 눈 질환이 아님을 알아차린 안과의사는 신경학과 전문의에게 찾아가 볼 것을 권하고, 그렇게 P는 저자를 만나게 됩니다.

저자는 P와의 첫 만남에 크게 놀랍니다. 그가 왜 자신을 찾아왔는지 모를 정도로 너무나 교양 넘치고 매력적인 사람이었기 때문입니다. 하지만 그 생각은 잠시 후에 사라집니다.

저자는 신경 반응 검사를 위해 벗어 두었던 신발을 다시 신어 달라고 P에게 요청했고, 바로 앞에 있는 신발을 두고 신발을 계속 찾아 헤매는 P의 모습을 마주하게 됩니다. 심지어 P가 아내의 머리카락을 자신의 모자로 착각하고 머리에 쓰려는 모습을 보게 됩니다. 저자는 일상생활이 가능하냐는 질문을 던지게 되고, 이에 P의 아내는 이렇게 대답합니다. '항상 같은 자리에 물건을 두고 노래를 부르면 그것들을 찾아냅니다. 하지만 무언가에 방해를 받아 노래가 끊기면 아무것도 하지 못하는 상태가 됩니다.'

이에 저자는 이러한 처방을 내리게 됩니다. '예전에는 음악을 생활의 중심으로 여겼다면 이제부터는 삶의 전부라고 생각하고 살아가셔야 합니다.'

병이 조금씩 악화되긴 했지만 그럼에도 불구하고 P는 여생을 음악과 함께 즐겁게 살아갑니다. P 선생의 사례처럼 손상에 대한 직접적인 치료와 질병에 대한 완치 없이 정말 행복한 삶을 살아갈 수 있을까요? 이에 대한 답이 그다음 이야기에 이어집니다.

과잉: 젊은 여성이 된 할머니

2부 '과잉'에는 감정이 과잉 상태가 되었을 때 그것이 삶에 어떠한 영향을 주는지에 대한 이야기가 실려 있습니다. 나타샤는 90세의 매우 쾌활한 성격의 할머니입니다. 그녀는 2년 전부터 신체에 변화가 생겼음을 직감합니다. 마치 아주 젊고 건강한 사람이 된 것처럼 활력을 느낍니다. 긍정적인 에너지와 함께 평소에 느끼지 못했던 감정이 함께 찾아오는데, 그것은 바로 그녀보다 한참 어린 남성을 향한 관심이었습니다. 이러한 갑작스러운 변화가 걱정된 그녀는 저자를 찾아갑니다.

언제나 환자들의 생각을 우선으로 여겼던 저자는 이러한 변화에 대해 그녀의 생각을 묻고 이야기를 나누는 과정에서 그녀가 과거 매독에 걸린 적이 있다는 사실을 알아냅니다. 이에 저자는 당시 매독이 완치되지 않았고, 매독균이 뇌 신경에 손상을 주어 증상이 나타난 것임을 밝혀냅니다. 진단 결과를 근거로 치료를 시작하려는 저자에게 그녀는 말합니다.

'제 병이 더 심해지지 않으면 좋겠습니다. 하지만 병이 완쾌되는 것은 더욱 싫습니다. 그냥 지금 이 상태가 지속될 수 있는 방법은 없을까요?'

고심 끝에 저자는 페니실린만을 투여합니다. 페니실린은 매독균은 죽일 수 있지만, 뇌의 손상은 회복시킬 수 없는 약입니다. 이러한 처방으로 그녀는 질병이 더는 악화되지 않는 상태로 언제나 즐겁고 활력이 넘치는 일상을 즐길 수 있게 되었습니다.

저자는 뇌 신경의 손상이 때로는 이렇게 삶에 행복을 가져다줄 수 있음을 알게 되고, 신경계 질환 치료에 대한 또 다른 시각을 갖게 되었습니다.

이행: 살인자의 절망

3부 '이행'에는 감정 과잉 상태가 되었을 때 그것이 삶에 어떠한 영향을 주는지에 대한 또 다른 이야기가 담겨 있습니다. 도널드는 약에 취해 여자친구를 살해한 인물입니다. 하지만 그는 그것을 전혀 기억하지 못합니다. 살인 의도가 전혀 보이지 않을 정도로 완벽하게 그 사실을 기억하지 못하는 것입니다. 결국 그는 감옥에 가지 않고 정신병원에 수감됩니다.

성실한 수감 생활로 잠시 얻게 된 외출에서 그는 교통사고를 당합니다. 머리를 심하게 다쳐 긴 시간 동안 혼수상태에 빠졌다가 다행히 깨어났지만 이때부터 그는 큰 혼란에 빠집니다. 여자친구를 살해한 순간이 생생하게 떠오르게 된 것입니다. 뇌 손상 여부를 떠나 놀라울 정도로 높아진 기억력 때문에 그는 고통의 시간을 보내게 됩니다. 오랜 시간이 걸리긴 했으나 도널드는 결국 고통에서 벗어납니다. 이 모습을 보며 저자는 자연적인 회복력, 젊음, 취미 활동 등이 정신적 안정을 가져다 줄 수 있음을 알게 됩니다.

단순함: 낮은 지능의 천재

4부 '단순함'에는 자폐, 지적장애를 갖고 있는 사람들에 관한 이야기가 담겨 있습니다. 리베카는 지적 장애가 있는 19세 소녀입니다. 그녀는 집에서 나오자마자 길을 잃어버리고, 옷을 거꾸로 입어도 그것을 깨닫지 못할 정도로 지능이 낮습니다. 어릴 때 부모를 잃은 그녀를 정성껏 보살핀 할머니는 항상 리베카에게 시를 읽어 주었습니다.

저자는 어느 날 길가 벤치에 앉아 있는 리베카를 발견합니다. 저자는 처음 만났을 때의 어색하고 어리숙한 모습이 아닌 봄을 즐기는 아름다운 소녀의 모습을 마주하게 됩니다.

"봄이라는 계절, 그 시간, 깨어나는 것들, 모든 것이 때를 만났어요."

그녀의 말을 들은 저자는 그녀의 천재성을 인지하게 됩니다. 시간이 흘러 그녀의 유일한 희망이었던 할머니가 죽고, 혼자 남은 리베카를 찾아간 저자에게 그녀는 이렇게 말합니다.

"할머니는 영원의 길을 떠났어요. 지금은 겨울같이 춥지만, 분명히 따뜻한 봄이 다시 돌아오게 될 거예요."

리베카와의 치료 과정에서 저자는 중요한 한 가지를 깨닫고, 스스로에게 질문을 던집니다. 그동안 환자들의 결함에만 주의를 기울였던 건 아닐까, 상실되지 않은 뛰어난 능력을 간과하고 있었던 건 아닐까 하는 질문이었습니다.

저자는 어렸을 때부터 조현병을 앓고 있는 형으로 인해 가족들이 고통받는 모습을 보고 자랐습니다. 즉 정신 질환이 주는 무게를 이미 알고 있던 것입니다. 환자들의 고통과 어려움을 누구보다 잘 알고 있던 저자는 자신을 찾아온 환자들을 보다 잘 이해하고 위로해 줄 수 있었을 겁니다.

저자만큼은 아니더라도 우리도 시도해 볼 수 있습니다. '우리와는 조금 다른 사람들'이라고 해도 상대방의 입장에서 생각하고, 그의 관점에서 세계를 바라보려 노력해 보는 것입니다. 이렇게 바라보는 이들이 많아진다면 우리 모두 지금보다 조금 더 괜찮은 삶을 살아갈 수 있지 않을까 하는 생각을 해 봅니다.

도서 분야	과학	관련 과목	생명과학 계열 교과, 심리학 교과	관련 학과	의약학 계열, 심리학 계열

고전 필독서 심화 탐구하기

▸ 기본 개념 및 용어 살펴보기

개념 및 용어	의미
페니실린	페니실린penicillin은 세균 감염을 치료하는 데 사용되는 가장 일반적인 항생제 중 하나다. 1928년 알렉산더 플레밍Alexander Fleming에 의해 발견되었다. 페니실린은 세균의 세포벽 합성을 방해하여 세균의 성장과 번식을 막는 작용을 하며, 주로 급성 및 만성 세균 감염 등을 치료하는 데 사용된다.
매독	매독은 성병 중 하나로, 주로 성 접촉으로 발생한다. 매독의 원인은 매독균인 트레포네마 팔리덤Treponema pallidum이며, 이 세균은 피부나 점막을 통해 감염될 수 있다. 매독은 적절한 항생제 투입으로 치료 가능하며, 초기에 발견하여 치료하면 합병증을 예방할 수 있다. 그러나 적절한 치료 없이 두면 중추신경계나 심장, 뇌 등 중요 장기에 심각한 합병증을 일으킬 수 있으며, 심각한 경우에는 사망에 이를 수도 있다.

▸ **시대적 배경 및 사회적 배경 살펴보기**

1980년대는 신경학과 심리학 분야에서 많은 연구와 발전이 이루어졌으며, 특히 인지 심리학과 신경과학의 발달이 도드라진 시기였다. 또한 뇌의 작동 메커니즘에 대한 이해가 깊어지면서 신경학적 이상에 대한 연구와 치료도 활발히 이루어졌다. 1980년대는 인간의 정신과 감정에 대한 탐구와 연구가 확대되던 시기이기도 했다. 신경과학과 심리학이 발전하면서 신체적, 생물학적인 원인으로 인한 정신 질환과 이상에 대한 이해가 깊어졌고, 이 책에는 이러한 시대상이 고스란히 반영되었다

현재에 적용하기

신경학적 장애를 겪는 환자들의 사례를 분석하고, 그들이 일상생활에서 겪는 어려움과 이를 극복하는 방식을 토대로 이들에 대한 사회적 이해와 지원 방안에 대해 생각해 보자.

생기부 진로 활동 및 과세특 활용하기

▸ 책의 내용을 진로 활동과 연관 지은 경우(희망 진로: 의예과)

'아내를 모자로 착각한 남자(올리버 색스)'에서 다루고 있는 환자들의 증상과 질병을 분석하고, 이와 관련된 의학적 연구 및 임상 실험에 대한 탐구를 진행함. 특정 질병에 대한 전문가들의 다양한 의학적 소견을 알아내고, 이를 책의 내용과 비교하여 흥미롭게 설명해 냄. 책에 등장하는 환자들과 유사한 질병을 앓는 사람들의 이야기를 공유하고 이에 대한 자신의 생각을 제시함. 이를 통해 관련 질병에 대해 깊이 있게 이해하고, 환자의 심리학적 측면을 고려하는 것이 매우 중요함을 밝혀냄. 정신적인 문제를 갖고 있는 환자들에 대한 사회적 책임에 대해 자신의 의견을 논리적으로 설명함. 환자들을 포용하고 이해하는 사회 분위기를 조성하는 것이 무엇보다 중요함을 강조하며, 편견과 차별을 줄이고 질환에 대한 오해를 줄이기 위해 지속적인 교육과 정보 제공을 하고 사회적 인식을 높여야 함을 주장함. 또한 이들을 위한 인적 지원과 법률적 지원 등의 필요성을 언급하며 환자들을 위한 시스템의 변화가 절실함을 설명함.

▸ 책의 내용을 생명과학 계열 교과와 연관 지은 경우

'아내를 모자로 착각한 남자(올리버 색스)'에 등장하는 환자들의 사례를 분석하여 환자들의 뇌 손상이 신체의 특정 기능에 어떤 영향을 미치는지를 알아내고, 관련 내용에 대해 탐구를 진행함. 특히 신경학적 증상과 질병과의 관계를 이해하기 위해 각 증상과 질병에 대한 여러 사례를 조사하여 책에 등장한 환자들과 비교하는 모습을 보여 줌. 또한 뇌 신경 손상 환자들을 심리학적으로 분석하여 질병이 환자의 행동이나 주변 환경을 어떻게 다르게 느끼고 반응하게 만드는지를 논리적으로 설명함. 책에 등장한 환자들의 사례를 통해 관련 질병을 예방할 수 있는 방법에 대해 토의하며 질병 예방의 중요성을 이해하고, 신경학과 심리학이 치료 및 관리에 어떻게 적용될 수 있는지를 밝혀냄.

후속 활동으로 나아가기

- 이 책은 심리학적 이상과 인지 능력, 인간의 뇌와 마음에 관한 깊이 있는 이야기를 통해 정서와 인지의 관계, 인간 간의 관계, 치료에서의 도덕적 선택 등에 관한 민감한 주제를 다루고 있다. 책의 내용을 바탕으로 타인을 배려하는 행위는 무엇인지, 도덕적인 것이란 무엇인지에 대해 생각해 보고 이를 토대로 보고서를 작성해 보자.
- 인간의 복잡한 내면과 정신세계를 다루고 있는 이 책의 내용을 바탕으로, 소설이나 에세이를 써 보거나 미술 작품, 연극 등을 창작하는 활동을 해보자. 이를 다양한 교육 자료로 활용하여 신경성 질환에 대한 사람들의 이해를 높이고 편견을 없앨 수 있는 방법을 찾아보자.

함께 읽으면 좋은 책

V. S. 라마찬드란 **《명령하는 뇌, 착각하는 뇌》** 알키, 2012

노먼 도이지 **《기적을 부르는 뇌》** 지호, 2008

에드워드 윌슨 **《인간 본성에 대하여》** 사이언스북스, 2011

올리버 색스 **《의식의 강》** 알마, 2018

열한 번째 책

이기적 유전자

리처드 도킨스 ▸ 을유문화사

《이기적 유전자》는 과학서를 넘어 우리 시대의 고전으로 불리는 책입니다. 저자 리처드 도킨스Clinton Richard Dawkins는 영국의 진화생물학자로 세계에서 가장 영향력 있는 과학 저술가로 꼽힙니다. 그는 이 책을 통해 다윈의 진화 개념을 유전자 수준에서 재해석하여 설명합니다. 그는 인간의 행동도 유전자에 의해 좌우된다고 주장하여 사회생물학 논쟁을 일으키기도 했습니다. 이 책은 유전자에서 시작하여 인간은 왜 존재하는가에 관한 근원적인 질문을 던집니다.

유전자의 탄생과 생존을 위한 전략

이 책에 따르면 인간은 유전자를 위한 생존 기계입니다. 유전자라는 이기적인 존재를 보호하기 위해 프로그래밍된 로봇이라고도 표현됩니다. 즉 인간뿐만 아니라 모든 생물은 유전자가 자신을 위해 만들어 낸 결과물이라는 것입니다.

태초에는 단순함만이 존재했습니다. 물, 암모니아, 이산화탄소, 메탄과 같은 단순한 화합물만이 이 지구를 지배하고 있었습니다. 그러던 어느 날 번개에 의해 우연히 발생한 화학적 반응으로 단백질과 같은 유기물이 만들어집니다. 저자는 그 유기물을 구성하는 분자가 생명의 시작이라고 이야기합니다.

유기물을 구성하고 있는 여러 분자 중 하나가 우연히 자기 복제를 시작합니다. 끊임없이 스스로 복제하는 과정에서 오류가 발생하면서 새로운 성질의 분자가 만들어집니다. 새롭게 만들어진 분자 또한 자기 복제를 시작하고, 앞서 말한 것과 같이 오류에 의해 새로운 성질의 또 다른 분자를 만들어 냅니다. 이러한 과정이 반복되면서 다양한 종류의 분자가 만들어지고, 각각의 분자들은 '생존 본능'에 따라 살아남기 위해 서로 경쟁하고 다른 분자들을 이용하기 시작합니다. 이때 분자들이 스스로를 지키기 위해 방어막을 만들기 시작하는데, 그것이 바로 '세포'입니다.

이러한 세포들이 모여 커다란 군집을 형성하고, 그 세포들은 자신들을 지켜 줄 '생존 기계'를 만들게 되는데, 그것이 바로 인간, 각종 동식물, 박테리아, 바이러스 등입니다. 즉 인간 역시 DNA라고 불리는 분자를 위한 생존 기계일 뿐이라는 겁니다.

생물체는 설명할 수 없는 메커니즘에 의해 미리 프로그래밍된 행동 방침에 따라 움직인다고 저자는 말합니다. 생물들이 살아남기 위해 취하는 모든 행동은 자연적인 본능이 아니라 생물 안에 존재하는 유전자가 스스로를 지키기 위해 세운 '전략'이라는 것입니다. 각각의 종들이 살아남기 위해 행동하는 방식은 모두 다르지만, 이 모든 것이 유전자를 지키기 위한 결과물입니다.

모성애와 부성애의 의미

이에 따르면, 부모가 자식에게 무조건적인 사랑을 베푸는 것 또한 모성애나 부성애가 아니라 철저하게 프로그래밍된 결과물입니다. 나(부모)의 유전자를 가지고 있는 개체(자식)는 나의 유전자를 계속 번식시켜 줄 수 있고, 그렇기 때문에 부모는 그 개체(자식)를 지키기 위해 노력한다는 것입니다. 이 또한 유전자의 전략이라고 볼 수 있을 것입니다.

근연도relatedness라는 말이 있습니다. 두 사람의 혈연자가 한 개의 유전자를 공유할 확률을 나타내는 지표입니다. 이에 따르면 부모와 자식 간의 근연도는 언제나 반드시 2분의 1입니다. 근연도가 작은 관계일수록 그 대상에 대한 중요성은 감소하게 됩니다. 이러한 논리로 본다면 팔촌 관계는 나와는 전혀 상관없는 타인이나 마찬가지라는 결론을 내릴 수 있게 됩니다.

그렇다면 자신의 유전자를 보다 많이 보존하고 전송하기 위해서는 최대한 많은 번식을 통해 근연도가 높은 자손을 확보하는 것이 유리할까요? 이 책은 가족 계획에 있어 '다다익선'의 논리는 옳지 않다고 답합니다.

'찌르레기'를 통한 실험이 진행되었습니다. 많은 개체 수의 소리를 들은 암컷 찌르레기는 알을 적게 낳았고, 반대로 과소 상태의 소리를 들은 암컷은 많은 알을 낳았습니다. 주변에 동료가 많고 적음에 따라 새끼에게 먹일 수 있는 먹이의 양이 달라짐을 예상하고 알의 개수를 조절한 결과였습니다. 이는 자신의 유전자를 제대로 전송해서 지키기 위한 '이기적 이익'에 따른 행위의 결과라고 볼 수 있습니다.

자식에게 무조건적인 사랑을 베푸는 부모와는 달리 형제는 부모의 한정된 양육 총량에서 나의 경쟁 상대가 됩니다. 어미 새에게 먹이를 달라고 짹짹거리는 새끼 새들의 소리는 포식자를 불러들이는 역할을 하지만 형제가 포식자의 먹이가 되더라도 우선은 내가 먹이를 먹어야 하니 더욱 크게 짹짹거려야 합니다. 이 과정에서 어미 새 또한 '선택과 집중'을 통해 생존 가능성이 높은 새끼를 선택합니다. 즉 이들에게 양육은 자신의 유전자를 보다 안전하게 남기기 위한 일종의 투자가 됩니다.

이타적인 행동도 생존을 위한 전략이다

'이기적 유전자'의 단 한 가지 목표는 생존입니다. 생존을 위해서는 '협력'도 하나의 전략이 될 수 있습니다.

대형 어류는 자신의 입속 찌꺼기를 청소해 주는 청소어를 절대 잡아먹지 않습니다. 자신의 입속 찌꺼기를 제거하는 이타적인 행동을 해준 청소어를 잡아먹지 않음으로써 대형 어류 역시 이타적인 행동을 한 것입니다. 이처럼 한정적으로 서로 도움을 주고받는 이타주의 또한 유전자의 이기적인 본능이라고 볼 수 있습니다.

이기적 유전자에 대항하는 인간: 밈

저자는 이 책에서 유전적 방법이 아닌 모방을 통해 습득되는 문화 요소인 밈meme이라는 개념도 언급합니다. 밈은 모방을 의미하는데, 유전적 진화의 단위가 유전자라면 문화적 진화의 단위는 밈이 됩니다. 밈은 사상, 유행 등이 한 사람의 뇌에서 다른 사람의 뇌로 퍼져 나가면서 그 수가 기하급수적으로 늘고, 마치 유전자처럼 복제되고 전승되고 퍼져나가며 진화합니다. 저자는 이를 우리 몸을 통제하는 유전자에 대항하는 것으로 볼 수 있다고 합니다.

인간이 근본적으로 유전자에 의해 이기적인 존재로 프로그래밍되었더라도 밈과 같은 다채로운 '문화'와 '상상력'에 의해 긍정적인 무언가를 발견할 수 있을 거라는 이야기입니다.

《이기적 유전자》는 인간을 '이기적 유전자'에 의해 철저하게 통제되는 수동적인 존재로 설명합니다. 하지만 인간의 이기심과 이기적인 행위를 옹호하는 책은 아닙니다. 여기서 '이기적'이란 유전자의 자기 복제를 위한 이기심일 뿐 비도덕적이고 자기중심적인 인간의 이기심까지 정당화하지는 않습니다.

어느 때보다 혼란스러운 환경 속에서 인간은 어떻게 살아야 할까요? 유전자의 이기적 본성을 인정하면서도 상생하는 사회를 만들 수는 없을까요? 협력을 통한 생존과 창발적인 밈을 통한 문화적 진화를 염두에 둔다면 나의 유전자를 보다 안전하게 지키고 전달하는 데 도움이 되리라 생각합니다.

도서 분야	과학	관련 과목	생명과학 계열, 화학 계열 교과	관련 학과	생명과학 계열, 의학 계열, 자연과학 계열

고전 필독서 심화 탐구하기

▸ 기본 개념 및 용어 살펴보기

개념 및 용어	의미
유기물	유기물은 탄소를 기본 원소로 포함하는 화합물을 의미하며, 유기 화합물이라고도 한다. 주로 식물, 동물, 미생물 등에서 유래되며, 탄소 원자의 구성 및 결합에 따라 다양한 형태로 존재할 수 있다. 일반적으로 탄소 원자는 수소, 산소, 질소, 황 등과 결합하여 다양한 화합물을 형성하는데, 이러한 유기 화합물로는 탄수화물, 단백질, 지방, 핵산 등이 있다. 유기물은 생명체의 구성 요소로서 중요한 역할을 한다. 에너지의 공급원으로 활용되거나 세포의 주요 구성 성분으로 작용할 뿐만 아니라, 생물학적 기능을 담당하는 생물 화합물을 형성하기도 한다.
DNA	DNA^{deoxyribonucleic acid}는 생물학적인 관점에서 유전 정보를 저장하고 전달하는 데 중요한 역할을 하는 분자다. DNA는 모든 생물의 기본 유전자 물질로서, 생물체의 발달, 성장, 기능 등을 결정하는 데 관여한다. DNA는 일련의 염기로 구성되어 있으며, 아데닌^{Adenine}, 구아닌^{Guanine}, 시토신^{Cytosine}, 티민^{Thymine}이라는 네 개의 염기들이 서로 다양한 방식으로 결합하여 DNA 분자를 형성한다. 염기들이 어떤 순서로 배열되어 있느냐에 따라 DNA가 다양한 유전 정보를 나타내게 된다.
이타주의	이타주의는 자기 자신의 이익보다는 다른 사람이나 집단의 이익을 우선시하고 그들을 돕거나 지원하는 행동이나 태도를 말한다. 이는 자기 이익을 희생하더라도 다른 이들을 돕고 지원하는 데 집중할 때 드러나며, 종종 사회적 유대감, 공동체 의식, 동정심, 인간관계, 윤리적 가치, 종교적 신념 등에 근거하여 나타날 수도 있다. 이타주의는 사회적 연대나 공동체의 번영을 증진하는 데 기여하며, 사회적인 관계와 상호작용에도 긍정적인 영향을 끼친다.

▸ **시대적 배경 및 사회적 배경 살펴보기**

이 책이 출간된 1970년대는 과학 및 기술의 발전이 급속도로 이루어지던 시기였다. 이는 인류의 세계관과 인식에도 영향을 미쳤으며, 과학적 발전에 대한 사회적 관심은 이 책에 대한 대중들의 높은 관심으로도 이어졌다. 특히 이 책은 다윈의 진화론 이후 진화 생물학이 많은 발전을 이루던 때에 출간되어 주목받았다. 유전자 중심적인 관점을 강조하여 생물학적 진화 이론을 현대적으로 발전시키는 데 기여했다고 평가받는다.

20세기 후반에는 유전자의 구조와 기능에 대한 연구가 확대되었는데, DNA의 발견과 유전자의 역할에 대한 이해가 깊어지면서 자연스럽게 유전자 중심적 관점이 중요하게 받아들여졌다. 이 책은 또한 진화이론과 종교적 관점 사이의 갈등을 다루는 데에도 영향을 미쳤다. 도킨스는 이 책에서 진화이론을 지지하면서도 종교적 신념과 상호작용하는 방법을 이야기하기도 한다.

현재에 적용하기

자연 선택과 유전자 중심 관점에서 인간 행동의 이타성이나 협력을 어떻게 설명할 수 있을지 구체적인 사례를 들어 설명해 보자.

생기부 진로 활동 및 과세특 활용하기

▸ 책의 내용을 진로 활동과 연관 지은 경우(희망 진로: 생명공학과, 심리학과)

'이기적 유전자(리처드 도킨스)'를 읽고 이 책에 등장하는 유전적 요인과 진로 선택의 관련성에 대해 탐구를 진행함. 유전자의 선택적 이기성이 직업 선택 및 성공에 어떤 영향을 미치는지에 대한 생각을 논리적으로 설명하고, 이에 대한 사례들을 제공하여 관심 분야와 능력을 고려한 진로를 선택할 수 있는 기반을 마련해 줌. 특히 관심 분야에 적합한 직업군을 선택하고 해당 분야에 진출하기 위해 필요한 능력을 유전자적 특성을 기반으로 설명하여 진로 적합성에 대한 흥미로운 관점을 보여줌. 희망하는 진로 분야의 전문가나 관련 직종에 종사하는 사람들을 조사하고 분석하여 특정 분야에 관련된 사람들이 공통적으로 지니고 있는 장점들을 파악하고, 이를 유전자적 관점으로 설명하여 큰 호응을 얻어냄.

▸ 책의 내용을 생명과학 계열 교과와 연관 지은 경우

'이기적 유전자(리처드 도킨스)'를 읽고 유전적 진화 과정에 대한 개념을 학습하고, 그 내용을 알기 쉽게 설명함. 특히 유전적 요인과 이를 둘러싼 환경과의 상호작용이 진화에 어떤 영향을 미치는지 밝혀내고, 유전적 변이가 진화에 어떤 역할을 했는지에 대해 다양한 시각으로 분석하여 유전자가 생물의 행동과 생존 전략에 미치는 영향을 알아냄. 유전자 중심의 관점에서 생존과 번식의 이기적인 측면을 설명하고, 이로 인해 발생할 수 있는 사회 윤리적 문제에 대해 설명함. 유전자 조작 기술이 생명과학 및 의료 분야에 미치는 영향과 그 과정에서 고려되어야 할 윤리적인 문제들에 대해 자신의 생각을 체계적으로 정리하여 논리적으로 설명함.

- 이 책에서 다루고 있는 생물학 및 진화이론의 주요 개념들을 활용하여 유전자 중심의 진화이론을 정리하고, 생물의 다양한 생명 현상을 설명하는 데 적용해 보자.
- 이 책에 등장하는 '이기적 유전자'에 관한 과학 개념을 문학 작품과 연결하여, 문학 작품에서 드러나는 인간의 이기심과 이기적 행동에 대해 과학적 관점에서 분석해 보자.
- 이 책의 내용을 바탕으로 개인의 이기적 행동과 사회적 협력의 상충 관계에 대해 논의해 보자. 또한 다양한 문화가 공존하는 현재 사회에서 문화 간의 갈등을 어떻게 해결하고 협력할 수 있을지 그 방법에 대해서도 생각해 보자.

함께 읽으면 좋은 책

리처드 도킨스 **《확장된 표현형》** 을유문화사, 2022

제임스 왓슨 **《이중나선》** 궁리, 2019

데이비드 무어 **《경험은 어떻게 유전자에 새겨지는가》** 아몬드, 2023

열두 번째 책

같기도 하고 아니 같기도 하고

로얼드 호프만 ▸ 까치

《같기도 하고 아니 같기도 하고》는 과학과 예술의 경계를 넘나드는 철학적 탐구를 담고 있는 책입니다. 저자는 화학의 복잡한 세계를 시적이고 깊이 있는 시선으로 바라보며, 우리가 세상을 바라보고 이해하는 방식에 대해 새로운 통찰을 제시합니다. 이 책의 저자인 화학자 로얼드 호프만Roald Hoffmann은 우드워드-호프만Woodward Hoffmann 규칙을 통해 유기화학 반응을 설명하고 이를 예측하는 이론을 개발한 교수이자 1981년 노벨 화학상 수상자이기도 합니다.

그는 화학 분야 이외에서도 활발한 저술 활동을 벌인 것으로 유명합니다. 대표작인 〈산소Oxygen〉를 포함하여 여러 희곡과 다수의 시를 쓰며 작가로도 활동했습니다. 그는 문학 작품의 창작과 과학적 연구는 상상력을 통해 정교한 이미지를 구축한다는 점에서는 크게 다르지 않다고 말할 정도로 예술과 과학을 긴밀한 관계로 보았습니다. 이러한 저자의 생각은 이 책《같기도 하고 아니 같기도 하고》에도 잘 담겨 있습니다.

인류 사회에 기여해 온 화학

화학은 그 역사가 굉장히 긴 학문입니다. 인류는 대략 50만 년 전부터 불을 사용해 온 것으로 알려져 있는데, 지금까지 화학이 인류 사회에 기여한 것 중에 가장 중요한 기반이 되는 것이 바로 '불'일 것입니다.

과학 기술의 발전과 함께 화학은 다양한 방식으로 인류의 삶의 질을 크게 향상시켰습니다. 아스피린 합성을 시작으로 수많은 의약품을 개발하여 인류를 질병으로부터 자유롭게 해 주었으며, 고분자 합성 기술을 통해 목재 소비량을 크게 줄이고, 질소 고정을 통해 식량 생산량 증대에 크게 기여했습니다. 이처럼 화학은 인류에게 없어서는 안 될 존재가 되었습니다.

'같기도 하고 아니 같기도 하고'의 의미

본격적으로 화학의 세계로 들어가 보겠습니다. 벽에 걸려 있는 그림을 한번 생각해 봅시다. 그 그림을 그냥 볼 때와 거울에 비춰

볼 때의 모습을 비교한다면 좌우가 바뀌어 있을 뿐 그림 그 자체가 달라지지는 않을 것입니다. 하지만 분자의 세계에서는 이것이 아주 큰 문제가 될 수 있습니다.

생물의 몸체에서 아미노산의 기능을 하는 분자 구조가 거울에 비춘 모습으로 존재한다면 그 분자 구조는 생물체 내에서 어떠한 역할도 수행할 수 없는 그야말로 쓸데없는 물질이 되어 버립니다. 저자는 이것을 '분자 거울쌍 이성질체'라는 개념으로 설명합니다.

이 책의 제목 '같기도 하고 아니 같기도 하고'의 개념이 바로 여기서 파생된 것입니다. 같은 분자라 할지라도 다른 성격을 띠는 것이 이성질체입니다. 모든 것이 동일함에도 성질이 다른 것입니다. 왼손과 오른손처럼 완전히 같지도 않고, 그렇다고 전혀 다르지도 않은 것입니다.

화학에서 모방은 굉장히 중요한 창조의 수단으로 활용됩니다. 여기에도 '같기도 하고 아니 같기도 한' 특징이 포함됩니다. 우리 몸에 있는 분자 중 박테리아의 생존에 굉장히 중요한 역할을 하는 분자가 있습니다. 그런데 이 분자는 1935년경에 개발된 '설파제'라는 항생제의 분자와 일부를 제외하고 거의 똑같이 생겼습니다. 항생제가 모방을 통한 화학적인 속임수로 약효를 발휘한 것입니다. 즉 박테리아의 생존에 매우 중요한 분자와 비슷한 모양을 띠지만, 오히려 박테리아의 생존을 위협하는 물질이 된 것입니다.

자연적인 것 vs 비자연적인 것

현대 화학에서 난제 중 하나가 자연적인 것과 비자연적인 것의 구분입니다. 사실 이 둘을 구분하는 기준이 아주 뚜렷한 것은 아닙니다. 품종 개량을 통해 얻어낸 쌀은 순수한 자연물이라고 할 수 없습니다. 또한 현재 가축으로 기르고 있는 소는 전부 유전자를 육종의 방법으로 변형시킨 것으로, 어떤 의미에서는 지극히 인공적인 형태의 가축입니다.

예술 작품도 마찬가지입니다. 그 작품을 만들어 내는 재료나 작품의 대상이 되는 것들은 모두 자연적인 것과 인공적인 것이 아주 긴밀하게 섞여 있는 것입니다.

흔히 자연과학은 자연에 숨겨져 있는 과학적 사실을 발견하는 노력이고, 예술이나 문학은 자연에 없는 것을 창조하는 것이라고 말합니다. 하지만 그렇지만은 않습니다. 물론 화학에서 '발견'이 차지하는 부분이 아예 없다고 할 수는 없습니다만 상당 부분은 '창조'의 영역에 속하는 것들입니다.

호프만은 '과학은 발견'이라는 패러다임은 옳지 않다고 주장합니다. 이는 화학이 '합성'이라는 창조를 통해 발전되었다고 보는 관점입니다. 옷, 음식, 집 등 우리의 의식주를 차지하는 물질 대부분이 합성으로 만들어진 소재로 구성되어 있습니다. '자연적인 것이냐', '비자연적인 것이냐'를 떠나 과학 기술의 발전을 통해 다양한 소재가 개발된 것은 자연으로부터 독립 또는 자립하기 위한 인간 노력의 산물일 것입니다.

화학의 양면성

사실 화학 물질은 야누스의 얼굴과 같이 양면성을 가지고 있습니다. 지금까지 만들어진 수많은 화학 물질은 인류에게 유용하게 사용되었습니다. 그러나 동시에 큰 피해를 주기도 했습니다. 과학 기술은 편익을 가져다주지만 반드시 그에 대한 대가를 치르게 만듭니다. 편익을 극대화하고 그에 따른 위험을 최소화하는 것이 화학자들이 해야 할 일이지만, 그 과정에서 의도치 않은 일들이 발생하기도 합니다.

앞에서도 말했지만 화학이 인류에게 준 축복 중 하나가 먹거리 문제를 해결해 준 것입니다. 20세기 들어 인구가 엄청나게 증가했으나 농업 생산량이 그 속도를 따라가지 못하는 상황에서 문제를 해결한 것이 바로 비료의 주원료인 암모니아의 대량 생산이었습니다. 이때 암모니아의 합성에 큰 공을 세운 화학자가 바로 프리츠 하버Fritz Haber였습니다. 그로 인해 인류의 식량난이 해결되었다고 봐도 무방할 정도였습니다. 하지만 암모니아 합성 기술은 폭탄 제조에 필수적인 질산을 대량으로 생산하는 과정과 독가스 제조에 크게 기여하게 되고, 결국 하버는 '화학 무기의 아버지'라는 꼬리표를 달게 됩니다. 인류의 먹거리 문제를 해결한 화학자가 인류를 죽음으로 몰아낸 사람이 되어 버린 것입니다.

탄소 문명 이후, '녹색 화학'을 향해

1980년대를 시작으로 화학은 현재까지 눈에 띄게 그 정체성이 바뀌고 있습니다. 일시적인 편리성과 대규모 생산을 통한 효율성에 초점을 두기보다 더 정교하면서도 넓은 시각을 바탕으로 하는 소위 '녹색 화학'을 향하고 있습니다.

현재의 인류 문명은 석탄과 석유를 근간으로 한 '탄소'로 이룩한 문명입니다. 이러한 문명의 대표적인 결과물이 바로 플라스틱입니다. 플라스틱은 인류에게 큰 편리함을 가져다주었지만, 그에 대한 대가를 치르게 했습니다. 우리는 지금도 그 대가를 치르는 중입니다. 자연에 없는 물질을 인간이 인간을 위해서 만들었으나 폐기를 책임지지 않았기 때문입니다. 인간이 사용해 놓고 폐기는 자연이 알아서 하라는 극도의 이기심 때문에 생긴 문제입니다.

물론 플라스틱을 사용하지 않는다면 결국 그만큼 목재 소비가 늘어날 거라는 사실도 분명히 인식해야 합니다. 중요한 것은 플라스틱과 같은 새로운 화학 물질을 지혜롭게 활용하고 폐기까지 책임져야 한다는 것입니다. 이는 바로 우리 자신을 위한 것이며 화학이 올바른 방향으로 나아가도록 하는 유일한 방법입니다.

《같기도 하고 아니 같기도 하고》는 화학이 과학적 엄밀함을 유지하면서도 인간적이고 창의적인 관점을 받아들이는 쪽으로 나아가야 한다고 방향을 제시합니다. 호프만은 과학이 단순히 사실을 규명하는 것에 그치지 않고, 윤리적 · 사회적 맥락을 고려하며 발전해야 한다고 말합니다. 마찬가지로 화학 분야도 인간의 삶에 미치는 영향을 깊이 고려하며 더 나은 세상을 만드는 도구가 되어야 할 것입니다.

도서 분야	과학	관련 과목	화학, 생명과학 계열 교과	관련 학과	화학공학 계열, 자연과학 계열

고전 필독서 심화 탐구하기

▸ 기본 개념 및 용어 살펴보기

개념 및 용어	의미
우드워드-호프만 규칙	우드워드-호프만Woodward Hoffmann 규칙은 유기 화학에서 화학 반응의 결정을 예측하는 데 사용되는 중요한 규칙 중 하나다. 이 규칙은 분자의 구조와 전자 구조에 기반하여 화학 반응의 가능성과 반응 메커니즘을 설명한다. 우드워드-호프만 규칙의 핵심은 공유 결합의 형성과 해제에 관련된 분자의 전자 구조가 반응의 선택성에 영향을 준다는 것이다. 이 규칙은 주로 특정 유기 화합물이 경험하는 화학 반응의 선택성과 결합의 선호도를 예측하는 데 사용된다.
고분자 합성	작은 분자monomer를 이용하여 고분자polymers를 만드는 과정을 말한다. 이러한 기술은 여러 산업 분야에서 사용되며, 플라스틱, 고무, 섬유, 수지 등 다양한 제품을 생산하는 데 중요한 역할을 한다.
질소 고정	질소 고정 기술은 공기 중의 질소를 화학적으로 활용할 수 있는 화합물인 암모니아로 변환시키는 과정을 말한다. 이러한 기술은 농업, 화학 산업, 에너지 생산 등 다양한 분야에서 중요한 역할을 한다. 농업에서 비료로 사용되는 암모니아의 대규모 생산을 가능하게 하며, 이렇게 생산된 암모니아는 화학 산업에서 다양한 화학 물질의 원료로 사용된다.

▸ 시대적 배경 및 사회적 배경 살펴보기

이 책이 출간된 1990년대 중반은 과학, 기술, 문화, 사회 등 다양한 분야에서 변화가 빠르게 진행되는 시기였다. 정보 기술의 발전과 인터넷의 보급으로 세계가 급속히 연결되고 글로벌화가 가속되었으며, 이와 함께 사회적으로 문화적 다양성이 확대되고 환경 문제에 대한 관심도 높아졌다. 이러한 상황에서 과학과 예술, 문화, 인문학 간의 융합과 상호작용은 더욱 중요하게 여겨졌다.

이 책은 과학적인 개념과 인문학적인 개념이 서로 어떻게 연관되어 있고, 어떠한 방식으로 이해될 수 있는지를 보여준다. 특히 과학과 예술, 인문학의 상호작용에 대한 이해를 바탕으로 화학 분야가 나아가야 할 방향을 제시하고 있다는 점에서 그 의미가 크다.

현재에 적용하기

화학적 개념을 시각적으로 표현할 수 있는 작품을 만들고, 그 작품이 어떤 방식으로 화학적 개념을 전달하고 있는지 설명해 보자.

생기부 진로 활동 및 과세특 활용하기

▸ 책의 내용을 진로 활동과 연관 지은 경우(희망 진로: 화학공학과)

'같기도 하고 아니 같기도 하고(로얼드 호프만)'를 통해 다양한 화학 물질의 구조를 알아내고, 이러한 구조에 따라 그 특성이 달라질 수 있음을 설명함. 또한 화학 물질의 화학 반응 과정을 분석하여 에너지 변화가 어떻게 일어나는지 밝혀내고, 이를 토대로 하여 화학 반응의 열역학적 특성을 논리적으로 설명해 냄. 화학 물질에 대한 폭 넓은 이해를 바탕으로 화학 물질의 독성과 안전성 문제에 대한 자신의 의견을 제시함. 책에 제시되어 있는 독성 물질의 특성에 관한 내용을 통해 자신의 의견을 뒷받침함. 과거부터 현재까지 화학 물질 개발로 인한 여러 피해 사례들을 조사하고 분석하여 무분별한 개발이 개인과 사회, 환경에 미치는 부정적인 영향을 설명함. 이를 통해 화학 분야에서의 지속 가능한 발전이 매우 중요함을 강조하고, 이러한 화학 기술을 지혜롭게 활용할 수 있는 지식을 쌓는 것 또한 중요함을 강조함.

▸ 책의 내용을 화학 계열 교과와 연관 지은 경우

흑연과 다이아몬드처럼 동일한 성분으로 구성되어 있더라도 구조가 다르면 특성이 달라질 수 있다는 것을 알아내고, 분자의 구조에 대한 탐구를 진행함. 원자 배치, 결합 형태, 전자 구조 등에 따라 분자의 구조가 달라질 수 있음을 알아내고, 이로 인한 화학적 특성의 변화를 밝혀냄. '같기도 하고 아니 같기도 하고(로얼드 호프만)'에 제시된 예시들을 분석하여 분자 구조에 따라 분자의 극성, 분자의 크기와 모양, 결합 형태 등에 변화가 생겨 용해도와 반응성 등의 화학적 성질이 달라질 수 있음을 설명함. 또한 분자 구조가 같더라도 공간적으로 대칭된 형태일 경우 물리적, 화학적 특성이 달라질 수 있음을 알아냄. 디클로로에테인의 이성질체를 분석하여 공간적인 배치의 차이로 화학적 반응의 선택이나 생성물 형성에 영향을 줄 수 있음을 밝혀냄.

후속 활동으로 나아가기

- 분자 구조의 대칭성이 물질의 물리적·화학적 성질에 미치는 영향을 탐구하고, 실생활에 어떻게 적용되는지 분석해 보자. 대칭성의 개념을 중심으로 분자 구조를 조사하고, 거울상 이성질체가 실생활에서 나타나는 예(예: 리모넨, 멘톨 및 기타 약물 등)를 찾아 설명해 보자.
- 원자 결합, 분자 구조, 화학 반응 등 화학적 개념 중 하나를 선택하고 이를 그림, 조각 작품 등 예술적인 방법으로 추상화하여 표현해 보자. 자신이 선택한 예술적 표현 방법을 설명하고, 작품 속에 숨어 있는 과학적 원리를 논리적으로 설명해 보자.
- 환경 문제를 해결하고 지속 가능한 발전이 이루어지는 방향으로 화학 기술을 보다 지혜롭게 활용할 수 있는 방법을 모색해 보자. 예를 들어 과학 지식과 기술을 바탕으로 아이디어를 발굴하고, 예술의 감성과 상상력을 활용하여 사람들의 관심과 참여를 유도하는 방법을 찾아 제안해 보자.

함께 읽으면 좋은 책

전창림 **《미술관에 간 화학자》** 어바웃어북, 2013

K. 메데페셀헤르만 외 2인 **《화학으로 이루어진 세상》** 에코리브르, 2007

열세 번째 책

부분과 전체

베르너 하이젠베르크 ▸ 서커스

양자역학을 창시한 공로로 노벨 물리학상을 수상한 독일의 물리학자 베르너 하이젠베르크Werner Karl Heisenberg, 그가 쓴《부분과 전체》는 양자역학의 학문적 발전 과정을 기록한 책이자 이론 물리학을 접한 시기부터 제2차 세계 대전 후의 시기까지 저자의 삶의 여정을 담은 자서전과도 같은 책입니다.

저자는 양자역학에 대한 자신의 관점을 물리학적으로만 풀어내는 것이 아니라 철학, 언어, 종교, 생물, 역사 등 다양한 분야의 주제와 연결 지어 이야기합니다. 이 책을 통해 기존의 전통적인 고전 역학과 다른 양자역학의 태동기부터, 그것이 원자 폭탄 개발에 이용된 시기까지 학문과 현실에 관한 그의 관점을 살펴볼 수 있습니다.

사유하는 과학자

하이젠베르크는 책의 처음과 끝부분에 플라톤의 이데아론을 언급하며 철학적 사유를 통해 자연을 과학적으로 접근합니다. 플라톤의 이데아에 의하면 우리가 살고 있는 세상은 동굴 속의 그림자입니다. 즉 실재하는 것은 동굴 바깥에 존재하며 우리가 경험하는 것은 그러한 실재가 투영된 그림자에 불과하다는 것입니다. 그렇기 때문에 어떠한 현상의 본질을 파악하기 위해서는 그것에 접근하기 위한 도구가 필요하다고 말합니다. 이러한 도구의 하나로 하이젠베르크는 수학을 매우 중요하게 여겼습니다.

예를 들어 삼각형 내각의 합이 180도라는 것은 너무나도 당연한 사실입니다. 하지만 실제로 내각의 합을 180도로 맞추는 것이 가능할까요? 아주 정교한 기계 장치를 사용한다고 하더라도 내각의 합을 정확하게 180도로 맞추기는 어렵습니다. 삼각형을 아주 미세하게 확인해 보면 눈으로 확인할 수 없는 오차는 항상 존재할 수밖에 없기 때문입니다.

이처럼 우리는 완벽한 삼각형과 같은 이상적인 '실재'는 볼 수 없습니다. 수학적 개념을 바탕으로 한 상상으로 실재를 그려볼 수 있을 뿐입니다. 즉 수학적으로 실재에 접근하는 것입니다. 이러한 접근법으로 하이젠베르크는 원자의 기본 단위 형태에 대해 유추합니다.

불확정성 원리

물질의 움직임을 예측하기 위해 물질의 위치와 운동량을 파악하는 것은 매우 중요합니다. 하지만 미시 세계에서 물질을 관찰하고자 할 때 그것의 위치와 운동량을 동시에 정확히 파악하는 것은 매우 어려운 일입니다.

입자 위치를 정확하게 파악하기 위해서 에너지를 높이게 될 경우(파장을 짧게 할 경우) 입자의 위치를 알아낼 수 있지만 운동량을 파악하기가 매우 어려워집니다. 반대로 운동량의 변화를 최소화하기 위해 에너지를 낮출 경우(파장을 길게 할 경우) 입자가 정확히 어디 있는지는 파악하기 어렵게 됩니다. 이것이 바로 불확정성의 원리입니다.

하이젠베르크는 이후 이러한 불확정적인 문제를 해결하기 위해 '파동 함수wave function'를 사용합니다. 파동 함수는 입자의 위치와 운동량에 대한 확률 분포를 나타내며, 이를 통해 입자가 특정 위치에 있을 확률을 예측할 수 있다는 것입니다.

세계 패권의 변화와 과학의 양면성

1900년대 초반, 독일은 과학 분야의 선도 국가였습니다. 하이젠베르크는 독일의 뮌헨 대학교에서 학위를 마칩니다. 이후 강연할 기회가 생겨 미국으로 가게 됩니다. 이때 저자는 큰 충격을 받게 되는데, 유럽과는 달리 미국에서는 연구자들이 좀 더 실용적인 것을 추구했으며, 새로운 이론을 받아들이는 데에도 좀 더 대담하고 두려움 없는 모습을 보였기 때문입니다. 하이젠베르크와 같은 유럽인들에게 1900년대 초반의 미국 사회는 자유롭고 다양성이 존중받는 유토피아 같은 곳이었습니다.

하이젠베르크는 제2차 세계 대전 동안 독일의 원자 폭탄 개발 연구를 이끈 대표적인 과학자입니다. 최종적으로 미국에서 먼저 원자 폭탄을 개발하고, 독일은 전쟁에서 패망합니다. 전쟁의 승패를 떠나 하이젠베르크를 포함하여 원자 폭탄 개발 연구에 참여한 과학자들로 인해 많은 사람들이 희생된 점은 매우 안타까운 일입니다.

과학은 세계적인 큰 흐름 속에서 다양한 방식으로 발전되어 왔습니다. 하지만 그 속에는 긍정적인 면과 부정적인 면이 함께 포함되기도 합니다. 오늘날에 플라스틱 사용 또한 그 대표적인 예라 할 수 있습니다.

플라스틱을 소재로 개발하며 인류는 좀 더 가볍고 저렴한 플라스틱을 다양한 곳에 사용하기 시작합니다. 저렴하면서 광범위하게 활용될 수 있는 특성 때문에 플라스틱은 현대 인류의 삶의 일부를 자연스럽게 차지하고 있습니다. 하지만 플라스틱은 부패하지 않는다는 단점이 있습니다. 재활용되지 않고 처리가 곤란해지면서 플라스틱은 이제 역으로 인류에게 위협적인 물질이 되어 버렸습니다.

하이젠베르크는 이러한 과학의 양면성을 인지하는 것이 무엇보다 중요하다고 말합니다. 그래야 우리 모두 책임감을 갖고 상호 공감대를 형성할 수 있기 때문입니다.

부분과 전체의 복잡성 이해하기

미시 세계에서는 입자들의 움직임을 확률적으로 이야기할 수 있어도 부분적으로 그 다양한 움직임을 정확하게 이해할 수는 없을 것입니다. 강물이 어떤 방향으로 흘러가는지 알 수는 있지만 구체적으로 강물을 구성하는 입자들의 움직임을 보면 각기 서로 다른 방향을 향하고 있는 것과 같은 이치입니다.

하이젠베르크는 과학적 진실이 항상 절대적이거나 완벽한 것은 아니라고 주장합니다. 그는 인간의 지식과 이해에는 한계가 있으며, 현실의 본질을 완전히 파악하는 데 제한적이라고 말합니다. 이러한 관점은 인간의 지식의 한계와 현실의 복잡성을 인정하는 데 중요한 역할을 합니다. 때로는 부분이 아닌 전체를 통해 자연을 파악하는 것이 더 지혜로운 것이라는 생각이 듭니다.

도서 분야	과학	관련 과목	물리학 계열 교과	관련 학과	물리 계열, 공학 계열, 자연과학 계열

고전 필독서 심화 탐구하기

▸ 기본 개념 및 용어 살펴보기

개념 및 용어	의미
이데아	이데아Idea는 플라톤의 이상 국가 개념에서 유래되었으며 우리가 감각으로 인식하는 현실 세계 너머에 존재하는 참된 본질 또는 이상적 형상을 의미한다. 이런 의미에서 이데아는 실제로 존재하지 않지만, 개념이나 아이디어의 완벽한 형태를 나타내는 데 사용된다.
파동 함수	파동 함수wave function는 양자역학에서 매우 중요한 개념으로, 입자나 시스템의 상태를 설명하는 수학적인 함수이다. 양자역학에서는 입자가 파동과 입자의 형태, 즉 파동적인 특성과 입자적인 특성을 모두 가지고 있다고 가정한다. 파동 함수는 이러한 입자의 파동적 특성을 설명하는 함수로, 입자의 위치, 운동량, 에너지 등 다양한 물리량을 확률적으로 예측할 수 있게 한다.
운동량	운동량은 물체가 운동하는 데에 따른 물리량으로, 물체의 질량과 속도의 곱으로 정의된다. 운동량은 물체가 가지고 있는 운동의 양을 나타내며, 물체의 운동 상태를 설명하는 중요한 개념 중 하나이다. 시스템 내부에서 운동량의 총량은 변하지 않고 보존된다. 이러한 보존의 법칙은 다양한 물리적 현상을 설명하는 데에 중요한 역할을 한다.

▸ 시대적 배경 및 사회적 배경 살펴보기

20세기 초반, 양자역학은 물리학의 패러다임을 혁신하고 있었다. 알베르트 아인슈타인, 닐스 보어, 막스 플랑크, 에르빈 슈뢰딩거와 같은 학자들이 양자역학의 개념을 발전시키며 현대 물리학의 기초를 마련했다. 이러한 과학적 혁신은 원자이론, 상대성이론, 양자역학 등의 발전으로 이어졌다.

하이젠베르크는 제2차 세계 대전 전후에 활동한 과학자이다. 이 시기는 세계적인 정치적 격변기로, 이는 과학계에도 영향을 미쳤다. 원자력의 발견과 원자 폭탄의 사용은 인류에게 엄청난 파장을 일으켰으며, 이는 핵무기와 핵전쟁에 대한 두려움을 증폭시켰다. 이 시대의 사회적 분위기는 과학자들에게도 도전적인 과제를 제공했고, 이러한 분위기 속에서 하이젠베르크는 자신의 과학적 이론과 이해를 널리 알리고자 했다.

현재에 적용하기

양자역학의 발전 과정에서 나타난 과학자들 간의 철학적 논의를 분석하고, 과학적 발견이 사회와 인간의 사고방식에 미친 영향에 대해 설명해 보자.

생기부 진로 활동 및 과세특 활용하기

▸ 책의 내용을 진로 활동과 연관 지은 경우(희망 진로: 물리학과)

'부분과 전체(하이젠베르크)'를 읽고 양자역학이 성립되는 과정에서 개인과 사회가 어떤 영향을 주고받았는지를 정리해 냄. 특히 제2차 세계 대전을 전후로 과학자들이 취한 태도를 분석하여 과학 기술의 정치 중립적인 특성에 대해 자신의 생각을 논리적으로 설명함. 과학 기술이 무궁무진하게 발전하는 상황에서 올바른 과학 기술이란 무엇인가에 대해 함께 생각해 보는 것이 매우 중요함을 강조함. 양자 컴퓨터, 양자 통신 등의 원리를 설명하며 양자역학의 무한한 가능성을 제시함과 동시에 이로 인해 발생될 수 있는 여러 윤리적인 문제들에 대해 언급하여 과학 기술 발전의 양면성을 균형감 있게 설명함.

▸ 책의 내용을 물리학 계열 교과와 연관 지은 경우

물체의 운동을 효과적으로 설명하는 고전 역학의 특징을 조사함. 고전 역학의 경우 광전효과 등 미시 세계에서의 현상들을 설명하는 데 한계가 있다는 것을 파악하고, 이를 해결하기 위해 등장한 새로운 개념인 양자역학에 대해 탐구를 진행함. 아인슈타인의 광양자설부터 하이젠베르크의 불확정성 원리까지 양자역학이 정립되는 과정에서 크게 기여한 이론들에 대해 조사하고, 그 내용을 간략하게 정리하여 발표함. '부분과 전체(하이젠베르크)'의 내용을 토대로, 고전 역학과 양자역학의 차이점을 명확하게 설명함. 이중 슬릿 실험을 분석하여 입자의 위치와 운동량 간의 상호작용으로 인해 두 가지 물리량을 동시에 정확하게 측정할 수 없음을 밝혀냄. 하이젠베르크와 보어가 각각 제시한 불확정성 원리와 상보성 원리에 대한 개념을 바탕으로, 확률적이고 비결정론적인 양자역학의 특성을 흥미롭게 표현해 내는 등 관련 내용에 대해 깊이 있게 이해하는 모습을 보여줌.

후속 활동으로 나아가기

- 이 책의 저자 하이젠베르크는 뛰어난 과학적 역량을 지니고 있는 물리학자로서 양자역학의 중요한 이론과 실험적 발견에 기여했으나 독일의 원자 폭탄 개발에 참여하기도 했다. 이러한 저자의 행보를 분석하고 과학자의 역할이 무엇인지에 대해 고민하여 에세이를 작성해 보자.
- 양자역학이 성립되는 과정에 크게 기여한 과학자들의 업적과 삶의 전반적인 부분을 조사한 후, 그 내용을 토대로 연극 프로젝트를 진행해 보자. 알베르트 아인슈타인, 닐스 보어, 막스 플랑크, 에르빈 슈뢰딩거 등의 과학자 역할을 연기하며 과학이 개인 및 사회와 어떤 영향을 주고받는지에 초점을 두고 깊이 이해해 보자.

함께 읽으면 좋은 책

베르너 하이젠베르크 **《하이젠베르크의 물리학과 철학》** 온누리, 2011

로저 펜로즈 **《황제의 새마음》** 이화여자대학교출판문화원, 2022

데이비드 보더니스 **《E=mc²》** 웅진지식하우스, 2014

열네 번째 책

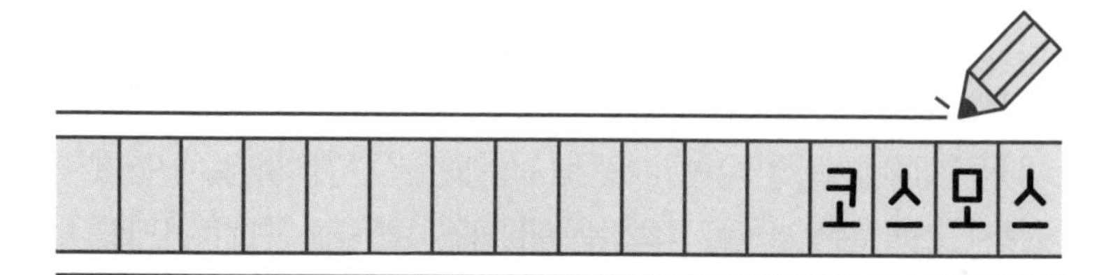

칼 세이건 ▸ 사이언스북스

미국의 천문학자 칼 세이건Carl Edward Sagan이 쓴《코스모스》는 우주와 인간의 관계를 탐구한 과학 교양서로, 현대 천문학과 우주론을 대중적으로 쉽게 풀어낸 명저입니다. 저자는 우주의 기원, 생명의 진화, 지구 외 생명체의 존재 가능성 등 심오한 주제를 흥미롭게 설명하며, 과학적 사실과 인간의 상상력을 연결합니다.

이 책은 과학적 탐구의 중요성을 강조하면서도 인간 존재의 의미와 우주의 경이로움을 성찰하게 합니다. 저자의 깊이 있는 통찰과 서정적인 문체는 독자에게 우주에 대한 경외심과 탐구 열망을 불러일으킵니다.

우주의 탄생

과거, 우주는 상상할 수 없을 정도로 작은 크기였고, 그 안에 높은 밀도의 물질과 에너지가 뒤섞여 있는 상태였습니다. 그러던 어느 시점에 이유를 알 수 없는 엄청난 대폭발(빅뱅)이 발생하고, 폭발로 인해 우주 공간에 수많은 물질이 퍼져나갑니다.

시간이 흘러 중력에 의해 특정 지점에 물질들이 모이기 시작하고, 핵융합에 의해 별이 탄생합니다. 별을 포함한 물질들이 하나의 덩어리를 이루며 높은 밀도를 유지하고, 주변 물질들을 끌어당겨 몸집을 더욱 크게 키우게 되는데, 그것이 바로 '은하'입니다. 대략 1,000억 개 이상의 별과 행성을 포함하고 있는 은하는 그 수를 헤아릴 수 없을 정도로 우주 공간 여기저기에 분포되어 있습니다.

수많은 은하 중 하나의 은하, 그 안에 태양이라는 별이 존재합니다. 그리고 태양보다 훨씬 작은 지구라는 행성에 인류가 살아가고 있습니다. 우주라는 거대한 공간 안에 우리 인류는 하나의 작은 공간인 지구라는 행성을 보금자리 삼아 살아가고 있는 것입니다. 그렇기에 우주적인 관점에서 인류의 역사가 지극히 하찮게 여겨지는 것은 어찌 보면 당연할 수밖에 없습니다.

이오니아, 과학의 탄생과 쇠퇴

지금으로부터 약 2,500년 전, 현재 에게해와 터키 아나톨리아의 서남부 섬 지역에 해당하는 이오니아 지역에서 우주에 대한 체계적인 접근이 최초로 시작됩니다. 지구는 둥글며, 지구가 태양의 주위를 돌고 있다는 사실을 인지할 정도로 과학이 매우 발달한 곳이었습니다. 여러 개의 섬으로 이루어진 이오니아는 다양한 환경과 체제 속에 있었기에 보다 자유로운 탐구가 가능했습니다. 미신을 철저하게 배척하고 과학적으로 탐구한 이오니아인들은 인류의 문명과 발전에 크게 기여한 개척자들입니다. 세상의 모든 근원을 '물'이라고 생각한 탈레스, 우주의 질서를 뜻하는 '코스모스'라는 단어를 처음 사용한 피타고라스 모두 이오니아의 과학자입니다.

하지만 과학 같은 실용적인 것들을 하찮게 여기는 풍조가 사회 곳곳에 만연하기 시작합니다. 육체노동을 성스럽지 못한 것으로 여기는 문화 속에 과학적 탐구 역시 성스럽지 못한 것으로 치부되었던 것입니다. 천상의 문제에 대해 생각하고 고민하는 것이 천문학자의 역할이며, 하늘을 관측하는 것은 하찮은 것이라고 여긴 플라톤의 철학이 이러한 사회적 분위기를 대변한다고 볼 수 있습니다.

과학의 암흑기, 그리고 현대 과학의 재탄생

지금으로부터 약 2,300년 전, 아리스토텔레스의 제자인 '알렉산더'에 의해 과학은 다시 주목받기 시작합니다. 알렉산더가 건설한 도시인 '알렉산드리아'는 외래문화를 존중했고, 지식 추구를 환대

했습니다. 600년이라는 긴 시간 동안 알렉산드리아에는 우주를 포함한 모든 것에 대한 지식이 쌓여갔습니다. 항구를 거쳐 가는 무역선의 모든 기록을 수집했고, 그 모든 것은 알렉산드리아의 대도서관에 보관되었습니다. 하지만 알렉산더 대왕이 죽고 로마 시대가 도래하면서 지식을 추구하는 문화는 점점 시들기 시작합니다.

이 시기에 등장한 과학자이자 점성술사였던 프톨레마이오스는 천동설을 주장합니다. 더구나 중세 교회가 이를 채택하면서 이로부터 대략 천 년이라는 긴 시간 동안 천문학의 발달이 멈춰버리게 됩니다. 그리고 폭도들에 의해 알렉산드리아의 대도서관마저 파괴되면서 모든 과학적 체계가 무너집니다.

긴 암흑기를 지나 16세기에 이르러 현대 과학의 시작을 알리는 한 사람이 등장합니다. 칼 세이건이 "마지막 점성술사이며, 첫 천체물리학자"라고 칭한 요하네스 케플러Johannes Kepler입니다. 그는 행성운동에 관한 케플러 법칙을 발견한 근대 과학 발전의 선구자입니다. 인류는 케플러가 평생을 바쳐 일궈낸 결과물로 우주를 탐구할 씨앗을 얻게 되고, 이어 그 씨앗은 아이작 뉴턴Isaac Newton에 의해 화려하게 꽃을 피우게 됩니다.

뉴턴은 미적분을 창시하고 빛의 기본 성질을 알아냈으며 케플러의 제3법칙을 이용해 만유인력의 법칙을 구축해 냅니다. 또한 동시대의 천문학자인 뉴턴의 친구 에드먼드 핼리Edmond Halley는 지구에서 관측되는 혜성을 분석하여 혜성의 공전 주기를 밝혀내고, 혜성의 출몰 시기를 정확하게 예측해 냅니다. 이는 1986년 탐사 위성으로 '핼리 혜성'을 관찰하는 데 성공하는 밑거름이 됩니다.

코스모스로 향하는 인류

인류는 달에 아폴로호를 쏘아 올리는 것을 시작으로 금성, 화성 등에 탐사선을 보내며 본격적으로 우주 연구에 돌입합니다. 우주 연구 초기, 금성은 과학자들에게 미지의 행성이었습니다. 표면을 들여다볼 방법이 없었기에 과학자들은 금성이 생물로 가득 차 있을 거라 생각했습니다. 하지만 금성의 두꺼운 구름층을 통과해 금성 표면에 도착한 최초의 우주선 베네라가 보내 온 금성의 모습은 과학자들의 생각과는 매우 다른 곳이었습니다. 생물체가 살기는커녕 타는 듯이 뜨거운 표면 온도로 마치 불지옥과 같은 환경이었던 것입니다.

이산화탄소로 인한 온실 효과로 인해 태양에 더 가까운 수성보다 더 뜨거운 환경이 조성되었음을 알아낸 과학자들은 지구의 환경을 적나라하게 파헤치기 시작합니다. 무분별한 화석 연료 사용이 대기 중 이산화탄소량을 증가시켜 지구 또한 결국 금성과 같은 환경으로 변화될 수 있다는 가능성을 제기한 것입니다.

금성에 탐사선을 보낸 이후로, 인류는 앞다퉈 화성에 탐사선을 보내기 시작합니다. 미국의 바이킹호가 최초로 화성 착륙에 성공하게 되고, 그곳에서 바이킹호는 화성의 모습을 지구로 전송합니다. 화성의 모습을 본 저자는 지구의 환경과 크게 다르지 않은 화성의 모습에 크게 감동하고, 그 무한한 가능성을 언급합니다.

우리를 둘러싼 모든 것은 우주로부터 왔습니다. 인류의 생존과 문명의 발전은 우리의 힘으로만 이룩한 업적이 아닙니다. 인류를 지구라는 환경에 존재할 수 있게 한 '코스모스'가 있기에 가능한 것이었습니다. 지구는 무한한 가능성을 지닌 우주라는 공간의 작은 점에 불과합니다. 이러한 지구는 인류에게 많은 것을 주었습니다. 칼 세이건은 그렇기에 인류는 지구를 위해 존재해야 한다고 말합니다.

이 책을 통해 우주 속에서 인간의 위치를 겸손하게 자각하면서, 과학적 탐구의 가치와 우주 속에서 인류의 더 큰 의미를 발견하고, 지구와 인류의 미래를 생각해 보면 좋겠습니다.

도서 분야	과학	관련 과목	물리학, 지구과학 계열 교과	관련 학과	천문학과, 우주항공 계열, 지구과학교육, 자연과학 계열

고전 필독서 심화 탐구하기

▸ 기본 개념 및 용어 살펴보기

개념 및 용어	의미
항성 핵융합	별은 주로 수소와 헬륨으로 이루어져 있는데, 별 내부는 매우 높은 온도와 압력으로 인해 수소 원자가 서로 충돌하며 핵융합이 일어난다. 핵융합은 별이 에너지를 생성하는 과정 중 하나다. 이 과정에서 수소 원자들이 서로 결합하여 헬륨으로 변환되고, 이때 방출되는 엄청난 양의 에너지는 별이 빛을 발하고 따뜻함을 유지하는 주요 원천이 된다.
케플러 제3법칙	케플러 제3법칙은 행성들의 공전 주기와 그들이 공전하는 궤도 반지름 간의 관계를 설명하는 물리학 법칙으로, 행성의 공전 주기의 제곱은 그 행성이 공전하는 궤도 반지름의 세제곱에 비례함을 나타낸다.
만유인력의 법칙	만유인력의 법칙은 두 물체 사이에 작용하는 인력이 두 물체의 질량에 비례하고 그들 사이의 거리에 반비례함을 나타내는 법칙이다.
온실 효과	온실 효과는 지구 대기 중 일부 기체가 태양에서 오는 복사 에너지를 흡수하고 이를 지구 밖으로 방출하지 못하게 함으로써 지구의 온도를 높이는 현상을 말한다. 이러한 기체를 온실가스라고 부르는데, 대표적으로 이산화탄소, 메탄, 이산화질소 등이 있다. 이 기체들은 태양광과 지표면에서 방출되는 열을 흡수하여 대기 중의 열량을 증가시키는 역할을 한다. 일반적으로 온실 효과는 지구 표면을 따뜻하게 하는 자연적인 과정이나 근래 들어 인간의 활동으로 인해 온실 효과가 과도하게 증가하며 이상 고온 현상을 야기하여 문제가 되고 있다. 주로 화석 연료의 사용, 산업 활동, 산림 파괴 등에 의해 온실가스의 배출량이 급격히 증가하였으며, 이는 지구의 기온 상승, 극지방의 빙하 융해, 해수면 상승, 기후 변화 등에 영향을 미치고 있다.

▸ 시대적 배경 및 사회적 배경 살펴보기

1980년대는 컴퓨터 기술, 우주 탐사, 생명과학 등 여러 과학과 기술 분야에서 혁신이 일어난 시기였다. 이와 함께 환경 보호와 지구 생태계에 대한 관심이 높아지는 시기이기도 했다.

이 책 '코스모스'는 과학과 우주에 대한 놀라운 이야기를 통해 과학 지식을 전달하며 대중의 호기심을 자극했다. 무엇보다 저자 세이건의 열정적인 전달 방식은 과학에 대한 대중의 이해와 관심을 크게 끌어올렸으며, 다양한 연구 분야에서의 진보와 혁신을 촉진하는 역할을 하기도 했다. 세이건은 이 책을 통해 우주의 아름다움과 신비함을 전달하며 독자들에게 새로운 시각을 제시했다. 그의 과학에 대한 열정과 탐구 정신은 확실히 대중들이 과학을 보다 친밀하게 느끼도록 만들었다.

현재에 적용하기

우주의 기원부터 현재까지 중요한 천문학적 사건들을 조사하고, 이를 연대표로 시각화해 보자.

생기부 진로 활동 및 과세특 활용하기

▸ 책의 내용을 진로 활동과 연관 지은 경우(희망 진로: 지구과학교육과)

'코스모스(칼 세이건)'에서 언급된 과학의 역사와 발전에 대한 내용을 토대로 과학의 중요성과 인류의 과학적 발견이 우리의 세계관을 형성하는 데 어떤 영향을 미치는지에 대해 탐구하여 자신의 생각을 논리적으로 제시함. 또한 과학이 사회와 어떻게 상호 작용하고 인류 문명의 발전에 어떤 영향을 미쳤는지에 대해 분석하여 과학 기술의 발전이 사회와 문화에 미치는 영향을 밝혀냄. 천문학적 발견이 종교적 신념과 충돌하여 사회적인 문제를 야기할 수 있으며, 천문학적 지식과 기술이 군사적 목적에 이용되어 문화 간 지역 간의 갈등으로도 이어질 수 있음을 설명함. 또한 천문학적 연구 및 우주 탐사로 인해 우주 환경이 오염되고 있음을 소개하여 과학 기술의 발전이 여러 윤리적 문제를 일으킬 수 있다는 저자의 생각을 뒷받침하고, 이러한 문제를 해결하는 것이 올바른 과학 발전의 방향임을 강조함.

▸ 책의 내용을 지구과학 계열 교과와 연관 지은 경우

정상 우주론과 빅뱅 우주론의 특징을 분석하고, 각 이론의 한계점을 제시함. 빅뱅 우주론에 근거하여 우주의 탄생과 진화 과정에 대해 설명하고, 우주의 구조에 대한 과학자들의 다양한 의견을 소개함. '코스모스(칼 세이건)'를 통해 우주 과학의 역사적 발전 과정과 과학자들의 기여에 대해 설명하고, 핵심적인 이론 및 실험에 대한 내용을 심도 있게 탐구하여 그 내용을 알기 쉽게 설명함. 지구 환경에 대한 저자의 생각을 토대로 기후 변화의 핵심 요인으로 이산화탄소를 지목하고, 탄소 배출량의 급증이 지구 환경을 어떻게 변화시킬 수 있는지에 대해 설명하여 이에 대해 경각심을 일깨워 줌. 재생 에너지의 사용, 에너지 효율 향상 및 재활용과 폐기물의 체계적인 관리 등 지속 가능한 미래를 구축하기 위한 다양한 방안들을 제시함.

후속 활동으로 나아가기

- '코스모스'에서 저자는 지구와 인류의 위치를 우주적 관점에서 탐구한다. 이러한 관점을 바탕으로 기후 변화 문제를 우주적 시각에서 바라보며 해결 방안을 찾아보자. 예를 들어, 지구의 환경이 우주에서 어떻게 보이는지, 지구가 인간 활동으로 인해 어떻게 변할 수 있는지를 연구하고 토론해 보자.
- 이 책에서 저자는 우주 탐사의 중요성을 강조한다. 현재 진행 중인 우주 탐사 프로젝트(예: 스페이스X의 화성 탐사 계획, 제임스 웹 우주 망원경 등)를 분석하고, 미래 우주 탐사 목표를 설정하는 활동을 진행해 보자. 현재 우리의 기술 수준과 탐사 계획에 대해 알아보고, 이를 바탕으로 미래의 우주 탐사 프로젝트를 구상해 보자.

함께 읽으면 좋은 책

닐 디그래스 타이슨 **《날마다 천체 물리》** 사이언스북스, 2018

스티븐 호킹 **《호두 껍질 속의 우주》** 까치, 2001

닐 디그래스 타이슨 외 2인 **《웰컴 투 더 유니버스》** 바다출판사, 2019

꿈의 해석

지그문트 프로이트 ▸ 돋을새김

지그문트 프로이트Sigmund Freud는 인간의 무의식과 욕망을 탐구한 의사이자 심리학자로, '정신분석학'의 창시자입니다. 그는 '무의식' 연구의 선구자로 불립니다. 그의 대표작 《꿈의 해석》은 무의식과 꿈의 중요성에 대한 이론을 정립한 책이라고 할 수 있습니다.

꿈의 의미를 규명하고자 했던 프로이트

《꿈의 해석》이 등장하기 전까지 인간의 꿈은 학문의 대상이 아니었습니다. 진지하게 고찰하고 탐구할 만한 대상이 아닌 종교적이고 영적으로 해석해야 할 일종의 초월적인 현상으로 여겨졌습니다. 당시만 해도 꿈은 주로 어떤 계시나 암시를 상징하는 역할을 했습니다. 하지만 프로이트는 꿈을 굉장히 개인적인 부분으로 생각했습니다. 즉 개인의 욕구와 희망 등을 투사시킬 수 있는 무의식이 발현되는 공간이라고 생각한 것입니다.

사변적인 특성을 띠는 철학을 객관적이지 못한 것으로 생각했던 프로이트는 꿈에 대해 연구하는 과정에서 매우 과학적인 방식을 취합니다. 프로이트의 치료 기법이라고 알려진 정신분석, 임상 진단과 같은 절차들이 바로 그에 해당합니다.

프로이트는 '꿈은 무의식의 발현이다'라는 가설을 세우고, 이를 입증할 수 있는 사례들을 수집합니다. 그 사례들을 검증한 후 자신의 가설이 참이라고 결론짓습니다. 그에 대한 내용을 집약한 책이 바로《꿈의 해석》입니다. 꿈을 형이상학적인 소재로만 여겼던 시기에 최초로 꿈을 어떠한 구체적인 실체로 파악하여, 그 실체를 과학적인 방법으로 규명하려고 노력했다는 점에서 큰 의미가 있는 책이라고 볼 수 있습니다.

무의식의 발견

프로이트가 '무의식'이라는 개념을 제시하기 전까지 역사적으로 학문적인 관점에서 무의식은 존재하지 않았습니다. 당시는 계몽주의 사상에 의해 인간의 이성, 합리성 등을 상당히 중요시했던 시기였습니다. 하지만 프로이트는 인간을 의식적인 존재로만 여기지 않았습니다. 특히 꿈을 통해 그러한 생각을 강하게 갖게 되었습니다.

한 여성이 있습니다. 그 여성은 오랫동안 원인 불명의 고통에 시달려 온 환자입니다. 자신의 신체에 고통을 유발하는 원인을 알아내고자 여러 의사를 찾아갔지만 문제를 해결하지 못했고 결국 프로이트와 심리 상담을 진행하게 됩니다. 그 과정에서 프로이트는 이 여성의 꿈을 분석하게 됩니다.

여성은 꿈속에서 장례식에 갑니다. 하지만 그녀는 울지 않고 있습니다. 오히려 약간 기쁜 느낌입니다. 꿈에서 깬 이후에 그녀는 이러한 감정에 혼란스러워합니다. 프로이트는 이 여성과의 대화를 통해 여성이 꾼 꿈과 그녀가 느꼈던 감정을 설명할 수 있는 하나의 실마리를 찾습니다.

이 여성에게는 언니가 있었고, 꿈속 장례식은 언니의 아들, 바로 조카의 장례식이었던 겁니다. 불미스럽게도 이 여성은 형부와 부적절한 관계에 있었고, 그것을 언니가 알게 되면서 형부와의 관계를 청산한 상황이었습니다. 그런데 공교롭게도 얼마 지나지 않아 언니가 병으로 죽게 됩니다. 즉 형부는 언니와 사별하게 된 것입니다. 여기서 프로이트는 그 '사별' 때문에 그녀가 그런 꿈을 꾸게 된 것이라고 설명합니다.

이 여성의 '에고ego'는 형부와의 부적절한 관계를 부정하려 했지만, 그녀의 '이드id'는 형부와 부적절한 관계를 계속 이어 나가고 싶다고 욕망했던 것입니다. 이러한 욕망을 표출할 수 없었기에 에고ego는 이드id를 억압합니다. 하지만 억눌린 욕망은 무의식에 계속 남아 있었고, 이를 두고 에고ego와 이드id가 끊임없이 대립하면서 이유를 알 수 없는 질병을 유발한 것입니다. 이상한 꿈을 꾸게 된 것도 역시 같은 이유라고 프로이트는 설명합니다.

그렇다면 꿈속에서 그녀는 왜 기분이 좋았던 것일까요? 바로 언니의 죽음으로 인해 형부와 부적절한 관계를 이어 나갈 가능성이 생겼기 때문입니다. 그렇다면 왜 그녀는 꿈속에서 언니의 장례식이 아닌 조카의 장례식에 갔던 걸까요? 바로 대놓고 언니의 장례식에 가는 꿈을 꾸는 것은 그 여인의 의식, 즉 에고ego가 허락하지 않았기 때문입니다.

꿈의 원리

프로이트가 결론 내린 꿈의 메커니즘을 아주 간단히 정리해 보면 의식과 무의식의 타협물이라고 말할 수 있습니다. 꿈은 에고ego와 이드id가 타협한 결과물이라는 것입니다. 꿈은 무의식을 완전히 보여 주는 것도 아니고 그렇다고 의식적인 측면만을 드러내는 것도 아닙니다. 다시 말해 꿈은 의식적인 측면이 분명히 있긴 하지만 무의식으로 인해 일부가 수정되고 가공되어 변형된 형태로 드러납니다. 그렇기에 꿈은 해석을 필요로 합니다. 프로이트가 자신의 학문을 '정신분석'이라고 말한 이유이기도 합니다.

프로이트는 어디까지가 무의식이고, 어디까지가 의식인지를 분별한 뒤에 무의식이 어떠한 상징물로 등장했는지를 알기 위해 세밀하게 꿈을 분해하는 작업이 필요하다고 강조합니다. 이를 위해 프로이트는 수정, 변형, 가공 등 의식이 무의식을 간섭하는 방식을 여러 가지로 제시합니다.

특히 그는 '응축'과 '전치'를 분석 과정에서 중요하게 여기는데, 응축은 자신의 욕구가 간단한 형태로 집약되어 나타나는 것을 의미합니다. 앞서 언급한 여성의 꿈은 조카의 장례식에 참여하는 장면으로 간단하게 제시되었으나 그 속에는 형부와의 부적절한 관계, 언니의 죽음, 죄책감, 해방감 등이 복잡하게 들어있었습니다. 이것이 바로 꿈이 보여 주는 '응축'의 원리입니다.

'전치'는 자신의 욕구를 그대로 보여주지 않고 살짝 변형된 형태로 나타나는 것을 의미합니다. 다시 한번 여성의 꿈을 생각해 보면, 부적절한 관계의 대상인 형부는 꿈에 전혀 등장하지 않는 것을 알 수 있습니다. 게다가 언니의 죽음이 꿈속에서는 조카의 장례식으로 변환되어 나타납니다. 즉, 의식과 무의식의 상호작용으로 인해 자신의 욕망이 전치되어 나타나는 것입니다.

개인의 욕망이 어떻게 통제되고, 어떻게 변형되었는지를 파악하는 것이 프로이트가 평생을 걸쳐 추구한 꿈의 해석법이었습니다.

시대의 패러다임을 바꾸다

프로이트는 다윈, 그리고 니체와 함께 시대의 패러다임을 바꾼 인물로 평가됩니다. 세 사람이 등장하기 전까지는 인간의 이성과 합리성이 가장 중요하게 여겨졌습니다. 하지만 이들은 인간이 아주 이성적이지도 합리적이지도 않은 존재임을 깨닫습니다. 각자 자신의 이론을 통해 인간의 비이성적인 측면에 대해 일관성 있게 논증해 낸 것입니다.

《꿈의 해석》 또한 그러한 맥락으로 볼 수 있습니다. 자신의 생각이나 결정을 맹목적으로 믿는 대신, 스스로 의문을 제기하고 더 나은 답을 찾기 위해 열린 마음으로 다양한 의견을 받아들이려는 태도, 그것이 프로이트 이론이 갖는 패러다임이라고 생각해 볼 수 있을 것입니다. 현대 심리학에서 프로이트 이론은 어떤 면에서는 비판받기도 하고 일부 수정되기도 하지만 여전히 무의식의 존재와 그것이 우리의 감정, 행동, 그리고 정신 건강에 미치는 영향을 이해하는 데 중요한 출발점으로 간주되고 있습니다.

도서 분야	과학	관련 과목	생명과학 계열 교과, 심리학 교과	관련 학과	심리학 계열, 교육 계열

고전 필독서 심화 탐구하기

▸ 기본 개념 및 용어 살펴보기

개념 및 용어	의미
이드, 에고, 슈퍼에고	프로이트의 정신분석 이론에서 이드Id, 에고Ego, 슈퍼에고Superego는 인간의 정신을 구성하는 세 가지 요소로, 개인의 행동과 심리를 이해하는 데 중요한 개념이다. · **이드**Id: 본능적 욕구와 충동을 나타낸다. 이드는 태어날 때부터 존재하며, 기본적인 생존, 성적 욕망, 공격성과 같은 본능적인 욕망을 충족시키고자 한다. '쾌락 원칙'에 따라 작동하며, 즉각적인 만족을 추구한다. 이드는 논리적 사고나 도덕적 판단을 고려하지 않으며, 오직 욕망 충족에만 집중한다. · **에고**Ego: 이드가 본능적인 욕구만을 추구하는 반면, 에고는 현실적인 사고와 합리적 판단을 담당한다. '현실 원칙'에 따라 작동하며, 욕구를 충족시키는 방식이 현실에서 가능하고 적절한지를 고려한다. 즉, 에고는 이드의 충동을 조절하고, 사회적 규범과 상황에 맞게 행동하도록 중재한다. 에고는 현실 세계에서 어떻게 욕구를 충족시킬지 계획하고, 그 과정에서 다른 사람과의 관계, 상황 등을 고려하여 행동한다. · **슈퍼에고**Superego: 초자아라고도 부르는 슈퍼에고는 도덕적 기준과 양심을 담당하는 부분이다. 개인이 사회적 규범, 도덕적 가치, 양심 등을 내면화한 결과로 형성된다. 부모나 사회로부터 주입된 도덕적 규범을 반영하며, 이드의 욕구를 억제하고 에고의 판단에 도덕적 기준을 적용한다. '이상 원칙'에 따라 작동하며, 완벽하고 도덕적인 행동을 추구한다. 슈퍼에고는 개인이 죄책감이나 수치심을 느끼게 하는 역할을 하기도 하며, 이드의 충동을 억제하려고 한다. · **세 요소의 상호작용**: 이드는 본능적 욕구를 즉시 충족하려 하고, 슈퍼에고는 도덕적 기준에 따라 행동을 제한하려 한다. 에고는 이들 사이에서 균형을 맞추며, 현실적인 방법으로 욕구를 충족시키고 도덕적 기준을 지키는 방식으로 행동을 결정한다. 이 세 요소의 상호작용은 인간의 심리적 갈등을 설명하며, 때로는 욕구와 도덕적 기준 사이의 갈등이 심리적 불안이나 문제를 야기할 수 있다.

▸ 시대적 배경 및 사회적 배경 살펴보기

19세기 말부터 20세기 초반은 심리학과 정신분석학이 발전하고 확장되는 시기였다. 인간의 내면세계를 탐구하고 이해하는 데 관심이 높아졌으며, 인간의 행동과 심리에 대한 이론적 연구 또한 활발히 이루어졌다. 프로이트는 이러한 시대적 맥락에서 자신의 이론을 발전시켜 나가며 심리학의 패러다임을 혁신한 인물이다.

책이 출간될 무렵, 유럽 사회는 산업화와 혁명의 파장으로 격변하고 있었는데, 심리학과 정신분석학의 발전은 이러한 사회적 변화와도 밀접한 관련이 있었다. 당시 유럽은 신념과 가치관의 변화, 사회적 질서의 동요, 정신적인 불안 등의 다양한 사회적 문제들을 직면하고 있었으며, 이 속에서 사람들은 자신의 내면을 탐구하고 이해함으로써 삶의 복잡성에 대한 해답을 찾고자 하는 욕구가 강해졌다. 이러한 배경에서 프로이트의 정신분석학이 등장하게 된다.

현재에 적용하기

프로이트의 이론을 바탕으로 자신이 꾸었던 꿈을 하나 선택하여 꿈속의 상징과 이미지가 무엇을 의미하는지 분석하고, 이를 통해 자신의 무의식이 어떤 방식으로 드러났는지에 대해 설명해 보자.

생기부 진로 활동 및 과세특 활용하기

▸ 책의 내용을 진로 활동과 연관 지은 경우(희망 진로: 의예과, 심리학과)

'꿈의 해석(프로이트)'을 통해 꿈이 개인의 심리에 미치는 영향에 대해 분석하고, 사회적 환경과 개인의 심리적 상태가 어떻게 상호작용하는지에 대해 자신의 의견을 제시함. 색깔이나 숫자, 종교 등 다양한 부분에서 나라마다 선호하는 것이 다름을 알아내고, 이러한 문화가 개인에게 영향을 주어 문화권에 따라 꿈의 의미와 해석이 다를 수 있음을 설명함. 꿈을 이해하고 해석하는 데 있어서 특정 국가나 지역 사회에 대한 이해가 선행되어야 함을 강조함. 프로이트의 이론으로 사회적 문제나 현상을 분석하고 이해할 수 있음을 설명하고, 인간 행동과 사회적 관계에 대한 분석을 진행함.

▸ 책의 내용을 생명과학 계열 교과와 연관 지은 경우

수면이 학습에 어떠한 영향을 주는지 탐구를 진행하여 수면의 중요성을 설명하고, 뇌가 수면 중에 작동하는 방식에 대해 설명함. 특히 '꿈의 해석(프로이트)'을 통해 수면 중에 꿈을 꾸는 이유와 꿈이 생물학적, 심리학적으로 어떤 의미를 가지는지에 대해 소개하고, 학습 성취도와의 관련성에 대한 자료들을 객관적으로 소개함. 수면 주기와 생물학적 시계의 작동 메커니즘을 통해 꿈이 수면 주기의 특정 단계에서 발생하는 이유와 그 의미에 대해 자신의 생각을 논리적으로 설명함. 앱을 이용하여 자신의 수면 패턴을 모니터링하여 수면의 질과 꿈의 관계를 파악하고, 꿈의 내용을 기록하여 학습 스트레스와 관련지어 보는 등 신뢰도 높은 탐구 결과를 얻기 위해 노력하는 모습을 보임.

후속 활동으로 나아가기

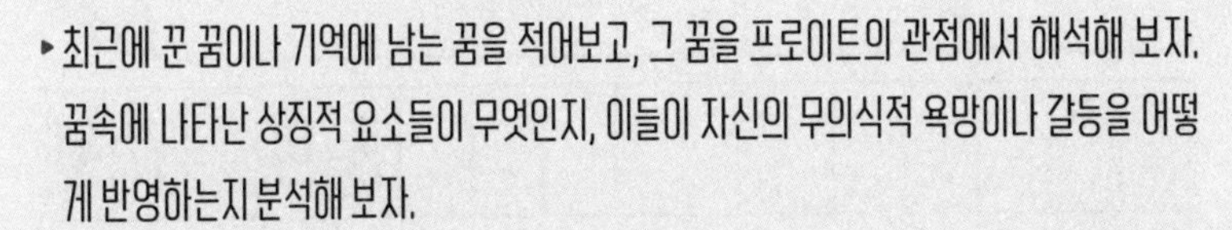

- 최근에 꾼 꿈이나 기억에 남는 꿈을 적어보고, 그 꿈을 프로이트의 관점에서 해석해 보자. 꿈속에 나타난 상징적 요소들이 무엇인지, 이들이 자신의 무의식적 욕망이나 갈등을 어떻게 반영하는지 분석해 보자.
- 프로이트가 꿈을 어떻게 해석했는지, 그가 주장한 꿈의 역할과 의미를 요약한 후 이 이론에 대한 자신의 의견을 적어보자. 다른 심리학적 이론이나 현대의 연구와 비교하여 프로이트의 이론이 어떤 장점과 단점이 있는지 서술해 보자.
- 문학 작품에 등장하는 꿈 장면을 찾아, 프로이트의 꿈 해석 이론을 바탕으로 분석해 보자. 예를 들어, 셰익스피어의 〈햄릿〉이나 도스토옙스키의 〈죄와 벌〉에서 꿈이 중요한 장면을 분석해, 등장인물의 무의식적 욕망이나 갈등이 어떻게 드러나는지 해석해 보자.

함께 읽으면 좋은 책

칼 구스타프 융 **《칼 융 레드 북》** 부글북스, 2020

지그문트 프로이트 **《정신분석 입문》** 돋을새김, 2024

열여섯 번째 책

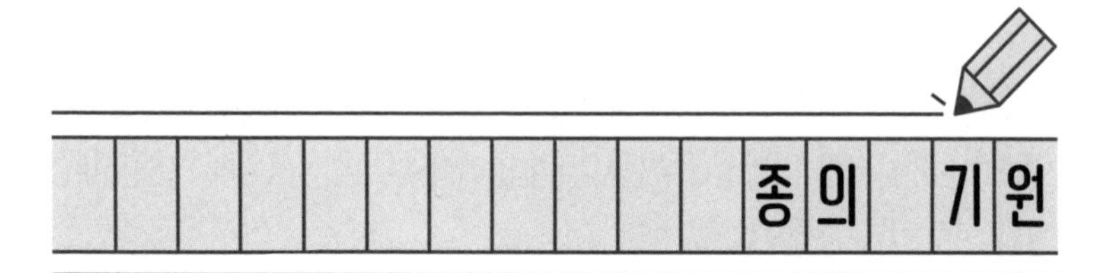

찰스 다윈 ▸ 사이언스북스

찰스 다윈Charles Robert Darwin의 《종의 기원》은 자연 선택을 통해 생물이 진화한다는 혁신적인 이론을 제시하여 생명의 기원과 다양성을 과학적으로 설명한 책입니다. 다윈은 이 책에서 다양한 종이 환경에 적응하며 변화해 왔다는 사실을 방대한 관찰과 데이터를 통해 입증합니다.

이 책은 당시 과학계뿐만 아니라 종교와 철학에도 큰 영향을 미쳤습니다. 당시에는 많은 논쟁을 일으켰으나 다윈의 진화론은 오늘날 현대 생물학의 기초 이론으로 자리 잡았습니다. 과학적 사고와 증거의 중요성을 강조하며 생명에 대한 새로운 관점을 제시하는 《종의 기원》을 함께 살펴보도록 하겠습니다.

비글호에 탑승하다

1831년, 영국의 해군 탐사선 비글호가 출항합니다. 약 5년 동안 여러 가지 임무를 수행한 비글호는 1836년 10월 약 5년 동안의 세계 일주를 마치고 돌아옵니다. 이 비글호에는 찰스 다윈이 타고 있었습니다. 케임브리지 대학에서 신학을 공부하던 다윈은 헨슬로 교수의 식물학 강의에 큰 흥미를 느끼게 되었고, 그의 추천으로 박물학자로서 비글호에 탑승했던 것입니다.

다윈은 5년의 항해를 하며 찰스 라이엘의 《지질학의 원리》를 탐독했다고 알려져 있습니다. 라이엘은 근대 지질학의 아버지라고 불리는 인물로 '동일과정설'을 주장한 학자입니다. 동일과정설은 현재 지구상에서 일어나고 있는 지각의 변화가 과거에도 동일하게 일어나면서 지구가 변화해 왔다는 이론입니다. 이는 지구가 아주 오랜 기간을 거치면서 점진적으로 변화했다는 주장이며, 갑작스러운 천재지변 등에 의해 지구의 지각이나 생물계가 바뀌었다고 주장하는 '천변지이설'과는 반대의 이론입니다.

다윈은 실제 탐험 과정에서 안데스산맥을 직접 보며, 이는 대격변에 의한 것이 아니라 아주 오랜 기간에 걸쳐 형성된 지형임을 확인합니다. 이러한 동일과정설에 대한 확신은 생물의 진화에 대한 그의 생각에도 큰 영향을 미칩니다.

1835년, 16개의 화산섬으로 이루어진 갈라파고스 제도에 도착한 다윈은 이곳에 서식하고 있는 다양한 동식물을 보게 됩니다. 이곳에서 다윈은 특이한 점을 발견하는데, 동물들의 모습이 각각의 섬마다 다르다는 사실이었습니다. 갈라파고스 땅거북의 경우 등껍질의 모양이 섬에 있는 먹이에 따라 달랐습니다. 건조한 섬에 사는 거북은 선인장을 먹을 수 있게 등껍질이 안장형으로 형성되어 목을 높게 들 수 있었습니다. 풀이 무성한 섬의 거북은 바닥에 있는 풀을 먹기 용이한 돔 모양에 가까운 등껍질을 가지고 있었습니다.

핀치새 역시 먹이에 따라 부리 모양이 모두 달랐습니다. 날카롭고 긴 부리를 가진 핀치는 곤충을 잡아먹었고, 짧고 두꺼운 부리를 가진 핀치는 딱딱한 씨 열매를 깨서 먹었습니다. 10여 종의 핀치새가 모두 다른 부리를 가지고 있었는데, 다윈은 이를 보고 처음에는 각기 다른 종류의 새라고 여겼습니다. 하지만 조류학자 존 굴드에게 모두 같은 종의 핀치새라는 사실을 듣게 되고, 이를 통해 다윈은 핀치새들이 공통된 조상에서 갈라져 나왔다고 생각하게 됩니다. 나아가 각 섬에 사는 생물들이 새로운 환경에 적응하는 과정에서 다양한 모습으로 변화했다는 생각에 이르게 됩니다.

이러한 경험을 바탕으로 다윈은 연구를 계속해 나갑니다. 연구 내용을 담은 저서를 집필하는 과정에서 생물학자 앨프리드 러셀 월리스Alfred Russel Wallace 또한 유사한 내용을 연구하고 있음을 알게 되고, 공동으로 학회에 관련 내용을 발표합니다. 이후 이러한 내용을 정리하여 1859년《종의 기원》을 출판합니다.

‘종의 기원’이 말하는 것들

종의 기원에서 찰스 다윈은 크게 네 가지 정도의 핵심적인 견해를 제시합니다.

첫째, 생물은 변이한다는 것입니다. 모든 생물은 환경적인 요인이나 유전적인 요인으로 조금씩 변이합니다. 환경적인 요인은 외부의 조건이나 자극으로 인한 변화를 의미하며, 유전적인 요인은 유전자를 통해 부모로부터 자식에게 전달되는 변화를 의미합니다.

둘째, 변이된 형질은 후대에 전달된다는 것입니다. 이러한 변이된 특성은 후손에게 물려집니다. 즉, 부모의 변이된 형질은 자식에게도 전달됩니다.

셋째, 생존에 유리하게 변이한다는 것입니다. 생물들은 자원 획득, 생존 및 번식을 위해 경쟁합니다. 이는 종 내부 및 종간의 경쟁으로 나타날 수 있습니다. 이 과정에서 생물들은 환경에 적응하기 위해 유용한 변이를 획득하려고 노력합니다. 이러한 유용한 변이는 종의 생존과 번식에 유리한 경향을 가질 수 있습니다.

넷째, 다양한 동식물 종이 생성된다는 것입니다. 오랜 지구의 역사 속에서, 이러한 유용한 변이들이 쌓여 다양한 종이 형성되었습니다. 이는 생물 다양성을 지지하는 주된 메커니즘이기도 합니다.

사육 재배 상태에서의 변이와 자연에서의 변이

옛날부터 가축을 기르고 식물을 재배할 때 인간들은 원하는 특성을 갖춘 우수한 종들을 선택적으로 번식시켰습니다. 이로써 우수한 특성을 물려받은 후손을 얻을 수 있었고, 이 과정을 반복함으로써 우수한 형질을 가진 새로운 종을 얻을 수 있었습니다. 예를 들어, 부드러운 털을 가진 양을 번식시키거나 맛이 좋고 많은 열매를 맺는 과수를 재배하고자 하는 노력이 그 예시입니다. 그렇다면 자연 상태에서는 인간의 개입 없이도 우수한 특성이 새로운 종으로 이어질 수 있는지에 대해 의문이 생기게 됩니다.

찰스 다윈에 따르면, 자연 상태에서도 생물 종들은 자연적으로 우수한 특성으로의 변이를 거쳐 가고 있다고 합니다. 즉, 인간의 인위적인 개입 없이도 종은 계속해서 새롭게 우수한 특성을 획득하고 새로운 종으로 발전할 수 있다는 겁니다. 그러나 이러한 자연적인 변이는 한계가 있습니다. 한정적인 자연환경 안에서 특정 종의 수가 기하급수적으로 증가한다면 자연에 문제가 발생할 수도 있습니다.

생물의 생존 경쟁과 자연 선택설

여러 생물 종들은 특정 환경 조건에서 서로 생존을 위해 경쟁합니다. 이러한 경쟁은 종간뿐만 아니라 동일 종 내에서도 빈번히 발생합니다. 치열한 경쟁 속에서 어떤 종이 가장 많이 살아남을 수 있는지는 해당 환경의 조건과 그 종이 가진 고유한 특성에 크게 좌우됩니다.

생물의 생존 경쟁에서는 자연 선택 또는 적자생존이라는 개념이 중요합니다. 이는 생존에 유리한 종들이 살아남고, 그렇지 못한 종들은 도태된다는 것을 의미합니다. 모든 생물은 자신의 생존을 위해 다양한 노력을 기울입니다. 이 과정에서 생존에 유리한 형질을 가진 종이 유전적으로 다음 세대로 전달되며, 이는 종의 변화와 더불어 새로운 종의 출현으로 이어지기도 합니다.

찰스 다윈은 이러한 현상을 자연 선택이라고 명명하며 설명했습니다. 그는 종간 경쟁은 항상 존재하며, 그 경쟁 속에서 자연 선택이 반복되면서 생명체들이 서서히 진화한다고 주장했습니다. 이는《종의 기원》에서 자연 선택설의 핵심 개념으로 제시되었으며, 오늘날에도 진화론의 중요한 기반이 되고 있습니다.

다윈의 자연 선택설과는 다른 진화 이론을 제시한 학자도 있습니다. 18세기 프랑스 생물학자 라마르크Jean Baptiste Lamarck는 생물의 특정한 특성은 얼마나 사용하느냐에 따라 변할 수 있으며, 이러한 변화가 후손에게도 전달된다고 주장했습니다. 예를 들어, 기린은 조상 기린이 높은 나뭇잎을 먹기 위해 목을 자주 사용한 결과로 목이 길어졌고, 이 특성이 후대에 전달된 것이라는 설명입니다.

반면에 찰스 다윈은 짧은 목 기린과 긴 목 기린 간의 경쟁에서 긴

목을 가진 기린이 먹이를 구하는 데 유리했기 때문에 생존 가능성이 높았고, 이로 인해 긴 목이라는 형질이 후손에게 전달되었다고 주장합니다. 이 두 이론은 서로 다른 관점을 제공하며 여전히 학계에서 논란이 되고 있지만 생물의 진화에 관한 혁신적인 관점을 제시해 준 것은 확실합니다.

여러분은 이 두 이론 중 어떤 관점에 더 공감하나요? 《종의 기원》을 통해 생물의 진화에 대해 깊이 있게 이해하고, 이를 바탕으로 생물의 진화뿐만 아니라 인간의 진화 방향에 대해서도 고민해 보면 좋겠습니다.

도서 분야	과학	관련 과목	생명과학 계열 교과	관련 학과	생명과학 계열, (수)의학과, 자연과학 계열

고전 필독서 심화 탐구하기

▸ 기본 개념 및 용어 살펴보기

개념 및 용어	의미
천변지이설	천변지이설은 지구의 지형 변화를 설명하는 이론으로, 지구의 지표가 지진, 화산 폭발, 산맥의 형성 등 갑작스러운 사건을 통해 변화했다는 학설이다. 특히 갑작스러운 사건이 발생했을 때 살아남은 생물들이 번식하여 지금의 생태계를 이룬다고 설명한다. 천변지이설은 프랑스의 생물학자 퀴비에가 주장하였으며, 그의 제자 아가시는 천변지이가 일어날 때마다 생물들이 모두 사라지고 새로운 생물들이 생겨났다고 생각했다.
갈라파고스 제도	갈라파고스 제도는 태평양에 있는 에콰도르령의 섬으로, 대서양과 태평양이 만나는 지점에 위치해 있다. 이 제도는 특이한 동식물과 생태계로 유명하며, 특히 다양한 다육 식물과 고대 생물 종, 해조류와 해양 생물 등이 서식하는 곳으로 알려져 있다. 이 지역은 자연환경의 특징을 연구하기 위한 연구 기지로도 활용되고 있으며, 다양한 생물들의 보호 구역으로 지정되어 있기도 하다.
변이	변이는 개체의 유전자나 염색체에서 발생하는 변화를 가리킨다. 변이는 유전자의 돌연변이나 염색체의 구조적 변화로 인해 발생할 수 있는데, 이는 유전물질인 DNA 또는 RNA의 일부가 변경되는 과정을 의미하며, 이는 유전자의 서열이 바뀌거나 삽입, 삭제, 대체되는 것을 포함한다. 이러한 돌연변이는 개체의 유전 정보를 변경하여 새로운 특성이나 표현형을 나타낼 수 있다. 변이는 종 내에서 다양성을 유지하고 진화를 이끌어내는 중요한 역할을 한다. 종 내에서 변이는 자연 선택과 같은 진화적 과정을 통해 적응성이 높은 특성을 선택받을 수 있으며, 종의 적응력과 다양성을 증가시킬 수 있다. 따라서 변이는 생물의 진화와 다양성을 유지하는 데 중요한 역할을 한다.

▸ 시대적 배경 및 사회적 배경 살펴보기

찰스 다윈의 '종의 기원'은 1859년에 출간된 책으로, 그의 혁명적인 진화론을 소개하고 있다. 이 책은 당시 사회적, 문화적, 과학적인 분위기와 밀접한 관련이 있다. 19세기 중반 영국은 산업혁명의 영향을 받아 빠른 산업화와 도시화가 진행되고 있었다. 이러한 변화는 자연환경과의 관계를 재평가하게 했고, 자연과학에 대한 흥미와 관심을 높였다. 또한 이 시기는 산업혁명과 과학 기술의 발전으로 유럽에 제국주의적 사고가 확산되던 시점이었다.

다윈의 책이 발간된 19세기 중반 영국은 아직까지 기독교 교회의 영향력이 크고 종교적인 전통이 강했으며, 기독교 창조론이 주류를 이루며 성경의 창조 신화를 과학적 사실로 받아들이는 분위기였다. 하지만 이런 관점에 대한 의문이 제기되기 시작했고, 다윈의 진화론은 이에 대안적인 시각을 제시한 이론이 되었다.

현재에 적용하기

자연 선택 이론의 기본 개념을 정리하고, 현대 생물학에서 이를 어떻게 활용하고 있는지 예를 들어 설명해 보자. 또한 자연 선택 이론이 앞으로의 인간의 진화에 어떤 영향을 미칠지 예상해 보자.

생기부 진로 활동 및 과세특 활용하기

▸ 책의 내용을 진로 활동과 연관 지은 경우(희망 진로: 생물학과, 사회학과)

'종의 기원(찰스 다윈)'을 통해 과학과 사회의 상호작용 및 과학적 발견이 사회적 변화에 미치는 영향에 대해 분석함. 다윈의 진화 이론이 어떤 방식으로 사회적, 정치적, 종교적 관점에서 받아들여졌는지, 그리고 어떤 부분에서 논쟁의 여지가 있었는지에 대해 분석하고 이에 대한 자신의 의견을 논리적으로 설명함. 특히 종교적 신념이나 종교에 따른 사회적 통념이 과학의 발전에 미치는 영향을 조사하여 관련성을 밝혀내고, 천동설과 같이 과학에 종교의 영향이 크게 작용했던 사례들을 제시함. 이를 통해, 과학적 이론을 뒷받침하는 증거에 대한 객관적인 시각과 판단이 매우 중요함을 강조함.

▸ 책의 내용을 생명과학 계열 교과와 연관 지은 경우

생물의 진화 과정에 대한 과학자들의 여러 의견을 분석하고 그 차이점을 설명함. 진화에 대한 의견을 크게 세 가지 관점으로 분류하여 개체가 삶을 통해 얻은 특성이 유전적으로 전달되어 진화가 발생하거나 유전자 변이 또는 선택을 통해 진화를 촉진하거나, 종 내에서 협력적인 행동이나 집단 간 경쟁이 종의 진화에 영향을 주었음을 설명함. '종의 기원(찰스 다윈)'을 통해 자연 선택설의 핵심 개념과 원리를 설명하고, 이를 통해 종의 다양성이 어떻게 발생했는지에 대해 밝혀냄. 특히 책에서 언급한 다양한 증거와 사례들을 통해 자연 선택설의 증거를 제시함. 화석, 구조적 유사성, 환경에 따른 생물의 분포가 자연 선택설의 근거가 될 수 있는 이유를 논리적으로 설명하여 진화에 대해 깊이 있는 이해를 도움.

후속 활동으로 나아가기

- 특정 환경 조건에 적응한 동물 종을 조사하여 그 생물학적 특징과 행동이 자연 선택에 어떠한 영향을 주었는지 탐구해 보자. 이를 통해 다양한 환경 조건과 자원의 가용성에 따라 생물 종의 생존과 번식에 영향을 미치는 요소를 이해해 보자.
- 자연 선택에 대한 다양한 시나리오를 구상해 보고, 선택 방식에 따라 어떻게 생태계가 형성될 수 있을지 그 특징과 차이점에 대해 생각해 보자. 생물 다양성이 자연 선택과 진화에 어떻게 기여하는지와 서로 다른 생물 종의 다양성이 생존과 번식에 어떻게 도움을 주는지에 대해 논의해 보자.
- '종의 기원'을 통해 생물 다양성과 종간 상호작용에 대한 이해를 바탕으로 생태계 보전과 생물 다양성 보호를 위한 방법에 대해 생각해 보자.
- 다윈의 진화론의 원리를 바탕으로, 항생제 내성에 관한 연구나 농작물 개량을 위한 유전자 조작 기술 등에 진화 이론의 개념이 어떻게 활용되고 적용되는지 분석해 보자.

함께 읽으면 좋은 책

찰스 다윈 **《찰스 다윈의 비글호 항해기》** 리잼, 2021

룰루 밀러 **《물고기는 존재하지 않는다》** 곰출판, 2021

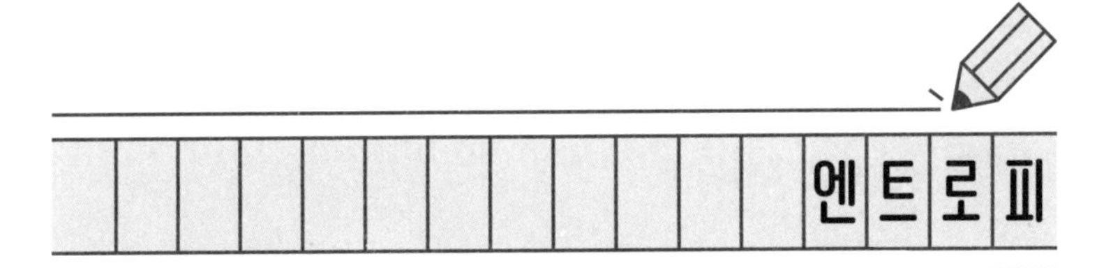

엔트로피

제레미 리프킨 ▸ 세종연구원

현대 사회의 지도자들은 대체로 발전과 성장을 강조합니다. 기술이 발전하고 경제가 성장할수록 물질적인 풍요와 번영을 이룰 수 있다고 믿는 것입니다. 이러한 사고방식은 현대적인 세계관에 근거를 두고 있습니다. 바로 현재가 과거보다 나은 상태이며, 미래는 현재보다 더 나은 상태가 될 것이라고 가정하는 세계관입니다.

그 결과 사람들은 전례 없는 수준의 물질적인 풍요와 편의를 누리면서도, 결국에는 생산과 소비의 굴레 속에서 자유롭지 못한 존재가 되었습니다. 이와 함께 자연은 인간의 남용과 착취로 인해 손상을 입게 되었습니다.

제레미 리프킨Jeremy Rifkin이 쓴 《엔트로피》는 이러한 현대적인 세계관이 잘못되었음을 과학적으로 입증하는 책입니다. 이 책에서 저자는 발전과 성장이라고 여겨지는 것들이 사실상 치명적인 결과를 초래하는 활동으로, 인류와 지구의 수명을 단축시키는 자기 파괴적인 행동이라고 경고합니다.

세계를 지배해 온 세계관의 변천

그리스적 세계관에서는 역사를 지속적인 쇠락의 과정으로 보았습니다. 그들은 세상이 신이 창조한 완벽한 시대에서부터 혼돈으로 빠져들고 있다고 생각했습니다. 이에 따라 그들은 최초의 완벽한 상태를 유지하려 노력하였고, 변화를 최소화하려고 했습니다.

기독교적 세계관은 인간의 삶을 다음 세계로 향하는 중간 단계로 생각했습니다. 역시 역사를 쇠락의 과정으로 이해했으며, 모든 일은 신이 통제한다고 믿었기에 인간을 역사를 만들어 나가는 주체로 보지 않았습니다. 여기서는 개인적인 목표나 진보의 의지는 없었으며, 신의 명령을 따르는 것이 중요했습니다.

현대의 기계론적 세계관은 베이컨, 데카르트 그리고 뉴턴과 같은 철학자들에 의해 대두되었습니다. 기계론적 세계관의 주요 특징은 진보라는 개념을 강조하는 것입니다. 진보란 덜 질서 있는 자연적 세계가 이성적 인간에 의해 이용되어 더 질서 있는 환경으로 발전되어 나가는 과정을 뜻합니다.

그런데 왜 갑자기 17세기에 기계론적 패러다임이 대두되었을까요? 과거 농경 사회에서는 태양 같은 재생 가능한 에너지원에 기대어 계절의 변화와 자연의 순환에 의존하는 것이 일상적이었습니다. 그러나 산업 사회의 등장으로 상황이 달라졌습니다. 석탄과 석유와 같은 비축된 자원을 이용하며 인간은 자연의 제약을 벗어나기 시작했습니다. 매일 태양만을 바라보며 에너지를 기다리는 것은 과거의 일이 되었고, 인간은 자연에 의존하지 않고도 세계를 발전시킬 수 있다는 확신을 갖게 되었습니다. 그러나 이러한 발전은 기계론적 세계관의 생명력을 약화시켰습니다. 우리의 에너지 환경이 파탄 직전에 이르렀기 때문입니다.

이제 우리는 재생 불가능한 에너지원을 버리고, 재생 가능한 에너지원으로의 전환을 고려할 수밖에 없게 되었습니다. 그런 이유로 제레미 리프킨은 우리 미래 세대는 엔트로피 법칙에 기반한 네 번째 세계관을 갖게 될 것이고, 가져야만 한다고 강조합니다.

엔트로피 법칙

엔트로피를 이해하기 위해서는 열역학 제1법칙과 제2법칙을 알아야 합니다. 열역학 제1법칙은 우주의 모든 에너지는 불변하며 에너지는 인위적인 노력에 의해 창조될 수 없다는 것입니다. 열역학 제2법칙은 에너지는 단일한 방향으로만 움직이는데, 바로 유용한 것에서 무용한 것으로 바뀐다는 것입니다.

이때 무용한 에너지의 흐름을 설명할 때 이용되는 상태 함수가 바로 엔트로피입니다. 열역학 제2법칙에 따르면 에너지의 변화를 수반하는 어떠한 사건이 발생할 때마다 엔트로피는 무질서를 낳으며 증가합니다. 다시 말해 사회가 에너지 변화를 유발하는 특정한 변화를 겪을 때마다 우리는 미래 세대에 할당된 에너지를 갉아먹으며 쓸모없는 엔트로피를 배출하고 있는 셈입니다. 열역학 제1법칙과 제2법칙을 한 문장으로 요약하면 다음과 같습니다. '우주의 에너지 총량은 일정하며 엔트로피 총량은 지속적으로 증가한다.'

엔트로피 개념은 일반 사람들에게 낯선 개념일 수 있습니다. 자동차를 예로 들어보겠습니다. 보통 우리는 자동차를 혁신적이고 편리한 수단으로 생각합니다. 그러나 엔트로피 관점에서 보면 자동차는 오히려 부정적인 영향을 미치는 요소입니다. 자동차의 등장으로 인해 우리의 삶은 편리해졌지만, 이로 인해 발생하는 부작용이 상쇄될 만큼의 이득은 아니라는 것입니다.

자동차의 보편화는 교통 체증과 같은 부정적인 결과를 초래합니다. 또한 자동차 사고로 인한 인명 피해와 건강 및 재산상의 손실 역시 상당합니다. 더욱이 자동차는 환경 오염의 주요 원인 중 하나이며, 내연기관에서 발생하는 매연은 자연을 파괴하고, 도로 건설을 위한 자원 소비는 토지를 낭비합니다. 즉, 자동차는 편리함을 제공하기는 하지만 이로 인해 발생하는 부작용이 더욱 큽니다. 모든 사람에게 이득이 되는 것은 아니며, 에너지 소모와 엔트로피 증가 등의 부정적인 결과를 낳는다는 것입니다.

다시 말해 엔트로피가 증가한다는 것은 유용한 에너지가 줄어든다는 것과 같은 뜻입니다. 따라서 기술 발전을 명목으로 우리가 에너지를 막대하게 사용할수록 미래 세대가 사용할 수 있는 유용한 에너지는 빠른 속도로 고갈될 뿐입니다.

엔트로피 증가가 낳는 부작용을 막으려면

저자는 우리가 과학 기술을 통해 더 싸게, 효율적으로 얻고 있다고 생각하는 것들도 사실 따지고 보면 예전보다 더 많은 비용과 에너지를 들여서 더 비싸게 얻는 것이라고 지적합니다. 예를 들어 사람들은 원자력이 값싼 에너지원이라고 생각하지만 저자는 얼마가 들지 알 수도 없는 방사성 폐기물의 처리 및 관리 비용, 그리고 원자력 발전소의 폐기 및 사후 관리 비용 등 모든 비용을 포함하면 오히려 석탄과 같은 재래식 에너지원보다 원자력이 훨씬 더 비싸다고 지적합니다.

저자는 에너지 분야뿐 아니라 교육, 경제학, 농업, 보건 등 다양한 분야의 사례를 들며 우리가 기술 발전의 결과로 얻어낸 것이라고 믿었던 것들이 얼마나 큰 비용을 들여, 즉 얼마나 큰 엔트로피를 발생시켜 얻어낸 결과들인지 낱낱이 고발합니다.

제레미 리프킨은 《엔트로피》에서 우리가 자기 파괴적인 에너지 남용과 이로 인한 종의 멸종을 막기 위해서는 고엔트로피를 장려하는 현대적 세계관을 버리고, 저엔트로피를 장려하는 세계관을 받아들여야 한다고 이야기합니다. 또한 우리가 결코 자연과 별개의 존재가 아니며 엔트로피를 줄여 지속 가능한 생태계를 만드는 것이 지구에 대한 의무이자 미래 후손들에 대한 예의라고 말합니다.

우리 인류가 살아남을 수 있는 유일한 방법은 지구에 대한 공격을 중지하고 자연의 질서와 공존할 수 있는 방향을 모색하는 것입니다. 하루라도 빨리 고에너지, 고엔트로피 사회가 아닌 저에너지, 저엔트로피 사회로 나아갈 수 있는 방법을 함께 모색해야 할 것입니다.

도서 분야	과학	관련 과목	화학 계열 교과	관련 학과	화학 계열, 사회과학 계열, 자연과학 계열

고전 필독서 심화 탐구하기

▸ 기본 개념 및 용어 살펴보기

개념 및 용어	의미
열역학 법칙	열역학 법칙은 열과 에너지 전달에 관련된 기본적인 원리를 설명하는 법칙이다. 이러한 법칙은 자연 현상과 엔진, 냉장고 등 다양한 시스템의 동작을 이해하는 데 중요한 역할을 한다. 가장 기본적인 열역학 법칙은 에너지는 생성되거나 소멸되지 않고 변환만 될 수 있다는 것이다.
재생 가능 에너지	재생 가능 에너지는 지속적으로 생산될 수 있는 에너지로, 대개 자연적인 과정에서 회복될 수 있는 자원을 통하거나 이외에 기술적인 수단을 통해 생성된다. 이러한 에너지원은 태양, 바람, 물, 생물 등 다양한 형태로 나타난다. 재생 가능 에너지는 환경에 미치는 영향이 적고, 무한정으로 이용할 수 있는 장점이 있다. 태양광, 풍력, 수력 등이 대표적이며, 이러한 에너지원을 효과적으로 이용함으로써 지구 환경을 보호하고 에너지의 지속 가능한 이용을 촉진할 수 있다.

▸ 시대적 배경 및 사회적 배경 살펴보기

1980년대는 환경 문제와 생태학적 이슈가 주목받는 시기였다. 산업화와 경제 성장으로 인해 자연환경 파괴가 우려되었고, 이에 대한 인식이 높아지고 있었다. 이러한 배경에서 '엔트로피'는 자연의 균형과 인간의 활동 사이의 상호작용을 다루며, 지속 가능한 발전에 대한 고찰을 제시한다. 또한 1980년대는 기술과 과학의 발전이 빠르게 이루어지던 시기였다. 이러한 기술적 발달은 생활의 편의성을 높였지만, 동시에 환경 파괴와 자원 소모로 이어진다는 우려가 있었다. 이 책은 이러한 기술적 발전과 그에 따른 부작용까지 고찰하고 있다.

현재에 적용하기

지속 가능한 발전을 통해 지역 환경 문제에 대한 해결책을 모색하는 프로젝트를 수행하여 엔트로피 증가를 최소화 하는 방법을 고안해 보자.

생기부 진로 활동 및 과세특 활용하기

▸ 책의 내용을 진로 활동과 연관 지은 경우(희망 진로: 에너지공학과)

'엔트로피(제레미 리프킨)'에서 다루는 엔트로피의 개념을 바탕으로 사회적인 변화와 역학적인 관점을 비교하고 분석함. 사회의 다양한 측면에 엔트로피의 개념을 적용하여 사회적 변화의 원리와 패턴을 밝혀냄. 특히 과학 기술의 발전과 사회와의 관계성에 대해 논의하고, 엔트로피의 관점에서 지속 가능한 발전에 대한 중요성을 강조함. 엔트로피의 개념을 활용하여 환경 문제와 사회 문제에 대한 해결책을 모색하고, 지속 가능한 발전을 위한 정책 및 전략에 대한 다양한 아이디어를 제시함. 특히 사회 발전에 있어서 역사적인 사건과 사회적 변화를 엔트로피의 관점에서 새롭게 해석해 내는 모습을 보여줌.

▸ 책의 내용을 화학 계열 교과와 연관 지은 경우

열역학 제1법칙과 제2법칙에 대해 알기 쉽게 설명하고, 다양한 예시를 통해 관련 내용에 대한 학생들의 이해를 도움. 특히 에너지 보존에 대한 개념과 열 전달의 방향성에 대한 개념을 일상에서 쉽게 접하는 상황에 빗대어 설명하여 열역학에 대해 깊이 이해하는 모습을 보여줌. '엔트로피(제레미 리프킨)'를 통해 엔트로피가 자연 및 인간 활동과 어떻게 관련되어 있는지 밝혀내고, 에너지 고갈과 지구 환경 문제를 엔트로피의 관점에서 분석해 냄. 엔트로피의 증가를 최소화할 수 있는 다양한 방안들을 제안하고, 특히 일상에서 실천할 수 있는 방법들을 소개하여 환경과 에너지에 대한 인식을 높이고 지속 가능한 발전의 중요성을 알림.

후속 활동으로 나아가기

▸ 엔트로피의 개념을 이해하고 환경 문제와 지속 가능한 발전의 중요성에 대해 생각해 보자. 이와 함께 환경 문제에 대한 인식을 높이고, 일상에서 지구 환경을 보호하기 위한 방안들을 제시해 보자.

▸ '엔트로피'의 개념을 활용하여 지구 환경을 보호하고 지속 가능한 에너지 이용을 확대할 수 있는 방안을 찾아보자.

▸ 제레미 리프킨은 자원의 소비와 재생의 균형을 강조한다. 최근에 주목받고 있는 공유 경제와 공동체 활동을 기반으로 자원의 효율적인 이용과 재생 가능한 에너지 지원을 확대할 수 있는 방안을 찾아보자.

함께 읽으면 좋은 책

스티븐 베리 **《열역학》** 김영사, 2021

데이비드 버스 **《진화심리학》** 웅진지식하우스, 2012

스티븐 제이 굴드 **《풀 하우스》** 사이언스북스, 2002

열여덟 번째 책

수학이 필요한 순간

김민형 ▸ 인플루엔셜

수학은 현대 사회에서 거의 모든 분야와 밀접하게 연관되어 있습니다. 미적분학의 경우 처음에는 달의 운동을 설명하기 위해 만들어졌지만, 오늘날에는 물리학, 경제학, 생물학, 공학 등 다양한 분야에서 핵심적인 역할을 하고 있습니다. 특히 최근에는 인공지능의 알고리즘 개발과 관련하여 그 중요성이 부각되고 있습니다.

이 책은 수학이 단순히 공식을 배우고 계산하는 학문이 아니라, 세상을 이해하는 도구임을 강조합니다. 수학을 통해 우리가 일상에서 직면하는 문제를 분석하고, 복잡한 현상을 이해하는 법을 탐구합니다. 저자는 수학적 사고가 어떻게 우리의 사고를 넓히고, 창의적 문제 해결에 기여하는지 다양한 예시와 사례를 통해 설명합니다. 특히 수학이 현실 세계에서 어떻게 적용되고, 우리의 삶에 어떤 영향을 미치는지를 이야기하면서, 수학에 쉽게 다가갈 수 있도록 친근한 문체로 풀어내고 있습니다.

이 책의 저자는 한국인 최초로 옥스퍼드 수학과 정교수가 된 세계적인 수학자 김민형 교수입니다. 《수학이 필요한 순간》에서 그는 수학에 쉽게 접근할 수 있도록 안내하며 독자들이 수학에 관해 더 깊이 있는 사고를 할 수 있도록 격려합니다.

르네상스부터 근대까지, 과학의 수학화

고대 그리스 시대부터 수학은 그 체계를 갖추기 시작했습니다. 고대 그리스의 수학자인 유클리드는 처음으로 '공리'라는 개념을 도입하여 기하학적 이론을 체계화했습니다. 공리는 증명하지 않고도 자명한 진리로 인정되는 기초가 되는 원리를 의미합니다. 이것이 맞다면 거기에서부터 나오는 모든 결론도 자명하게 맞다고 볼 수 있다는 뜻입니다.

유클리드는 '기하학원론'에서 다섯 가지 기본 공리를 제시하고, 이를 바탕으로 다양한 정리와 증명을 성취했습니다. 이러한 공리는 직선이나 점과 같은 기본적인 개념을 정의하고, 이를 바탕으로 기하학적 성질을 파악하는 데 중요한 역할을 합니다. 그의 기하학적 체계는 2,000년 이상 서양 수학의 기초로 자리 잡았습니다.

또 다른 고대 그리스의 수학자 피타고라스는 수학과 철학을 밀접하게 연결시킨 학자입니다. 수학적 법칙이 자연과 우주의 조화와 관계있다고 믿었고, 피타고라스 학파는 수의 중요성을 강조하며 수학의 체계적인 연구를 촉진했습니다.

17세기는 과학과 수학에서 중요한 발전이 있던 시기였습니다. 이 시기에 여러 인식의 전환과 과학적 발견이 이루어졌는데, 이 중에서도 페르마의 원리와 아이작 뉴턴의 기초적인 원리가 큰 주목을 받았습니다.

페르마의 원리는 빛이 최단 경로를 통해 이동한다는 것을 설명하며, 이는 빛이 다른 매질에서 서로 다른 속도로 이동한다는 사실로부터 나옵니다. 뉴턴 역학의 기본서인《자연철학의 수학적 원리》에서 뉴턴은 운동 법칙과 중력에 대한 이론을 제시했습니다. 이 책은 미분과 적분 이론을 포함하고 있으며, 과학적 방법론을 제시하여 수학과 물리학뿐만 아니라 계몽주의 철학적 세계관에도 영향을 주었습니다.

케플러의 법칙은 태양계 천체들의 궤적을 타원, 포물선, 쌍곡선으로 분류할 수 있다는 사실을 제시하며, 우리의 우주에 대한 이해를 넓혔습니다. 마지막으로, 데카르트의《방법서설》에서 사용된 좌표는 점을 설명하기 위한 효과적인 도구로 등장했습니다. 이러한 발견들은 기하학을 대수적 방법으로 표현하는 데에 큰 도움이 되었으며, 아인슈타인의 상대성이론과 같은 현대 물리학에도 영향을 주었습니다.

삶으로 들어온 수학과 확률

수학적 사고란 무엇을 모르는지를 명확하게 파악하고, 어떤 해결책을 찾고자 하는지를 이해하며, 그에 필요한 정확한 프레임워크와 개념적 도구를 구축하는 과정을 말합니다. 르네상스 시기의 루카 파치올리는 '복식 부기법'을 소개하여 회계학의 발전에 크게 기여했으며, 《산수, 기하학, 비례와 비례적인 것들의 대전》이라는 책에서 당대의 수학적 지식과 회계에 관한 내용을 종합적으로 다뤘습니다.

또한 파치올리는 확률이라는 개념을 처음으로 도입하여 세계 역사의 진로를 바꿨습니다. 그는 돈을 걸고 경기를 하는 도중 경기가 중단될 경우 돈을 어떻게 나누는지에 대한 문제를 제시함으로써 확률 문제를 정식화했습니다. 페르마와 파스칼이 이 문제를 해결함으로써 파치올리는 과거의 점수보다는 앞으로 얻을 점수의 가능성을 고려하는 새로운 관점을 제시했습니다.

오늘날에는 확률과 가능성이 우리의 삶에 더 깊이 파고들었습니다. 일기예보, 선거 예측, 여론 조사 등 다양한 분야에서 확률이 사용되고 있으며, 양자역학에서는 원자의 상태와 움직임이 확률적으로 결정된다는 것이 입증되었습니다. 이러한 개념은 모두 우리의 삶과 과학적 이론에 깊이 녹아들어 있습니다.

수학의 발견과 발명, 어느 쪽이 맞을까?

여기 수학에 관한 흥미로운 질문이 있습니다. 수학은 발명된 것일까요, 발견된 것일까요? '수'는 현실 세계에 실재하는 것일까요, 아니면 우리가 창조한 것일까요? 수학자들 사이에서도 오랫동안 논쟁이 되었던 질문들입니다.

대부분 수학자들은 수학은 만들어진 것이라고 생각합니다. 예를 들어 마이너스(음수)라는 개념은 수용되었다가 배척되기도 했지만 현재는 어떤 상황에서 얼마나 더 필요한지를 설명하기 위한 언어로 자리잡았습니다.

수학적 증명은 대부분 '공리'로부터 출발하여 순수한 논리를 적용하여 결론을 도출하는 과정으로 여겨집니다. 하지만 사실 수학은 다른 학문과 마찬가지로 '가정'에서 출발하여 논리적인 결론으로 이어지는 개념적 도구입니다.

저자는 수학적 실험이 매우 중요하다고 강조합니다. 수학적 실험은 많은 수학 연구의 주제가 됩니다. 가우스와 리만이 소수의 분포를 계산하면서 '리만 가설'과 같은 결과를 얻은 것이 그 예입니다. 물리학과 마찬가지로, 수학 연구에서도 반복적인 패턴의 관찰로 시작하여 가설을 세우고 실험하는 과정이 중요합니다.

무엇보다도, 수학은 단순히 정답을 찾는 것이 아니라 인간이 세상을 이해하고 설명하는 방식입니다. 좋은 질문을 던지고 그것에 대한 답을 찾아가는 과정이 수학적 사고의 핵심이라고 말할 수 있습니다. 따라서 수학적 사고를 통해 우리는 문제에 대한 질문을 잘 정의하고 그에 대한 답을 탐구할 수 있습니다.

수학적 사고가 필요한 이유

수학적 사고는 구체적인 상황을 통해 전반적인 패턴이나 해결 과정을 파악하는 것입니다. 특정한 공식이나 암기된 지식을 활용하는 것이 아니라, 문제에 직면했을 때 적절한 접근 방식을 찾아내는 과정입니다.

우리의 일상생활에서는 수많은 상황에 수학적 사고가 활용됩니다. 스마트폰으로 알람을 설정하거나 대중교통을 이용할 때 거리와 도착 시간을 계산하는 것부터 시작하여, 소셜 미디어를 통해 약속을 잡고 내비게이션을 활용하여 이동하는 등 모든 환경에서 수학적 계산과 확률 알고리즘이 필요합니다.

더 나아가 4차 산업혁명 기술인 인공지능, 빅데이터, 블록체인 등은 더욱 복잡한 수학적 원리를 기반으로 합니다. 이러한 기술이 우리 시대를 주도하는 이유 중 하나가 바로 수학적 사고의 중요성 때문이라고 할 수 있습니다.

따라서 우리는 수학적 사고를 단순한 계산이나 통계 분석을 넘어 깊은 생각을 위한 도구로 받아들여야 합니다. 인간이 우주를 이해하고 윤리적인 판단을 내릴 때도 수학적 사고가 중요한 역할을 합니다. 이것이 바로 지금 우리에게 수학이 필요한 이유입니다.

도서 분야	과학	관련 과목	수학 계열 교과	관련 학과	수학 계열, 수학교육, 자연과학 계열

고전 필독서 심화 탐구하기

▸ 기본 개념 및 용어 살펴보기

개념 및 용어	의미
리만 가설	리만 가설은 소수의 분포에 대한 수학적인 추측이다. 이 가설에 따르면, 어떤 양수 x보다 작은 자연수 중에서 소수의 개수는 다음과 같은 수식으로 근사계산된다. $\pi(x) \approx x / \log(x)$ 여기서 π(x)는 x 이하의 소수의 개수를 나타내고, log(x)는 x의 자연로그를 의미한다. 이 가설은 소수들의 분포에 대한 패턴을 설명하며, 많은 수학자들이 이를 증명하기 위해 노력해왔으나 아직까지 완전한 증명은 이루어지지 않았다.
복식 부기법	복식 부기법은 대수적 또는 수치적인 계산을 수행할 때 사용되는 방법 중 하나다. 이 방법은 큰 숫자를 다룰 때 편리하며, 여러 자릿수를 곱하고 나누는 등의 연산을 간단하게 수행할 수 있도록 도와준다. 복식 부기법은 각 자릿수를 개별적으로 곱하고 더하거나 나누는 것이 아니라, 숫자를 부분적으로 그룹화하여 계산하는 방식이다. 예를 들어, 두 큰 숫자를 곱할 때, 한 숫자를 다른 숫자의 각 자릿수와 모두 곱하는 대신, 한 숫자를 그룹으로 나누고 각 그룹을 다른 숫자의 각 자릿수와 곱한 후 합산하는 방식이다. 이를 통해 연산을 단순화하고, 곱셈 또는 나눗셈을 효율적으로 수행할 수 있다. 복식 부기법은 컴퓨터 프로그래밍에서도 널리 사용되며, 고전적인 계산 방법과 비교하여 속도와 효율성 면에서 우수한 성능을 보인다.

▸ **시대적 배경 및 사회적 배경 살펴보기**

'수학이 필요한 순간'은 현대 사회에서 수학이 왜 필요한지, 어떻게 활용되는지를 탐구하는 책이다. 이 책은 다양한 시대적, 사회적 배경에서 수학의 중요성을 다루고 있다.

무엇보다 정보화 시대인 현대 사회에서 기술과 과학의 발전이 빠르게 진행되며 수학적 사고와 이해는 더욱 중요해지고 있다. 특히 빅데이터, 인공지능, 사물인터넷 등의 기술이 부상하면서 수학은 이를 이해하고 활용하는 핵심 기술이 되었다.

그렇다 보니 현대 사회에서 수학적인 지식과 능력은 인재의 핵심 능력 중 하나로 부각되고 있다. 비단 경제, 과학, 기술 분야뿐만 아니다. 금융, 보안, 의료 등 다양한 분야에서 수학은 필수적인 역할을 하고 있으며, 이에 따라 수학 교육의 중요성 역시 강조되고 있다. 수많은 이들이 수학을 학습하고 이를 실생활에 적용하는 노력을 기울이고 있는 현실에서 '수학이 필요한 순간'은 꼭 읽어 봐야 할 필독서이다.

현재에 적용하기

일상생활에서 마주하는 다양한 문제 중 수학적 사고가 필요한 상황을 찾아보고, 각각의 문제에 적용된 수학적 개념과 그 원리가 어떻게 문제 해결에 기여했는지 구체적으로 분석하여 설명해 보자.

생기부 진로 활동 및 과세특 활용하기

▸ 책의 내용을 진로 활동과 연관 지은 경우(희망 진로: 수학과, 통계학과)

'수학이 필요한 순간(김민형)'에 언급되는 수학적인 개념을 활용하여 기본적인 경제 금융 지식을 설명함. 이뿐만 아니라 투표 통계나 경제 지표 분석, 인구 통계 등 다양한 분야에 수학이 활용되고 있음을 소개하여 수학과 인류가 밀접하게 관련되어 있음을 제시함. 책에서 다루는 수학적인 개념과 문제 해결 방법을 이용하여 이자 계산, 투자 수익률, 세금 계산 등의 개념을 이해하기 쉽게 설명함. 투표 통계, 인구 통계, 경제 지표 분석 등을 통해 정치 및 사회 현상을 분석하는 원리를 설명하여 현대 사회의 다양한 문제를 수학을 통해 이해하고 분석할 수 있음을 설득력 있게 설명함.

▸ 책의 내용을 수학 계열 교과와 연관 지은 경우

'수학이 필요한 순간(김민형)'을 읽고 수학적 통계 및 데이터 분석을 일상생활의 다양한 측면에 적용할 수 있고, 이를 기반으로 의미 있는 결론을 도출하여 의사 결정을 내리는 데 도움이 될 수 있음을 설명함. 역학적 데이터 분석을 통해 질병의 발생 빈도와 분포를 파악하고, 이를 기반으로 공중 보건 정책을 수립하는 과정을 설명함. 이를 통해 질병의 확산을 예방하고 대처할 방안을 수학적으로 제시할 수 있음을 보여줌. 또한 임상 시험 데이터 및 환자 기록을 분석하여 새로운 치료법을 평가하거나 의학적 결론을 도출할 수 있음을 설명하며 의료 서비스의 질을 향상시킬 수 있음을 주장함. 의료 분야뿐만 아니라 사회의 구조와 변화를 이해하는 데 수학이 큰 역할을 할 수 있음을 설명함. 인구 통계 데이터를 통해 사회의 구조와 변화를 이해하고, 이를 기반으로 정부 정책을 수립하는 과정을 분석하여 그 내용을 공유함. 또한 학생들의 성취도 변화와 교육 결과를 분석하여, 교육 시스템의 개선 방안을 도출하고 학습 효과를 향상시키는 데 활용되는 과정을 소개하여 수학적 분석이 일상생활의 다양한 측면에 적용될 수 있고, 이를 통해 더 나은 결정을 내려 사회와 기술의 발전을 촉진할 수 있음을 강조함.

후속 활동으로 나아가기

- 책에서 다루는 수학적 사고와 문제 해결 능력은 현재 다양한 상황에서 유용하다. 일상생활에서 발생하는 문제나 의사 결정에 수학적인 접근법을 적용할 때 더 효과적으로 해결할 수 있는 사안들을 찾아 그 해결 방안을 설명해 보자.
- 현대 사회에서는 데이터가 매우 중요한 자산이다. 책에서 소개하는 수학적 모델링과 통계적 분석 방법을 사용하여 데이터를 분석하고 미래를 예측하는 데 활용해 보자. 특히 금융 및 경제 분야, 그중에서도 투자, 재무 관리, 경제 현상 분석 등에 수학적 사고 방법을 활용하여 더 나은 의사 결정을 할 수 있는 방법을 모색해 보자.

함께 읽으면 좋은 책

존 배로 **《1 더하기 1은 2인가》** 김영사, 2022

김민형 **《다시, 수학이 필요한 순간》** 인플루엔셜, 2020

벤 올린 **《이상한 수학책》** 북라이프, 2020

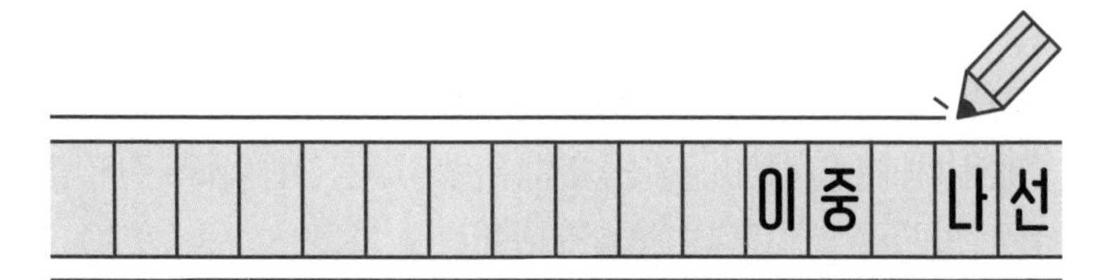

제임스 왓슨 ▸ 궁리

DNA가 유전의 기본 물질이며 동식물의 유전적 특성을 결정한다는 사실은 이미 많은 이들이 잘 알고 있는 내용입니다. 그러나 왓슨과 크릭이 이중 나선 구조를 발견하기 전까지 DNA는 정확하게 알 수 없는 것 중 하나였습니다. 그들의 혁신적인 연구와 통찰이 없었다면, 유전학의 발전은 훨씬 더 느리게 진행됐을 것입니다.

《이중 나선》은 저자 제임스 왓슨Watson, J. D.이 그의 동료 프랜시스 크릭Crick, F. H.과 함께 DNA의 비밀을 발견하는 과정에서 겪은 개인적인 경험과 도전, 그리고 그들의 인간적인 면모를 솔직하게 담아낸 에세이 형식의 책입니다. 1950년대에 DNA의 구조가 밝혀지기까지의 여정뿐만 아니라 과학계 내에 다양한 인물들의 관계와 그들의 내면을 엿볼 수 있는 책이기도 합니다.

DNA 이중 나선 구조 발견의 의미

이 책의 저자인 제임스 왓슨은 1928년 미국 일리노이주 시카고에서 태어났습니다. 1947년에 시카고 대학에서 동물학 학위를 받고, 1950년에 인디애나 대학에서 유전학 박사 학위를 받은 후, 1951년 봄 케임브리지 대학에서 프랜시스 크릭을 만납니다. 그 후 1953년 크릭과 함께 DNA 이중 나선 구조에 관한 논문을 〈네이처 Nature〉에 발표하며 유전 공학 분야에 큰 영향을 끼칩니다. 1962년에 왓슨은 크릭과 함께 DNA 구조를 밝혀낸 업적으로 노벨 생리의학상을 수상합니다. 이후 1988년부터 1992년까지 미국 국립 보건 연구소에서 인간 유전체 프로젝트를 이끌며 유전체 염기서열을 밝혀내는 데 중요한 역할을 합니다.

왓슨과 크릭이 이중 나선 구조를 발견하기 전까지만 해도 유전자의 작동 방식에 대해 단백질이나 DNA, 혹은 이 둘 모두가 유전에 관여할 것이라는 의견이 주류였습니다. 그러나 왓슨과 크릭이 한 페이지짜리 논문을 통해 밝혀낸 DNA 구조는 유전학계에 큰 충격을 주었습니다. 이 발견을 통해 과학자들은 유전의 핵심이 되는 DNA가 아데닌과 티민, 구아닌과 시토신의 수소 결합으로 이루어진 한 가닥의 주형 사슬과 그에 대응하는 또 다른 가닥이 결합한 이

중 나선 구조라는 것을 이해하게 되었습니다. DNA 이중 나선 구조의 발견 이후 생명과학과 유전 공학 분야는 급속도로 발전했으며, 이 발견을 기점으로 복제 동물이나 인간 배아 줄기세포를 활용한 맞춤형 의학 등의 연구가 현재까지도 활발하게 진행되고 있습니다.

과학자들의 민낯, 그리고 과학자의 덕목

왓슨은 이 책에서 유명한 과학자들의 사생활을 솔직하게 묘사하기도 합니다. 연구에 집중하지 못하고 동료들과 갈등을 겪는 과학자, 사랑을 갈구하는 과학자 등 이들도 우리와 다를 바 없는 평범한 사람이라는 점을 보여 줍니다. 다만 이들이 특별한 이유는 있습니다. 바로 뚜렷한 목표와 강한 의지를 지니고 있다는 점입니다.

급박하고 힘든 상황 속에서도 자신이 원하는 연구에 전념하는 모습을 통해 저자의 열정적이고 낙천적인 면모도 엿볼 수 있습니다. 저자는 수많은 실패와 동료 과학자들의 무관심에도 불구하고, 포기하지 않고 연구를 지속하는 모습을 통해 진정한 과학자의 모습을 드러냅니다. 이렇게 관심 분야에 대한 확고한 목표 의식을 가지고 연구에 몰두하는 모습은 과학자로서 갖추어야 할 중요한 덕목이 무엇인지 알 수 있게 합니다.

이러한 면에서 이 책은 과학자들의 인격과 연구 방식에 대해 깊이 생각해 볼 기회를 제공합니다. 연구 과정에서 과학자들 간의 경쟁과 보이지 않는 치열한 싸움, 다른 이들의 실패를 기뻐하는 모습 등을 통해 왓슨은 과학자들에 대한 실망스러운 감정을 드러내기도 합니다. 하지만 왓슨과 크릭이 DNA 구조를 밝혀냈을 때 이를 기꺼이 인정하는 동료 과학자들의 모습을 통해 과학자들이 단순히 개인적 명예를 좇는 것이 아니라 새로운 과학적 발견을 추구하며 이를 기뻐하는 순수한 마음을 지녔음을 보여 줍니다.

과학자들도 사람이기에 각자 개성이 있고, 그에 따라 연구 방식 또한 다양하고 복잡할 수밖에 없습니다. 이러한 개성 때문에 과학자들은 서로 다른 접근법과 관점을 가지게 되는데, 이러한 부분이 과학의 발전에 기여하는 측면도 있습니다.

과학과 사회의 관계

겉으로 보기에 과학은 분야나 활동이 각기 고립된 것처럼 보이기도 합니다. 하지만 실제로 과학은 우리의 삶과 분리될 수 없는 관계에 있습니다. 과학자들의 사회성 또한 그들의 능력과도 깊이 연관되어 있습니다. 책에서 DNA 구조를 밝히기까지의 과정을 보면 다양한 과학자들과의 인맥과 친분이 얼마나 중요한지 알 수 있습니다. 과학 연구는 여러 분야와의 협업이 필수적이기에 견고한 사회적 관계를 구축하는 것이 매우 중요합니다.

과학은 때로 고리타분하게 보이나 그 이면에는 흥미진진하고 숨

가쁜 긴박감이 있다는 것을 이 책은 잘 보여줍니다. 연구의 진행 과정은 다양한 사람들과의 교류와 협력을 필요로 하며, 이 과정에서 과학자들의 사회적 역량과 네트워크 구축이 얼마나 중요한지 생생하게 느낄 수 있습니다.

선진국의 연구자 후원 시스템

또 한 가지, 저자의 연구 과정을 보면 과학 선진국에서는 우리가 상상할 수 없을 정도로 많은 연구자 지원과 후원 시스템이 존재한다는 것을 알 수 있습니다. 이는 단기적인 실적에 대한 압박을 피할 수 없는 우리나라 과학계의 현실과 비교할 수밖에 없는 부분입니다. 저자는 눈에 보이는 연구 실적에 대한 압박 없이 지속적으로 연구 자금을 지원받으며 자신의 연구를 이어갈 수 있었습니다. 심지어 연구가 계속 실패하는 동안에도 지원은 끊이지 않았고, 그 결과 DNA의 구조를 밝혀내어 노벨상을 수상하는 엄청난 성과를 이뤄낼 수 있었습니다.

이러한 내용은 과학적 발견을 추구하는 환경의 중요성을 강조하며, 단기적인 결과에 연연하지 않고 장기적인 연구를 지원하는 것이 얼마나 큰 성과를 가져올 수 있는지 보여줍니다. 이는 우리나라 과학계가 지속적으로 성장하기 위해 어떤 변화가 필요한지 생각해 볼 수 있게 합니다.

과학계가 나아가야 할 방향에 대한 통찰

《이중 나선》은 과학적 발견의 과정이 단순히 연구실에 갇힌 학자들의 지루한 작업이 아니라 복잡하고 역동적인 인간관계와 긴박한 긴장감이 교차하는 흥미로운 여정임을 보여줍니다. 또한 과학자들도 우리와 다를 바 없는 평범한 사람들이며, 이들이 이룬 위대한 업적은 목표를 향한 끈질긴 열정과 꾸준한 지원 덕분이라는 점을 알 수 있게 합니다. DNA 이중 나선 구조의 발견은 생명과학과 유전공학의 혁신을 이끌었으며, 장기적인 비전과 지원의 중요성을 일깨워 주었습니다.

《이중 나선》은 과학이 우리의 삶과 밀접하게 연결되어 있다는 사실을 다시금 알려 줍니다. 과학자들의 인간적인 면모, 다양한 개성과 연구 방식, 그리고 그들의 사회적 관계망이 과학적 발견에 어떤 영향을 미치는지 이해함으로써, 우리 사회가 과학 발전을 위해 어떤 지원과 환경을 제공해야 하는지에 대한 깊은 통찰을 제공합니다. 과학계의 진정한 모습과 앞으로 나아가야 할 방향에 대해 우리에게 중요한 시사점을 던져주는 책입니다.

도서 분야	과학	관련 과목	생명과학 계열 교과	관련 학과	생명공학 계열, 의학 계열, 자연과학 계열

고전 필독서 심화 탐구하기

▸ 기본 개념 및 용어 살펴보기

개념 및 용어	의미
DNA	DNA(데옥시리보핵산)는 생명체의 유전 정보를 저장하는 분자이며 그 특징은 다음과 같다. · **이중 나선**: DNA는 두 개의 긴 가닥으로 구성되어 있으며, 이 두 가닥은 서로 꼬여서 이중 나선을 이룬다. 이 나선은 오른쪽 방향으로 회전하는 구조이며, 각 가닥은 수소 결합을 통해 서로 연결된다. · **뉴클레오타이드**: 각 가닥은 뉴클레오타이드라는 작은 단위로 구성된다. 뉴클레오타이드는 세 가지 부분인 인산, 데옥시리보스(5탄당), 그리고 염기로 구성된다. · **염기쌍**: 이중 나선의 두 가닥은 염기 쌍에 의해 결합된다. 염기는 DNA에서 아데닌[A], 티민[T], 구아닌[G], 그리고 시토신[C] 총 네 가지 종류가 있으며, 염기 쌍은 특정한 규칙에 따라 결합한다. 아데닌은 항상 티민과, 구아닌은 항상 시토신과 결합하며 이를 염기쌍 규칙이라고 한다. · **주형 가닥과 상보적 가닥**: DNA의 이중 나선은 상보적인 가닥으로 이루어져 있다. 즉 한 가닥의 염기 배열이 정해지면, 다른 가닥의 염기 배열은 그에 맞추어 자동적으로 결정된다. 이 특징은 DNA 복제 과정에서 중요한 역할을 한다. · **나선 구조의 안정화**: 이중 나선은 수소 결합뿐만 아니라, 인산이 주축을 형성하고, 염기 쌍이 나선 내부에 위치하면서 스태킹[stacking] 상호작용이 발생하는 등 다양한 상호작용에 의해 안정화된다.

개념 및 용어	의미
DNA 염기	DNA는 네 가지 종류의 염기A, T, G, C로 구성된다. 이 염기는 뉴클레오타이드의 일부이며, DNA 이중 나선 구조에서 염기쌍을 형성하여 정보를 전달한다. · **아데닌**Adenine: 퓨린 계열의 염기이며, 이중 고리 구조를 가지고 있다. 이중 나선에서 아데닌은 티민과 수소 결합을 통해 짝을 이룬다. · **티민**Thymine: 피리미딘 계열의 염기로, 단일 고리 구조를 가지고 있다. 아데닌과 상보적으로 결합하며, DNA의 유일한 염기이다. (RNA에서는 유라실(U)로 대체된다.) · **구아닌**Guanine: 아데닌과 마찬가지로 퓨린 계열이며, 이중 고리 구조를 가진다. 구아닌은 시토신과 짝을 이루며 수소 결합을 형성한다. · **시토신**Cytosine: 피리미딘 계열의 염기로, 단일 고리 구조이다. 구아닌과 상보적으로 결합한다.

▶ **시대적 배경 및 사회적 배경 살펴보기**

'이중 나선'은 1950년대 DNA 이중 나선 구조를 발견하는 과정을 그리고 있다. 이 시기는 과학과 기술이 빠르게 발전하던 시대였으며, 특히 제2차 세계 대전 이후 세계가 냉전 시대로 들어서면서 과학 및 기술 분야의 경쟁이 치열해지고 있던 때였다. 이러한 시대적, 사회적 배경은 이 책의 내용과 DNA 이중 나선 구조의 발견에 중요한 영향을 미쳤다.

제2차 세계 대전이 끝난 후, 과학과 기술은 국가적인 우선순위가 되었다. 원자폭탄, 레이더, 항공 기술 등의 개발로 과학과 기술이 중요한 전략적 자산이 되었고, 각국은 과학 연구에 많은 투자를 하기 시작했다. 또한 미국과 소련의 냉전은 우주 경쟁과 같은 과학 기술 분야의 경쟁을 촉발했다. 이로 인해 과학 연구에 대한 투자와 지원이 확대되었다. 또한 1950년대는 분자생물학이 본격적으로 발전하던 시기로, 과학자들은 유전의 메커니즘을 이해하기 위한 연구를 활발하게 진행하고 있었다. 이러한 맥락에서 DNA 구조를 밝히는 것은 획기적인 사건이었다.

당시 과학계는 협업과 경쟁이 공존하는 환경이었다. 다양한 연구자들이 새로운 발견을 위해 협력하는 동시에, 다른 연구자들과 경쟁하여 빠르게 진전을 이뤄 내려고 했다. 1950년대의 과학자들은 종종 자신들의 연구에 열정적으로 몰두하는 반면, 인간적인 감정과 갈등도 겪었다. '이중 나선'에서는 과학자들의 이런 인간적인 측면이 부각되어 서술되어 있어 과학자들이 겪은 도전과 그들의 성격, 사회적 관계 등을 엿볼 수 있다.

현재에 적용하기

DNA 이중 나선 구조의 발견 과정을 상세히 설명해 보자. 이 발견이 당시 생명과학 연구에 미친 영향을 분석하고, 현재 유전학 및 의학 분야에 어떤 영향을 미쳤는지 이야기해 보자.

생기부 진로 활동 및 과세특 활용하기

▸ 책의 내용을 진로 활동과 연관 지은 경우(희망 진로: 생명공학과)

'이중 나선(제임스 왓슨)'을 통해 DNA 구조 발견의 역사적 배경을 파악하고, 이러한 발견이 과학, 의학, 생명 공학 분야뿐 아니라 사회 전반에 걸쳐 큰 변화를 가져왔음을 설명함. 이중 나선 구조의 발견은 유전자 변형 기술의 발전을 도모하였고, 이로 인해 유전자 재조합, 유전자 편집 기술CRISPR-Cas9 등이 개발되었음을 소개함. 각 기술의 원리를 설명하고, 이러한 기술들이 농업, 식품, 의료 등 다양한 산업 분야에서 어떤 방식으로 활용되고 있는지를 상세하게 제시함. 특히 유전자 기술의 발전이 새로운 경제 분야 형성과 산업 발전에 기여했음을 설명하여 과학과 사회가 긴밀하게 연결되어 있음을 밝혀냄. 유전자 검사 기술의 발전으로 개인 유전 정보에 대한 보안 문제가 유발될 수 있고, 고용 분야 등에 유전 정보를 활용한 차별이 발생할 수 있음을 설명하며 이러한 문제를 해결하기 위한 법적 규제와 사회적 인식의 개선이 중요함을 주장함. 또한 유전자 조작에 대한 윤리적 기준과 책임을 강조하며 관련 기술이 나아가야 할 방향을 논리적으로 제시함.

▸ 책의 내용을 생명과학 계열 교과와 연관 지은 경우

다양한 재료를 사용하여 DNA 이중 나선 구조를 제작함. 제작 과정에서 이중 나선이 염기쌍에 의해 결합됨을 세밀하게 표현하고, 아데닌, 티민, 구아닌, 시토신의 특성을 기반으로 하여 염기쌍 규칙을 정확하게 설명함. 특히 염기에 대한 탐구를 통해 각 염기가 모두가 질소 원자를 포함하는 고리 구조를 가지고 있으며, 수소 결합을 형성함을 밝혀냄. '이중 나선(제임스 왓슨)'을 통해 DNA 구조를 발견한 과정을 파악하고, 그 과정에서 사용된 과학적 방법론에 대해 설명함. DNA 구조의 발견이 유전학과 게놈 연구에 미친 영향을 설명하고, 이 분야가 현대 생명과학에 어떤 방식으로 기여했는지 소개함. 또한 이중 나선 구조가 생물학, 의학, 생명 공학 등 다양한 분야에서 어떻게 활용되고 있는지에 대해 조사하고, 이를 바탕으로 관련 기술이 미래에 어떤 방식으로 발전할 수 있는지에 대해 자신의 생각을 흥미롭게 제시함.

후속 활동으로 나아가기

- 책 '이중 나선'의 주요 내용을 소개하고, 여기에 언급된 과학자들과 그들이 속한 시대적 배경에 대해 알아보자. 이를 통해 과학 발견의 역사와 과학자들의 역할을 정리해 보자.
- 이 책에서 다루는 과학자들의 갈등과 협업에 대해 모둠별로 토론하고 역할극을 통해 이를 재현해 보자.
- 책의 내용을 기반으로 직접 DNA 모델을 만들고 이중 나선 구조에 대해 직접 설명해 보자. 이 활동을 통해 DNA의 구조와 기능을 이해하고 과학적 발견의 과정을 체험해 보자.
- 책에서 나온 과학자들의 갈등과 윤리적인 문제를 주제로 하여, 과학 연구에서의 윤리와 협력의 중요성에 대해 토론해 보자. 이를 통해 과학의 사회적 책임과 협업의 가치를 주제로 보고서를 작성해 보자.

함께 읽으면 좋은 책

프랜시스 크릭 **《인간과 분자》** 궁리, 2010

케빈 데이비스 **《유전자 임팩트》** 브론스테인, 2021

매트 리들리 **《생명 설계도, 게놈》** 반니, 2016

스무 번째 책

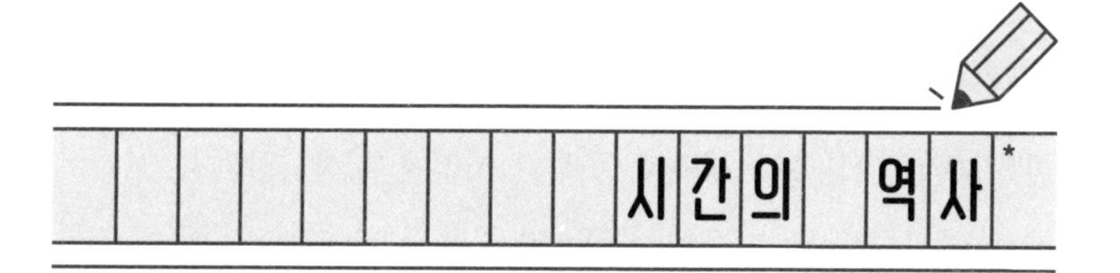

스티븐 호킹 ▸ 까치

물리학은 라플라스의 결정론 시대에서 뉴턴을 거치며 기본 역학 법칙을 확립했습니다. 그러나 아인슈타인의 등장으로, 중력이 강할수록 시간이 느려진다는 '시간의 상대성'이 밝혀지면서 절대적인 시간에 대한 역학적인 개념이 흔들리기 시작했습니다. 이러한 시간 개념의 변화는 사람들을 아리스토텔레스적 우주관에서 벗어나게 했으며, 우주의 시작에 대한 궁금증을 불러일으켰습니다.

우주물리학자 스티븐 호킹Stephen William Hawking은 《시간의 역사》에

* 스티븐 호킹의 《시간의 역사》는 1988년 처음 발간된 이래, 1998년 기존 내용에 최신 이론과 그림을 더한 개정판 《그림으로 보는 시간의 역사》가 나왔으며, 이후 2006년 과학 저술가 레오나르드 믈로디노프와 함께 쓴(공저) 《짧고 쉽게 쓴 시간의 역사》가 기존 책보다 좀 더 쉽게 풀어 쓴 책으로 발간되었다. 여기서는 《짧고 쉽게 쓴 시간의 역사》(까치, 2006)를 참조했다.

서 우주가 하나의 특이점에서 폭발하는 '빅뱅'에서 시작되었다고 가정하며 이 빅뱅과 함께 시간이 시작되었다고 설명합니다. 이 책에서 호킹은 빅뱅 이론, 블랙홀, 양자역학, 일반 상대성이론 등 우주론의 핵심 이론을 소개하며, 우주가 어떻게 시작되었는지, 시간이 어떤 역할을 하는지, 그리고 미래에 우주는 어떤 모습일지를 깊이 있게 논의합니다. 이러한 논의를 통해 호킹은 우주에 대한 우리의 이해를 넓히고, 우주의 기원과 미래에 대해 더 많은 질문을 제기합니다.

빅뱅, 우주의 시작과 시간의 본질에 대한 탐구

이 책《시간의 역사》에서 가장 먼저 독자들을 사로잡는 주제는 우주의 기원과 시간의 개념입니다. 스티븐 호킹은 빅뱅 이론을 통해 우주의 시작을 설명하고, 시간과 공간이 어떻게 연관되어 있는지를 매우 간결하게 풀어냅니다.

빅뱅 이론은 우주가 초고온과 고밀도의 상태에서 시작하여, 시간이 흐르면서 팽창하고 진화해 왔다는 이론입니다. 이 이론의 주요 증거 중 하나로 1929년 에드윈 허블이 발견한 '허블 법칙'이 있습니다. 먼 은하들이 우리에게서 멀어지고 있으며 그 속도가 거리에 비례한다는 이 법칙은 우주가 과거 어느 시점에 매우 작은 크기에서 시작하여 지금까지 팽창하고 있음을 보여줍니다.

또 다른 증거로는 1964년 아르노 펜지어스와 로버트 윌슨이 발견한 우주배경복사CMB가 있습니다. 우주배경복사는 우주 전체에서 일정하게 발견되는 전자기 복사로, 이는 빅뱅 이후 약 38만 년 후에 우주가 냉각되면서 빛이 처음으로 방출되었다는 것을 의미합니다. 이는 빅뱅 이론의 예측과 일치하며, 우주의 초기 상태에 대한 중요한 정보를 제공합니다.

이 책에 따르면 빅뱅 이전에는 시간이 없었습니다. 시간이라는 것이 인간에게는 너무나도 당연한 개념인데, 그것이 우주의 탄생과 함께 시작되었다는 사실은 우리의 관점을 완전히 뒤집어 놓습니다. 호킹은 이를 통해 시간의 본질을 탐구하고, 우리가 시간의 흐름을 어떻게 이해해야 하는지에 대한 철학적 질문을 던집니다.

상대성이론과 시간의 흐름

호킹은 시간의 특성을 이해하기 위해 아인슈타인의 상대성이론을 고려해야 한다고 말합니다. 상대성이론에 따르면, 시간과 공간은 절대적이지 않습니다. 시간은 각기 다른 속도로 흐를 수 있고, 중력에 의해 왜곡될 수 있습니다. 일반 상대성이론에서는 중력이 시공간의 곡률로 설명되며, 중력의 강도에 따라 시간이 달라질 수 있습니다. 이는 블랙홀 같은 강력한 중력 환경에서 시간이 느리게 흐르는 '시간 지연' 현상을 설명합니다. 이것은 '시간'이라는 개념이 단순히 일정한 흐름으로만 존재한다고 믿었던 상식을 깨트리는 것입니다.

예를 들어, 우주 여행자가 빠른 속도로 움직일 때 그 사람의 시간은 지구에 있는 사람의 시간보다 느리게 흐른다는 이야기는 현실에서 상상하기 어려운 이야기이지만, 저자는 이를 흥미롭게 설명해 냅니다,

블랙홀과 우주의 신비

이 책에서 스티븐 호킹이 설명하는 블랙홀의 개념도 마치 SF 소설 속 이야기처럼 흥미롭습니다. 블랙홀은 무거운 별이 초신성 폭발을 통해 수축하면서 형성됩니다. 중력이 매우 강력하여 빛조차 탈출할 수 없는 천체입니다. 블랙홀에는 '사건의 지평선'이라는 경계가 있는데, 이 지점을 넘어서면 어떤 것도 탈출할 수 없습니다. 블랙홀 내부는 중력이 무한대에 가까워져 시공간이 무한히 곡률을 갖는 '특이점'이 존재합니다. 그가 묘사하는 블랙홀의 강력한 중력, 그리고 그로 인해 빛조차 탈출할 수 없다는 사실은 상상만으로도 경이롭습니다.

여기서 그는 '호킹 복사' 이론을 제시합니다. 이론에 의하면 사건의 지평선 근처에서 양자역학적 효과로 입자와 반입자 쌍이 생성되는데, 하나는 블랙홀 내부로 빨려 들어가고, 나머지는 외부로 방

출되면서 블랙홀의 질량이 줄어들게 됩니다. 이는 시간이 지나면서 블랙홀이 점차 증발할 수 있다는 것을 의미합니다. 블랙홀이 단순히 우주의 '무덤'이 아니라 에너지를 방출하며, 나아가 양자역학적 특성에 따라 증발할 수도 있다는 그의 '호킹 복사' 이론은 그 자체로 혁신적인 생각입니다. 저자는 이 이론을 통해 우주가 단순한 물리적 현상의 집합체가 아니라, 여전히 우리가 풀지 못한 수많은 신비와 가능성을 내포하고 있음을 강조합니다.

양자역학과 끈 이론

《시간의 역사》에서 호킹은 양자역학과 일반 상대성이론의 통합을 통해 블랙홀이나 우주의 초기 상태와 같은 현상을 설명합니다.

양자역학은 입자와 에너지가 불연속적인 단위, 즉 양자quanta로 존재한다는 개념에 기반합니다. 이는 고전 물리학의 연속성과 대조를 이루는 개념으로, 양자역학과 일반 상대성이론의 통합은 현대 물리학의 중요한 과제이기도 합니다.

양자역학을 창시한 하이젠베르크는 양자역학의 핵심 개념 중 하나로 파동-입자의 이중성을 말합니다. 이는 물질이 입자로서의 성질과 파동으로서의 성질을 동시에 가지고 있다는 뜻입니다. 하이젠베르크는 불확실성의 원리에서 입자의 위치와 운동량을 동시에 정확하게 측정할 수 없다는 점을 강조합니다. 이는 양자역학의 불확실성과 예측 불가능성을 나타냅니다.

호킹은 여기서 양자역학과 상대성이론을 통합한 '끈 이론String Theory'을 언급하며, 이 이론이 블랙홀과 우주의 초기 상태, 그리고 모든 힘과 입자를 설명할 잠재력이 있다고 말합니다. 끈 이론은 우주의 기본 요소가 점 입자가 아니라 1차원의 끈이라는 개념을 바탕으로, 이 끈들이 진동하며 그 형태에 따라 다양한 입자의 성질과 힘이 결정되고 우주도 이에 따라 형성된다는 이론입니다. 끈 이론은 이후 초끈 이론으로 발전하여 일반 상대성이론과 양자역학이 충돌하는 문제를 해결하는 실마리를 주기도 했습니다.

우주의 미래와 시간의 흐름

그렇다면 현대 물리학에서 우주와 시간에 대한 이해는 어떻게 확장될까요? 우주의 팽창은 우주의 미래를 이해하는 핵심 개념입니다. 허블 법칙에 따르면, 우주는 현재 팽창 중이며 멀리 있는 은하일수록 더 빠르게 멀어지고 있습니다. 우주의 미래는 팽창이 계속될지, 멈출지, 또는 역전될지에 따라 달라집니다. 이를 결정짓는 요소는 우주의 밀도로, 즉 우주에 존재하는 질량과 에너지의 양에 따라 우주의 미래가 다르게 펼쳐질 수 있습니다.

예를 들어, 우주의 밀도가 임계점보다 높을 경우에는 중력이 우주의 팽창을 멈추고 다시 수축시키는 빅 크런치Big Crunch로 이어질 수 있습니다. 이는 우주가 붕괴하는 시나리오로 '닫힌 우주'로 불립니다. 만약 우주의 밀도가 임계점보다 낮은 경우라면 우주는 무한히 팽창하여 점점 차가워지고 에너지가 분산되어 '열사heat death'나 '빅 프리즈Big Freeze' 상태에 도달할 수 있습니다. 이를 '열린 우주'라고 합니다.

우주의 밀도가 임계점과 거의 같은 경우라면 우주는 계속해서 팽창하지만 그 속도가 점차 느려지는 형태로 진행될 수 있습니다. 이는 '평평한 우주'라고 부릅니다. 《시간의 역사》에서 호킹은 우주의 팽창 속도가 가속화되고 있다는 사실에 주목하며, 우주의 미래가 열린 우주나 평평한 우주로 향하고 있음을 시사합니다.

우주의 미래를 이야기할 때는 시간의 종말도 중요한 주제가 됩니다. 시간이 우주의 기원, 빅뱅에서 시작되었다고 이야기한 바 있습니다. 우주가 계속 팽창한다면, 열사나 빅 프리즈와 같은 시나리오에서 시간이 무의미해질 수 있습니다. 반대로 우주가 다시 수축하면 시간의 방향성이 역전될 수 있다는 이론도 가능합니다. 호킹은 이러한 다양한 이론을 통해 우주의 미래와 시간의 특성을 탐구합니다.

과학적 사고와 우주에 대한 경이로움

《시간의 역사》에서 독자들이 느낄 수 있는 가장 큰 감동은 스티븐 호킹이 말하는 우주에 대한 끝없는 경이로움과 과학적 사고의 중요성일 것입니다. 저자는 우주의 기원과 구조, 그리고 미래에 이르기까지 방대한 주제를 다루며 복잡한 우주와 물리학의 문제를 풀어나가는 데 있어서 과학적 방법론이 얼마나 중요한지를 강조하며, 이를 통해 인류가 우주를 더 깊이 이해할 수 있음을 보여줍니다. 저자는 우리가 아직 모르는 것이 너무나 많다는 사실을 인정하면서도, 그 미지의 세계를 탐구하려는 인간의 노력이 얼마나 가치 있는 일인지를 끊임없이 상기시켜 줍니다.

물론《시간의 역사》는 과학적 사실만을 전달하는 책이 아닙니다. 독자들에게 현대 우주론과 물리학에 대한 통찰을 제공하며 이와 함께 우주의 신비와 경이로움을 느끼게 합니다. 또한 스티븐 호킹은 과학이 인간이 가진 위대한 도구임을 강조하면서도, 우리가 아직 모르는 것이 많다는 점을 일깨우며 겸손함을 유지해야 한다고 말합니다.

그는 우주를 이해하는 것이 단지 지적인 호기심을 만족시키는 일이 아니라 인간 존재의 본질과 미래에 대해 질문을 던지고 이에 대한 해답을 찾아가는 것임을 이야기합니다. 이 책을 읽다 보면 스티븐 호킹이 단지 물리학자나 과학자로서만 위대한 것이 아니라 우주와 자연을 대하는 태도에 있어 우리가 많은 것을 배울 수 있는 사상가로서도 훌륭한 학자임을 알 수 있습니다.

《시간의 역사》는 우주와 시간에 대한 깊이 있는 질문을 대중적인 언어로 풀어낸 책입니다. 이 책을 통해 우주의 신비와 인간 지성의 위대함, 그리고 과학이 우리 삶에 얼마나 중요한지 새롭게 느낄 수 있을 것입니다.

도서 분야	과학	관련 과목	물리, 지구과학 계열 교과	관련 학과	천문우주학과, 물리학 계열, 자연과학 계열

고전 필독서 심화 탐구하기

▸ 기본 개념 및 용어 살펴보기

개념 및 용어	의미
허블 법칙	에드윈 허블Edwin Hubble이 1929년에 발견한 법칙으로, 우주의 팽창을 설명하는 중요한 원리다. 이 법칙은 우주에 있는 멀리 떨어진 은하들이 우리로부터 점점 멀어지고 있으며, 그 속도가 은하까지의 거리와 비례한다는 것을 나타낸다. 허블 법칙은 아래와 같은 간단한 수학식으로도 표현된다. $v = H \times d$ (여기서 v는 은하가 우리로부터 멀어지는 후퇴 속도이며, H는 허블 상수, d는 우리와 은하 사이의 거리) 이 법칙에 따르면, 은하가 우리로부터 멀리 떨어져 있을수록 더 빠르게 멀어진다. 이는 우주가 팽창하고 있다는 가장 직접적인 증거 중 하나로 간주된다. 허블 법칙은 우주의 팽창률을 측정하고 우주의 연령을 추정하는 데 중요한 역할을 한다.

개념 및 용어	의미
우주배경복사	우주배경복사Cosmic Microwave Background는 빅뱅 우주론의 가장 강력한 증거 중 하나로, 우주의 초기 상태를 보여주는 중요한 관측 자료이다. 우주배경복사는 우주가 태동한 후 약 38만 년이 지난 시점에 생성된 전자기 복사로, 그 이후 우주가 팽창하면서 마이크로파 영역으로 길어진 전자기 복사이다. 빅뱅 이론에 따르면, 우주는 매우 뜨겁고 밀도가 높은 상태에서 시작해 계속 팽창하고 있다. 초기 우주는 밀도가 높아 빛이 자유롭게 통과할 수 없었지만, 약 38만 년 후에 우주가 충분히 팽창하고 온도가 낮아지면서 전자와 양성자가 결합해 중성 수소 원자를 형성했다. 이 시점을 '재결합epoch of recombination'이라고 한다. 재결합이 일어나자 우주는 더 이상 불투명하지 않고 투명해졌다. 이때 발생한 빛이 이후 팽창하는 우주를 통해 퍼져 나갔고, 이는 현재 우주 전체에 약 2.7K의 온도로 균일하게 존재하는 우주배경복사로 관측된다. 이 복사는 우주의 시작과 진화를 이해하는 데 중요한 정보를 제공한다.

▸ **시대적 배경 및 사회적 배경 살펴보기**

1980년대는 과학과 기술 분야에서 혁신적인 발전이 일어나는 시기였다. 컴퓨터 기술이 발전하면서 정보에 대한 접근성이 높아졌고, 천문학 및 우주론에서도 중요한 발견들이 이루어졌다. 우주배경복사와 같은 중요한 관측이 우주의 초기 역사와 빅뱅 이론을 이해하는 데 도움을 주었으며, 블랙홀과 같은 현상에 대한 이해도 이 시기에 진전되었다. 또한 양자역학과 상대성이론 연구가 활발하게 이루어졌으며, 이 두 이론을 통합하려는 시도가 진행되고 있었다. 끈 이론은 이 시기에 부상하기 시작했고, 양자 중력 이론의 가능성을 제시했다.

또한 1980년대는 과학 대중화의 시대였다. TV 다큐멘터리와 과학 프로그램이 인기를 끌었고, 일반인들이 과학에 관심을 갖게 되는 환경이 조성되었다. 이 시기는 교육이 확대되고 대중의 학습 욕구가 높아지던 시기이기도 했다. 특히 복잡한 과학 이론을 대중적으로 설명하려는 시도들이 늘면서, 과학 서적의 출판이 증가했다. 우주와 시간에 대한 호기심은 오랜 기간 인류의 관심사였다. '시간의 역사'는 이러한 관심을 과학적인 관점에서 다루며, 대중의 호기심을 만족시킨 책이다.

현재에 적용하기

블랙홀의 개념과 호킹의 복사 이론을 바탕으로, 블랙홀의 구조를 간단하게 표현하고 설명해 보자.

생기부 진로 활동 및 과세특 활용하기

▸ 책의 내용을 진로 활동과 연관 지은 경우(희망 진로: 천문우주학과, 수학과)

'시간의 역사(스티븐 호킹)'에서 언급되는 복잡한 과학적 개념을 수학적 관점에서 분석함. 일반 상대성 이론에서 사용되는 비유클리드 기하학의 개념을 소개하여 이론적 배경과 실제 적용 사례를 설명하고, 왜곡된 공간의 개념을 시각적으로 표현함. 상대성이론에서 자주 사용되는 라이트 콘Light Cone과 시공간 다이어그램을 소개하고, 이를 통해 시간과 공간의 상대성을 수학적으로 설명함. 양자역학에서 관측 결과의 확률적 성격을 설명하고, 불확정성 원리와 확률 파동 함수에 대한 자신의 생각을 논리적으로 제시함. 우주 팽창 모델, 블랙홀 방정식, 상대성이론 등 물리학에서 수학적 모델링이 어떻게 활용되는지 탐구하고, 수학이 과학적 발견을 이끌어내고, 과학적 결과가 수학적 추론을 강화할 수 있음을 주장함.

▸ 책의 내용을 지구과학, 물리학 계열 교과와 연관 지은 경우

빅뱅 이론과 우주의 확장에 대해 탐구를 진행하여 빅뱅우주론을 지지하는 증거들을 알아냄. 특히 우주 배경 복사의 발견 과정과 그 특징을 설명하고, 이를 근거로 하여 빅뱅 이론의 타당성을 논리적으로 설명함. 블랙홀의 정의와 특징을 설명하고, 블랙홀의 형성 과정과 사건의 지평선에 대해 소개함. '시간의 역사(스티븐 호킹)'를 통해 스티븐 호킹이 제안한 '호킹 복사'에 대해 설명하고, 블랙홀에서 입자가 방출되는 과정을 이해하기 쉽게 그림으로 표현함. 아인슈타인의 일반 상대성이론을 간단하게 설명하고, 중력 렌즈, 중력파 등 실험적 증거를 소개함. 또한 특수 상대성이론에 따라 시간이 어떻게 상대적으로 흐르는지 시간 지연의 개념을 소개하고, 간단한 예시를 통해 관련 내용을 알기 쉽게 설명함. 특히 '시간의 역사'에서 언급된 시간 여행과 관련된 이론적 가능성과 그에 따른 패러독스에 대해 자신의 생각을 논리적으로 설명하여 관련 내용에 대해 깊이 있게 이해하고 있음을 보여 줌.

후속 활동으로 나아가기

- 이 책에서 다룬 주제를 기반으로 팀 프로젝트를 진행해 보자. 예를 들어, 우주의 팽창, 블랙홀, 양자역학 등에 대해 조사하고, 자료를 만들어 수업 시간에 직접 발표해 보자.
- 이 책에서 다루는 개념을 시뮬레이션이나 간단한 실험을 통해 이해하는 활동을 해보자. 예를 들어, 우주 팽창을 이해하기 위해 풍선을 활용하거나, 빛의 파동-입자 이중성을 보여주는 간단한 실험을 수행해 볼 수 있다. 이러한 활동을 직접 해 보며 개념을 제대로 이해하고 이를 보고서로 작성해 보자.
- 과학-예술 융합 활동의 일환으로 책의 내용을 시각적으로 표현하는 예술 프로젝트를 진행해 보자. 예를 들어, 우주의 구조나 블랙홀, 시간의 흐름 등을 그림이나 그래픽으로 표현해 볼 수 있다. 과학에 대한 이해를 예술로 표현하는 활동을 통해 과학에 대한 흥미와 창의력을 높여 보자.

함께 읽으면 좋은 책

스티븐 호킹 외 1인 **《시간과 공간에 관하여》** 까치, 2021

미치오 카쿠 **《평행 우주》** 김영사, 2006

브라이언 그린 **《우주의 구조》** 승산, 2005

파인만의 여섯 가지 물리 이야기

리처드 파인만 ▸ 승산

뉴턴과 아인슈타인은 물리학 분야에서 역사적으로 뛰어난 학자입니다. 여기 이들과 견줄 만한 또 한 명의 중요한 물리학자가 있습니다. 바로 리처드 파인만Richard Phillips Feynman입니다. 그는 입자 사이의 복잡한 상호작용을 직관적으로 표현하기 위해 만든 파인만 다이어그램을 창안하고 양자전기역학QED에 대한 업적으로 노벨물리학상을 수상했으며, 아인슈타인 이후 가장 뛰어난 물리학자로 평가받고 있습니다.

파인만은 물리학을 쉽고 재미있게 설명하며 대중화에도 앞장섰습니다. 그는 학생 중심의 강의를 강조하며, 교수자들은 먼저 학생들이 배우는 내용이 왜 중요한지를 이해해야 한다고 주장했습니다.

《파인만의 여섯 가지 물리 이야기》는 그가 캘리포니아 공과대학에서 1~2학년 학생들을 대상으로 한 강의 내용을 엮은 책입니다. 독자들은 이 책을 통해 물리학의 핵심 개념과 파인만의 교육에 대한 열정을 쉽게 느낄 수 있을 겁니다.

기본 물리 법칙의 매력

파인만은 이 책에서 뉴턴의 운동 법칙, 에너지 보존 법칙, 중력 등 물리학의 가장 기본적인 개념을 다룹니다. 특히 그는 과학의 기초적인 원리가 어떻게 일상생활과 연결되는지를 강조하며, 물리 법칙이 추상적인 개념인 것만이 아니라 우리가 매일 경험하는 세계와 밀접하게 연결되어 있음을 보여줍니다. 예를 들어, 큰 트럭을 움직이려면 더 많은 힘이 필요하다는 이야기를 통해 힘과 가속도의 관계를 설명하거나 벽을 밀면 벽도 사람을 반대 방향에서 같은 크기의 힘으로 밀고 있다는 원리를 들어 물체가 상호작용할 때 일어나는 현상을 직관적으로 이해할 수 있도록 설명합니다.

또한 파인만은 모든 물체에 작용하는 힘인 '중력'이 물리학에서 가장 중요한 개념 중 하나라고 강조하며, 이는 두 물체의 질량에 비례하고, 두 물체 사이 거리의 제곱에 반비례하는 만유인력의 법칙으로 표현될 수 있음을 설명합니다. 특히 지구와 태양, 행성들 사이의 운동을 결정하는 힘이나 태양계에서 행성들이 타원 궤도를 그리며 공전하는 이유도 서로를 잡아당기는 힘인 만유인력으로 설명할 수 있습니다. 파인만은 뉴턴이 달의 운동과 같은 천문학적 현상을 설명할 수 있었던 것도 만유인력의 법칙이 중요한 도구가 되어주었기 때문에 가능한 것이라고 말합니다. 이러한 저자의 설명을 듣다 보면 물리학이 우리 주변의 일상에 어떻게 작용하는지 더 명확하게 알 수 있게 됩니다.

물리학의 보편성에 대한 이해

파인만은 물리학이 특정한 문제를 푸는 것 이상으로 자연의 법칙을 이해하는 도구라는 점도 강조합니다. 그는 에너지 보존 법칙과 같은 기본 원리가 다양한 현상에 어떻게 적용되는지 설명하며, 물리학이 다양한 상황에서 통용되는 강력한 도구임을 강조합니다.

예를 들어 그는 물리학이 심리학, 생물학 등과 같이 다양한 분야와 밀접하게 연관되어 있음을 설명하고, 거시 세계부터 원자 규모 이하의 미시 세계까지 물리학적 개념이 적용됨을 설명합니다. 이를 통해 물리학이 매우 보편적인 학문이며, 자연 현상을 설명하는 데 필수적인 도구임을 알 수 있습니다.

복잡한 개념의 명쾌한 설명

파인만의 가장 큰 장점 중 하나는 복잡한 개념을 아주 쉽게 설명하는 능력입니다. 이 책은 기본적으로 대중을 대상으로 하지만, 물리학에 대한 깊이 있는 통찰 또한 놓치지 않습니다.

예를 들어, 에너지와 엔트로피는 열역학의 핵심 개념으로 자연의 작동 원리를 설명하는 중요한 요소이지만 일반적으로 이해하기 쉽지 않은 부분으로 여겨지기도 합니다. 그는 열역학 법칙을 설명할 때 단순히 공식만을 제시하는 것이 아니라 우리가 일상에서 마주하는 열과 에너지의 흐름을 통해 이를 자연스럽게 이해할 수 있도록 도와줍니다.

예를 들어, 자동차 엔진, 냉장고와 같은 기기들이 열역학 법칙에 따라 작동한다는 점을 언급하며, 이를 통해 이론이 현실에서 어떻게 적용되는지를 보여줍니다. 또한 그는 증기 기관에서 열에너지가 기계적 에너지로 변환되는 과정을 통해 에너지의 형태는 변할 수 있지만 전체 에너지는 항상 일정하다는 개념을 강조합니다.

특히 이 책에서 파인만은 엔트로피를 시스템의 무질서도나 혼돈의 척도로 설명합니다. 뜨거운 물체가 차가운 물체와 접촉하면 결국 온도가 같아지는 현상처럼 열은 고온에서 저온으로 자연스럽게 흐르며, 이 과정에서 무질서가 증가하게 된다는 것입니다. 에너지는 자연적인 과정에서 사용할 수 없는 형태로 변환되며, 결국 모든 것이 무질서해집니다. 이를 통해 엔트로피 개념은 열의 흐름과 관련이 있으며, 왜 열이 온도가 높은 곳에서 낮은 곳으로 흐르는지를 이해할 수 있게 됩니다. 여기에 더해 파인만은 이 법칙이 우주 전체의 진화를 설명하는 중요한 원리임을 강조합니다.

그의 명쾌한 설명을 듣다 보면 복잡하고 어려운 개념도 보다 쉽게 이해할 수 있습니다. 또한 물리학을 처음 접하는 사람들도 물리학에 부담 없이 다가갈 수 있게 됩니다.

과학적 사고방식의 중요성

파인만은 단순한 사실을 나열하기보다는 과학적 사고의 과정을 강조하기도 합니다. 무언가를 배우기 위해서는 끊임없이 질문하고, 실험을 통해 끊임없이 확인해야 한다는 겁니다.

듣는 이들에게도 항상 '왜 그렇지?'라는 질문을 던지게 만드는 파인만의 강의 스타일은 매우 열정적이며, 그 열정은 책에도 고스란히 드러납니다. 독자들도 이 책을 통해 과학적 방법론의 중요성을 다시금 느끼며, 과학이 단순한 지식의 축적이 아니라 질문과 탐구의 과정이라는 점을 깊이 이해할 수 있게 될 것입니다.

과학의 미학과 파인만의 철학

한 가지 더 이야기하자면, 파인만은 단순히 과학을 설명하는 것에 그치지 않고 과학을 대하는 자신의 철학을 독자에게 전달합니다. 그는 자연의 법칙이 얼마나 아름답고 정교한지를 강조하며, 물리학을 통해 우리가 자연의 미학을 이해할 수 있다고 말합니다.

특히 그는 과학이 단순히 문제를 해결하기 위한 것만이 아니라, 인간이 자연을 더 깊이 이해하게 도와주는 위대한 도구라고 이야기합니다. 과학이 우리에게 단순히 지식을 전달하는 것을 넘어, 세상을 바라보는 새로운 눈을 제공한다는 것입니다.

파인만의 열정과 유머

이 책이 주는 또 다른 즐거움 중 하나는 파인만의 열정적인 문체와 유머입니다. 저자는 어려운 개념을 설명하면서도 때때로 특유의 위트와 농담을 통해 물리학에 대한 독자들의 흥미가 끊어지지 않게 합니다. 저자가 물리학을 설명하는 과정은 마치 한 편의 이야기처럼 흘러가며, 그 안에 담긴 물리학적 원리들이 자연스럽게 머리에 남게 됩니다. 파인만의 강의는 단순히 지식을 전달받는 것만이 아닌 지적인 즐거움을 느낄 수 있는 경험을 제공합니다.

리처드 파인만의 《파인만의 여섯 가지 물리 이야기》는 원자 이론, 기본 물리 법칙, 양자 물리학, 전자기학, 에너지와 엔트로피, 중력과 일반 상대성이론 등 다양한 주제를 다루며, 물리학과 그 안에 담긴 자연 법칙에 관해 깊이 있는 통찰을 제공합니다. 하지만 여기에 그치지 않습니다. 이 책은 물리학이 단순한 학문적 지식이 아니라, 세상을 바라보는 새로운 시각을 제공하는 도구임을 깨닫게 해줍니다.

파인만은 물리학의 아름다움과 복잡성을 명확하고 유머러스하게 설명하면서, 과학적 사고방식이 우리 삶에서 얼마나 중요한지를 일깨워줍니다. 과학적 호기심과 탐구의 즐거움을 다시금 느끼게 해주는 이 책은 물리학에 관심 있는 모든 이들이 꼭 읽어 봐야 할 책입니다.

도서 분야	과학	관련 과목	물리 계열 교과	관련 학과	물리학 계열, 교육 계열, 자연과학 계열

고전 필독서 심화 탐구하기

▸ 기본 개념 및 용어

개념 및 용어	의미
양자전기역학	양자전기역학Quantum Electrodynamics, QED은 양자역학과 상대성이론의 원리를 결합하여 빛과 물질의 상호작용을 설명하는 이론이다. 이는 전자기 상호작용의 양자 이론이기도 하다. QED는 양자역학의 불확정성 원리와 상대성이론의 광속 불변의 원칙을 동시에 고려하여, 빛(광자)과 전하를 띤 입자(전자나 양전자) 간의 상호작용을 다룬다.
파인만 다이어그램	파인만 다이어그램Feynman Diagram은 양자장 이론, 특히 양자전기역학에서 입자들의 상호작용을 시각적으로 표현하는 도구이다. 이 다이어그램은 복잡한 수학적 계산을 간단하고 직관적으로 나타내어, 양자 입자들이 어떻게 상호작용하는지, 그리고 이 과정에서 어떤 일이 일어나는지를 이해하는 데 도움이 된다. 파인만 다이어그램의 핵심 요소는 다음과 같다. · **입자와 반입자**: 직선으로 그려진다. 예를 들어, 전자는 일반적으로 화살표가 있는 선으로, 양전자는 화살표가 반대 방향을 가리키는 선으로 표시된다. · **광자**: 빛의 양자인 광자는 일반적으로 물결 모양의 선으로 표현된다. · **버텍스**Vertex: 입자들이 만나거나 분리되는 점이다. 예를 들어, 전자가 광자를 방출하거나 흡수하는 지점이 버텍스가 된다. · **시간과 공간**: 파인만 다이어그램에서는 수평 축이 시간, 수직 축이 공간을 나타내는 경우가 많다. 다만 이것은 엄격한 규칙은 아니며, 중요한 것은 입자들의 상대적 관계이다.

▸ 시대적 배경 및 사회적 배경 살펴보기

'파인만의 여섯가지 물리 이야기'는 리처드 파인만이 1961년과 1963년 사이에 캘리포니아 공과대학에서 진행한 물리학 강의의 일부를 책으로 엮은 것이다.

1960년대는 물리학에서 중요한 발전이 이루어진 시기였다. 양자역학과 상대성이론이 과학계에서 확고한 위치를 차지했으며, 입자 물리학과 핵물리학 분야에서도 주요한 진전이 이루어졌다. 이 기간에는 고에너지 물리학과 같은 분야가 부상하고, 표준 모형Standard Model의 초기 개발이 이루어지기도 했다. 이 시기는 또한 우주 경쟁의 절정기이기도 했는데, 1957년 소련의 스푸트니크Sputnik 발사로 시작된 우주 경쟁은 미국의 우주 탐사 기관인 나사NASA를 통한 기술 및 과학의 발전을 촉진시켰다. 이러한 맥락에서 파인만의 강의는 과학과 기술에 대한 대중의 관심이 한창 높아지던 시기에 진행되었다고 볼 수 있다.

파인만은 교육과 과학 커뮤니케이션에도 특출난 재능을 보였다. 특히 복잡한 과학 개념을 직관적이고 쉽게 이해할 수 있도록 설명하는 데 탁월했다. 그의 강의와 저서는 물리학을 대중에게 소개하는 데 중요한 역할을 했으며, 과학 교육에 대한 관심을 높였다. 이는 1960년대 미국에서 과학 교육이 점차 중요성을 얻게 된 시대적 배경과 일치한다.

1960년대는 미국 사회가 사회적·정치적으로 큰 변화를 겪은 시기이기도 했다. 반문화 운동, 시민권 운동, 그리고 베트남 전쟁에 대한 반대 등 다양한 사회적 변혁이 일어났다. 이러한 분위기가 반영되어 파인만의 접근 방식은 전통적인 학문적 틀을 넘어선 자유롭고 개방적인 학습 방식을 보여 주었다.

현재에 적용하기

복잡한 물리 개념을 단순화시켜 흥미롭게 설명할 수 있는 방법을 고안해 보고, 유튜브 및 블로그 등 다양한 미디어 플랫폼을 활용하여 관련 개념을 소개하는 콘텐츠를 제작해 보자.

생기부 진로 활동 및 과세특 활용하기

▸ 책의 내용을 진로 활동과 연관 지은 경우(희망 진로: 물리학과, 기계공학과)

'파인만의 여섯 가지 물리 이야기(리처드 파인만)'에 등장하는 물리학의 기본 원리와 개념들을 정리하고, 각각의 개념을 여러 분야의 기술과 관련지어 흥미롭게 설명함. 자동차 엔진, 증기 기관 등의 작동 원리를 열역학과 연관지어 설명하고, 엔진의 구성 요소를 통해 에너지가 변환되는 과정을 밝혀냄. 열역학의 원리를 재생 에너지 기술에 적용하여 에너지 시스템의 효율성을 높일 수 있는 방안에 대한 자신의 생각을 논리적으로 제시함. 양자역학의 기본 개념을 토대로 양자 컴퓨팅과 양자 통신의 원리를 설명하고, 미래 기술의 발전에 큰 영향을 미칠 수 있음을 제시함. 양자 컴퓨팅 기술로 인해 기존 암호화 방법이 취약해질 수 있음을 설명하고, 새로운 양자 안전 암호화 기술이 필요함을 강조함. 양자 통신 도입이 통신 보안을 강화시킬 수 있지만 동시에 양자 컴퓨팅의 발전으로 보안 시스템이 취약해질 수 있음을 설명함. 이러한 기술은 복잡한 문제를 빠르게 해결할 수 있는 능력을 토대로 다양한 산업에 큰 변화를 가져올 수 있음을 주장함.

▸ 책의 내용을 물리학 계열 교과와 연관 지은 경우

'파인만의 여섯 가지 물리 이야기(리처드 파인만)'에서 다루는 물리 개념 중 뉴턴의 운동 법칙을 소개하고, 각 법칙을 예시와 실험을 통해 설명함. 특히 동전, 풍선, 유리컵 등 일상에서 구하기 쉬운 것들을 실험 재료로 선정하여 보다 쉽고 간단하게 운동 법칙을 확인할 수 있는 아이디어를 제안하여 큰 호응을 얻음. 물체의 운동을 그래프로 표현하고, 그래프에서 기울기에 따라 물체의 운동 상태가 달라질 수 있음을 설명함. 열역학의 법칙을 소개하고, 그 개념을 자동차 엔진과 얼음이 녹는 현상에 적용하여 쉽게 설명해 냄. 여러 물리학적 개념에 대한 깊이 있는 통찰로 관련 내용을 쉽고 재미있게 전달하는 능력이 뛰어남.

- 이 책에서 다루는 물리학 개념을 바탕으로 과학 기술 기반의 융합적 사고력을 키우는 STEAM(Science, Technology, Engineering, Arts, Mathematics 과학, 기술, 공학, 예술, 수학) 프로젝트를 진행해 보자. 직접 실험을 설계하고 결과를 분석하고, 이 과정에서 파인만의 설명 방식을 응용하여 파인만이 언급한 물리적 현상을 재현하거나 예술적인 방식으로 표현하는 활동을 실행해 보자.
- 파인만의 강의 방식을 따라 물리 개념을 친구들에게 설명해 보자. 물리 개념에 대한 이해만이 아니라 과학 커뮤니케이션에도 초점을 두고, 동영상, 프레젠테이션 등 다양한 형식을 활용하여 물리학 주제를 설명하고, 이를 공유해 보자.

함께 읽으면 좋은 책

카를로 로벨리 **《모든 순간의 물리학》** 쌤앤파커스, 2016

리처드 파인만 **《물리 법칙의 특성》** 해나무, 2016

리처드 파인만 **《파인만의 QED 강의》** 승산, 2001

스물두 번째 책

세계사를 바꾼 10가지 약

사토 켄타로 ▸ 사람과나무사이

《세계사를 바꾼 10가지 약》은 인류 역사에서 중요한 역할을 한 열 가지 약물을 통해 세계사의 흐름을 새롭게 조명하는 책입니다. 일본의 제약회사 연구원이기도 했던 저자 사토 켄타로는 주로 화학 관련 책을 쓰는 과학 작가입니다. 그는 이 책에서 약물의 발명과 발견이 인류의 삶을 어떻게 변화시켰는지, 어떻게 전쟁의 승패를 가르고 새로운 영토 개척을 가능하게 했으며, 수많은 생명을 구했는지 다룹니다.

이 책은 퀴닌 같은 전통 치료제부터 페니실린 같은 항생제에 이르기까지 다양한 약물이 인류의 문화, 정치, 경제에 미친 영향을 설명하며, 이를 통해 역사 속 약물의 중요성을 발견하게 합니다. 지금부터 책에 등장하는 열 가지 약에 관해 간략하게 설명하도록 하겠습니다.

인류 절반의 목숨을 앗아간 말라리아 특효약, 퀴닌

퀴닌Quinine은 말라리아 치료제이자 예방제로서 인류 역사에 큰 영향을 미친 약입니다. 퀴닌은 페루의 '키나나무'에서 추출된 천연 물질로, 유럽에 도입된 후 말라리아 치료제로 널리 사용되었는데, 특히 제국주의 시대에 유럽인들이 아프리카와 아시아 등으로 확장하는 과정에서 말라리아의 위협을 줄이기 위해 이 약을 활용했습니다. 아프리카를 '백인의 무덤'으로 만든 주요 요인인 말라리아에 대한 두려움을 극복하게 하여, 유럽 열강이 아프리카 식민지화에 더욱 적극적으로 나서도록 한 셈입니다. 이처럼 퀴닌은 단순 치료제를 넘어, 제국주의와 식민지화, 그리고 전 세계적인 질병 퇴치와 같은 다양한 영역에서 중요한 역할을 했습니다.

두 얼굴을 지닌 약, 모르핀

모르핀Morphine은 아편에서 추출한 강력한 진통제로, 인류 역사에서 중요한 역할을 한 약입니다. 하지만 동시에 여러 사회적 문제를 야기하기도 했습니다.

19세기 초에 처음 만들어진 모르핀은 수술에 의한 통증이나 고통을 완화하는 데 효과를 발휘하였으며, 특히 전쟁 중 부상자 치료에 혁신적인 도움을 주었습니다. 하지만 모르핀의 강력한 진통 효과는 높은 중독성을 동반했으며, 아편 전쟁과 같은 역사적 사건뿐만 아니라 개인과 사회에도 큰 부담을 주었습니다. 또한 모르핀은 헤로인의 기초 물질로 사용되어 더욱 심각한 중독 문제를 야기했습니다. 결과적으로 모르핀은 의학적으로 중요한 역할을 함에도 사회적 문제를 일으킨 약물로 치부되었습니다.

20세기 가장 위대한 발명, 페니실린

페니실린Penicillin은 영국의 미생물학자인 알렉산더 플레밍이 1928년에 우연히 발견한 것으로 알려진 최초의 항생제입니다. 이 발견은 의학의 새로운 시대를 열고 수많은 생명을 구했습니다.

곰팡이에서 추출된 이 천연 항생제는 박테리아 감염을 효과적으로 치료하였으며, 20세기 초까지 매우 높았던 감염성 질환으로 인한 사망률을 크게 낮추는 데 기여했습니다. 또한 제2차 세계대전 중에 군인들의 감염 치료에 사용되면서 부상자들의 생존율을 높이고 회복 기간을 단축시켰습니다. 페니실린은 이후에도 다양한 감염성 질환을 치료하는 데 활용되어 현대 의학의 기초를 다졌습니다. 그러나 광범위한 사용은 항생제 내성 문제를 가져왔고, 이 문제를 해결하기 위해 이후 다양한 항생제가 개발되었습니다.

통증과의 싸움에 종지부를 찍다, 클로로폼

클로로폼Chloroform은 19세기 중반 스코틀랜드 의사 제임스 심슨이 처음 마취제로 사용하며 상용화되었고, 이후 의료 기술 발전에 크게 기여했습니다. 이전까지는 환자가 의식을 잃지 않은 채로 수술이 이루어졌기 때문에 극심한 통증과 충격이 동반되었으나, 클로로폼의 도입으로 수술 과정이 더 안전하고 효율적으로 변했습니다. 그러나 클로로폼은 부정맥, 호흡 부전, 심지어 사망까지 초래할 수 있는 부작용과 위험을 동시에 지니고 있었고, 이후 더 안전한 마취제가 생기며 대체되었습니다.

100만 대군보다 무서운 감염병에 맞선 무기, 설파제

설파제Sulfa drug는 최초의 합성 항균제 중 하나로, 박테리아 감염 치료에 혁신을 가져온 약물입니다. 독일의 화학자 겔하르트 도마크가 1930년대 초에 개발한 설파제는 원래 염료 산업에 사용되던 합성 화합물이었습니다. 하지만 이 화합물이 박테리아 감염 치료에 효과적이라는 것이 밝혀지면서, 의료 분야에서 광범위하게 사용되기 시작했습니다. 특히 박테리아의 성장과 번식을 억제하는 특징이 있어, 폐렴, 패혈증, 방광염 등의 치료에 효과적이었습니다. 이 약물은 감염성 질환으로 인한 높은 사망률을 낮추고, 제2차 세계 대전 중에도 부상자들의 감염 치료에 활용되었습니다. 설파제는 합성 항균제의 시대를 열었고, 의학 분야에서 합성 화합물의 중요성을 대두시키며 다양한 합성 항균제와 항생제 개발에 영감을 주었습니다.

가장 사랑받은 약, 아스피린

아스피린Aspirin은 19세기 후반 독일 바이엘사가 개발한 진통제와 해열제로, 버드나무 껍질에서 추출한 살리신을 화학적으로 변형해 만든 것입니다. 진통, 해열, 소염 효과가 있어 두통, 근육통, 발열, 관절염 등의 치료에 널리 사용되었으며, 특히 항혈전 특성으로 심혈관 질환과 뇌졸중 예방에도 중요한 역할을 합니다. 위장 출혈 등의 부작용이 있지만, 아스피린은 현대 의학에서 필수 약물로 자리잡았습니다.

세계사의 흐름을 결정지은 비타민 C

비타민 CVitamin C는 면역 기능을 지원하고 세포와 조직의 건강을 유지하는 중요한 물질로, 특히 괴혈병 예방에 효과적입니다. 괴혈병은 비타민 C 결핍으로 발생하는 질병으로, 피로, 잇몸 출혈, 관절 통증, 그리고 심한 경우 사망에까지 이르게 하는 무서운 병입니다. 18~19세기에 장기간의 해상 탐험이나 여행 중에 흔히 발생했는데, 과일과 채소를 섭취해 비타민 C를 보충하면 괴혈병을 예방할 수 있다는 사실이 밝혀지면서 해상 탐험과 무역의 발전도 촉진했습니다.

현대에는 비타민 C가 항산화제로 작용해 다양한 건강상의 이점을 제공하며, 보충제 형태로도 널리 사용되고 있습니다.

저주받은 성병을 물리치다, 살바르산

살바르산salvarsan은 1909년 독일 화학자 파울 에를리히가 개발한 매독 치료를 위한 최초의 화학 요법제로, 매독의 원인균인 트레포네마 팔리덤을 선택적으로 공격해 매독을 효과적으로 치료했습니다. 살바르산은 비소 화합물로 독성 반응과 부작용이 있었지만, 감염성 질환으로 인한 신체적, 정신적 증상을 줄이며 환자의 생명을 보호하는 데 기여했으며, 이후 화학 요법 발전에 큰 영향을 미쳤습니다.

위생의 중요성을 깨우쳐 준 소독약

소독약disinfectant은 의료 분야에서 감염 예방과 위생 개선에 중요한 역할을 하는 약물입니다. 수술과 의료 절차 중에 감염을 방지하고, 세균과 바이러스를 효과적으로 제거하는 기능을 합니다. 소독약의 중요성은 19세기 중반에 인식되기 시작했으며, 영국 외과의사 조지프 리스터는 수술 중 감염을 줄이기 위해 소독제를 사용한 선구자 중 한 명입니다. 그는 수술 기구와 수술 부위에 소독약을 사용하여 수술 후 감염률을 크게 낮추었으며, 이를 통해 수술의 안전성과 효율성을 향상시켰습니다.

소독약은 페놀, 알코올, 과산화수소 등 다양한 형태로 사용되며, 의료 기구의 소독과 상처 치료, 위생 관리에 활용됩니다. 소독약은 감염으로 인한 사망률을 감소시키고, 의료 절차의 안전성을 높였으며, 의료 분야뿐만 아니라 일상생활에서도 위생과 건강을 개선하는 중요한 도구로 자리 잡았습니다. 특히 전염병이 유행할 때 감염 확산을 억제하는 중요한 도구로 활용됩니다.

악마의 덫에서 인류를 구한 에이즈 치료제

에이즈 치료제HIV drug는 인간 면역 결핍 바이러스HIV 감염을 치료하고 후천면역결핍증AIDS의 진행을 늦추는 약물로, 감염된 사람들이 더 건강하고 오래 살 수 있게 하는 데 중요한 역할을 합니다. 최초로 인정받은 치료제인 지도부딘AZT은 1987년에 도입되어 바이러스의 복제를 억제하는 효과를 보였습니다. 이는 에이즈 치료의 큰 돌파구였으며, 이후 다양한 항레트로바이러스제가 개발되었습니다. 1990년대에 도입된 항레트로바이러스 요법ART은 여러 약물을 조합하여 치료 효과를 높이고 바이러스 내성을 줄였습니다.

에이즈 치료제의 발전은 HIV 감염과 에이즈에 대한 인식을 바꾸었습니다. 감염자들은 적절한 치료와 관리로 정상적인 삶을 살 수 있게 되었으며, 이는 에이즈 환자에 대한 사회적 낙인을 줄이고 에

이즈 예방 및 교육을 하는 데 긍정적인 영향을 미쳤습니다.

약물의 개발과 혁신은 단순히 질병 치료에 그치지 않고, 새로운 시대를 열거나, 사회 변화를 촉진하거나, 심지어 세계 역사의 흐름을 바꾸는 힘을 가지고 있습니다. 실제로 약물이 전쟁의 승패를 가르고, 식민지 확장을 촉진하며, 인류의 생존과 번영을 지원하기도 한 것을 역사 속에서 확인할 수 있습니다. 하지만 다른 한편으로 약물은 사회적 논쟁과 문제를 야기하기도 했습니다.

《세계사를 바꾼 10가지 약》은 약물의 복잡한 영향력과 그 이중성에 대해 생각해 보게 합니다. 약의 역사를 통해 인류 역사의 다양한 측면을 조망하며, 약이 우리의 삶과 세계에 미치는 장기적인 영향과 사회적 영향을 우리가 어떻게 관리해야 하는지에 대한 통찰을 제공합니다.

도서 분야	과학	관련 과목	화학, 생명과학 계열 교과	관련 학과	약학 계열, 의학 계열 화학 계열, 자연과학 계열

고전 필독서 심화 탐구하기

▸ 기본 개념 및 용어

개념 및 용어	의미
헤로인	헤로인Heroin은 마약성 진통제이자 오피오이드Opioid 계열의 불법 약물이다. 화학적으로는 디아세틸모르핀Diacetylmorphine으로, 아편opium에서 추출되는 모르핀을 화학적으로 가공하여 만들어진다. 헤로인은 중독성과 의존성이 매우 강하며, 불법으로 사용되면 심각한 건강 문제와 사회적 문제를 일으킬 수 있다.
항생제	항생제Antibiotics는 세균 감염을 치료하거나 예방하기 위해 사용되는 의약품이다. 항생제는 다양한 방식으로 세균을 죽이거나 성장을 억제하며, 의료 분야에서 감염성 질환을 치료하는 데 중요한 역할을 한다. 항생제는 세균에 대한 특정한 작용 기전을 통해 효과를 나타낸다. 예를 들어, 세균의 세포벽 합성을 방해하거나 단백질 합성을 저해하거나 DNA 복제 과정을 억제하는 등 다양한 방법으로 세균의 생존과 증식을 방해한다. 항생제 사용이 증가하면서, 세균이 항생제에 대한 내성을 갖게 되는 경우가 늘고 있다. 이는 세균이 항생제의 작용을 피하거나 저항하는 방법을 획득함으로써 발생하며, 이로 인해 항생제가 더 이상 효과적이지 않을 수 있다. 항생제 내성은 공중보건에 심각한 위협이 되므로, 항생제 사용에 신중을 기하고 올바른 사용 지침을 따르는 것이 중요하다.
소염제	소염제Anti-inflammatory drugs는 염증을 감소시키거나 완화하기 위해 사용되는 약물이다. 염증은 부상이나 감염, 질병 등에 대한 신체의 면역 반응으로, 부종, 발적, 열, 통증 등이 동반될 수 있다. 소염제는 이러한 염증 반응을 줄임으로써 통증을 완화하고 부종을 감소시키며 다양한 질병 및 부상의 치료에 사용된다.

▸ 시대적 배경 및 사회적 배경 살펴보기

역사적으로 약물은 질병 치료뿐 아니라 종교, 문화, 전쟁 등 다양한 목적에 사용되었다. 책에서 다루는 약물들은 특정 시대와 문화에서 중요한 역할을 했으며, 그 영향은 현재까지도 이어지고 있다. 약물이 사회의 변화에 영향을 주거나 반대로 사회 변화에 따라 약물의 사용이 변하는 경우도 있다. 예를 들어, 아편과 같은 약물은 역사적으로 무역과 전쟁에 영향을 미쳤고, 이로 인해 국가 간의 관계에도 변화를 일으켰다.

약물의 사용과 규제는 사회적, 정치적, 경제적 배경과 밀접한 관련이 있다. 특히 현대 사회는 의약품의 혁신과 동시에 약물 오용, 중독, 남용과 같은 다양한 약물 문제를 안고 있다. '세계사를 바꾼 10가지 약'은 약물의 역할과 영향력을 역사적 관점에서 조망하고, 이를 통해 현대 사회에서 약물과 관련된 문제를 이해하는 데 도움을 준다.

현재에 적용하기

약물이 사회에 미치는 다양한 측면에 대해 분석해 보고, 약물 오용 및 중독을 예방하고 이에 대한 경각심을 높일 수 있는 현실적인 방안을 모색해 보자.

생기부 진로 활동 및 과세특 활용하기

▸ 책의 내용을 진로 활동과 연관 지은 경우(희망 진로: 약학과, 화학과)

'세계사를 바꾼 10가지 약(사토 켄타로)'에 등장하는 약물들이 역사적 사건과 어떤 관계가 있는지 탐구를 진행함. 모르핀을 추출할 때 사용하는 아편으로 인해 영국과 중국 사이에서 두 차례의 전쟁이 발생한 과정을 알아냄. 패전으로 인한 불평등 조약이 중국의 사회적 불안과 경제적 혼란을 심화시켜 신해혁명으로 청나라가 붕괴하고 중화민국이 설립되는 계기가 되었음을 밝혀냄. 특히 이러한 전쟁을 통해 제국주의와 식민주의가 약소국의 주권과 경제를 어떻게 침해했는지 설명하고, 이에 대한 자신의 생각을 논리적으로 제시함. 제약회사가 약물을 상업화하는 과정에서 다양한 윤리적 문제가 발생할 수 있음을 설명하고, 임상 시험 과정에서 피험자의 권리를 침해하거나 임상 시험 결과를 조작하고 부작용 데이터를 은폐하는 등의 사례들을 제시함. 이러한 문제를 해결하기 위해서는 투명성, 책임감, 규제 준수, 윤리적 리더십이 필요하며 동시에 규제 기관, 의료 전문가, 환자 단체, 일반 대중의 감시와 참여가 매우 중요함을 강조함.

▸ 책의 내용을 화학 계열 교과와 연관 지은 경우

살리실산의 페놀기를 아세트산 무수물로 반응시켜 아세틸기를 첨가하는 과정을 분석하여, 살리실산과 아세트산 무수물을 이용하여 아스피린을 합성하는 실험을 성공적으로 진행함. 아스피린의 주요 성분인 아세틸살리실산이 염증을 줄이고 통증을 완화하는 원리를 탐구함. 아스피린이 프로스타글란딘의 생성을 감소시켜 통증을 줄이고, 그 외에도 발열 감소와 혈소판 응집 억제에도 관여함을 밝혀냄. '세계사를 바꾼 10가지 약(사토 켄타로)'을 읽고 19세기 초, 버드나무 껍질에서 살리신을 추출해 낸 것을 시작으로, 1897년에 아세틸살리실산을 합성하는 방법을 개발하기까지의 과정을 흥미롭게 설명함. 특히 비교적 부작용이 적어 다양한 진통제, 해열제, 소염제로 널리 사용되고, 혈소판 응집 억제 효과로 심혈관 질환 예방에도 사용되어 아스피린이 현대 의학의 발전에 크게 기여하였음을 소개함. 이를 통해 하나의 약품이 사회적으로나 경제적으로 미치는 파급력이 매우 큼을 강조함.

후속 활동으로 나아가기

- 이 책을 바탕으로 역사 속에서 약물이 영향을 미친 사례들을 탐구하는 프로젝트를 진행해 보자. 예를 들어, 아편 전쟁, 제2차 세계 대전 중 페니실린 사용 등 특정 역사적 사건을 중심으로 팀 프로젝트를 진행하고, 발표하거나 보고서를 작성해 보자.
- 이 책에서 언급된 약물의 발견 및 개발 과정을 소개하고, 약물의 화학적, 생물학적 작용을 설명해 보자.
- 이 책을 통해 약물의 의학적 사용과 남용, 규제 문제, 의약품 접근성 등과 같은 주제를 정하여 약물 사용과 관련된 윤리적 문제를 다루는 토론을 진행해 보자.
- 이 책을 바탕으로 역사적으로 약물이 어떻게 사회에 영향을 미쳤는지 살펴보고, 약물 규제와 관련하여 이 책의 사례를 활용하여 규제 정책의 윤리적, 사회적 측면에 대해 논의해 보자.

함께 읽으면 좋은 책

백승만 **《전쟁과 약, 기나긴 악연의 역사》** 동아시아, 2022

키스 베로니즈 **《약국 안의 세계사》** 동녘, 2023

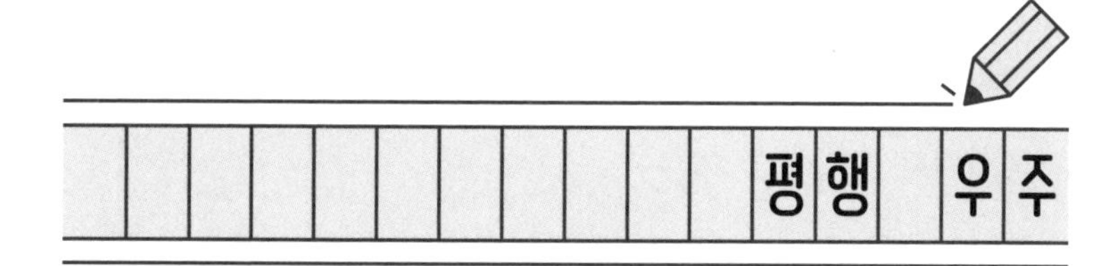

미치오 카쿠 ▸ 김영사

대부분 사람들은 우주라는 공간이 단 하나라고 생각합니다. 하지만 만약 우리가 알고 있는 우주 외에도 수많은 다른 우주가 존재한다면 어떨까요? 다른 우주들은 우리가 살고 있는 우주와는 완전히 다른 물리적 법칙을 가질 수도 있고, 심지어 그곳에선 우리와 동일한 존재가 다른 삶을 살고 있을지도 모릅니다. 이것이 바로 '평행 우주' 또는 '다중 우주'의 개념입니다.

과학적 상상력을 넘어 평행 우주에 관한 이론

이론물리학계의 세계적인 석학인 미치오 카쿠가 쓴 《평행 우주》는 이러한 개념을 탐구하고, 현대 과학이 이 아이디어를 어떻게 해석하고 있는지 살펴보는 책입니다. 이 책은 양자역학, 끈 이론, 우주 인플레이션 등 다양한 이론을 통해 평행 우주의 가능성을 제시하며, 우리 우주가 얼마나 신비롭고 복잡한지에 대한 새로운 시각을 제공합니다.

《평행 우주》는 과학 소설이나 상상력의 영역에 머무르지 않고, 실제 과학적 연구와 이론에 기반을 두고 있습니다. 이 책을 통해 현대 물리학이 우주를 바라보는 방식을 이해하며, 동시에 '우리가 우주에서 유일한 존재인가?'라는 철학적 질문에 대한 새로운 답을 얻을 수도 있을 것입니다. 평행 우주에 대한 탐구는 우리의 현실에 대한 이해를 넓히고, 우주의 본질에 대한 새로운 지평을 열어줄 것입니다.

평행 우주의 가능성을 제시하는 우주 인플레이션

우주 인플레이션 이론은 1980년대에 앨런 구스Alan Guth가 제안한 개념입니다. 이 이론은 빅뱅 이후 아주 짧은 시간 동안 우주가 매우 빠르게 팽창하는 과정을 설명합니다. 이에 따르면, 빅뱅 직후 우주는 극히 작은 크기에서 빠르게 팽창하여 현재의 규모로 성장했습니다. 이러한 인플레이션은 아주 짧은 시간 동안 발생하였으며, 그 후로 우주는 느린 속도로 계속 확장했습니다.

이러한 우주 인플레이션 이론은 다중 우주multiverse 개념과도 연관됩니다. 인플레이션이 일어날 때, 우리 우주 외에도 여러 다른 우주가 생성될 수 있다는 가능성을 제시하기 때문입니다. 인플레이션 과정에서 작은 불확실성이나 불균일성이 발생할 경우, 이로 인해 우주 내부에 서로 다른 영역이 만들어질 수 있습니다. 각 영역은 독립적으로 팽창할 수 있으며, 이것이 결국 우리 우주 외에도 다른 평행 우주가 존재할 수 있다는 가능성을 설명합니다.

우주 인플레이션 이론은 우주를 여러 개의 거품으로 보는 거품 우주론bubble universe theory과도 연결됩니다. 인플레이션이 일어나는 동안, 각 거품은 독립적인 우주가 되어 다른 우주와는 상호작용하지 않습니다. 이러한 거품이 서로 다른 물리적 특성이나 법칙을 가질 수 있다는 가능성은 평행 우주의 개념을 더욱 흥미롭게 만듭니다.

양자역학적 평행 우주

양자역학에서 중요한 개념 중 하나가 '양자 중첩Quantum Superposition' 입니다. 이는 입자가 동시에 여러 상태로 존재할 수 있다는 개념입니다. 대표적인 예로는 슈뢰딩거의 고양이 실험이 있습니다. 이 실험에서 고양이는 살아 있으면서 동시에 죽어 있는 상태가 중첩되어 있음을 보여줍니다. 양자 중첩이 현실에 적용되면 중첩된 상태가 실제로 분리되어 평행한 우주로 나뉜다고 합니다. 양자역학에서 측정 또는 관찰하는 행위를 할 경우, 중첩된 상태는 '파동 함수의 붕괴'를 통해 하나의 상태로 고정된다고 알려져 있습니다. 하지만 다중 우주의 관점에서는 중첩된 상태가 각각의 독립적인 우주를 생성하는 것으로 해석합니다. 예를 들어, 전자를 측정할 때 그 위치나 상태가 여러 가능성 중 하나로 정해지는데, 다중 우주의 관점에서는 각각의 가능성이 별도의 우주로 나뉘는 것으로 생각합니다.

이러한 관점은 우리가 매 순간 결정하는 모든 선택이 새로운 우주를 생성할 수 있음을 보여줍니다. 이는 현실이 끊임없이 분기하여 무수한 평행 우주가 생겨나는 것을 의미합니다. 양자역학에서 나타나는 여러 역설적인 상황을 해결하기 위해 개발된 '다세계 해석'에 따르면, 모든 가능성은 실제로 발생하며 각 가능성은 고유한 우주로 이어집니다.

끈 이론과 M-이론을 통해 본 다중 우주의 가능성

끈 이론String Theory은 1970년대에 등장한 이론으로, 기본 입자들이 점point이 아니라 아주 작은 끈string으로 구성되어 있다는 개념을 제시합니다. 끈의 진동 방식에 따라 다양한 입자가 생성되며, 이것이 물리적 현상의 다양성을 설명할 수 있다고 보는 관점입니다.

끈 이론은 또한 우주의 차원이 우리가 알고 있는 4차원(3차원 공간과 1차원 시간) 외에 추가적인 차원이 있을 수 있다는 가능성을 제시합니다. 이러한 추가적인 차원들은 통상적으로 매우 작거나 구부러져 있어서 일상적인 규모에서는 보이지 않습니다.

M-이론M-Theory은 1990년대에 제안된 개념으로, 다양한 끈 이론의 개념을 하나로 묶는 이론입니다. M-이론은 우리가 알고 있는 3차원 공간과 1차원 시간 외에도 7개의 추가적인 차원이 있다고 가정합니다. M-이론에 따르면, 끈은 1차원적인 선처럼 보일 수 있지만, 이 이론에서는 그 이상의 구조도 가능합니다. 예를 들어, 2차원이나 3차원 막brane을 가진 물체처럼 확장될 수 있습니다. 이 추가적인 차원들은 우리에게 보이지 않지만, 이 차원 사이에서 다양한 구조와 상호작용이 가능하다고 합니다.

끈 이론과 M-이론은 다중 우주의 개념과 밀접하게 연결되어 있습니다. 11차원 공간 내에서 여러 평행 우주가 존재할 수 있고, 이러한 우주들은 서로 다른 차원에 존재하거나 서로 다른 물리적 특성들을 가질 수 있습니다. 예를 들어, 각 우주는 서로 다른 막에 존재할 수 있으며, 이 막은 11차원 공간 안에서 서로 다른 위치나 형태로 존재할 수 있습니다. 이러한 막이 충돌하거나 상호작용할 때, 새로운 우주가 생성되거나 기존 우주가 변형될 수 있습니다. 이를 통해 다중 우주 개념이 나타날 수 있으며, 각 우주는 독립적으로 진화하고 서로 다른 물리 법칙이나 상수를 가질 수 있습니다.

평행 우주의 의미

평행 우주 개념은 우리가 살고 있는 현실이 여러 가능성 중 하나일 수 있다는 점을 시사합니다. 이는 우리의 선택과 결정이 다른 평행 우주에서는 완전히 다른 결과를 초래할 수 있다는 의미이기도 합니다. 따라서 현실은 단 하나의 고정된 경로가 아니라, 다양한 가능성과 여러 우주가 공존하는 영역으로 볼 수 있습니다.

예를 들어, 양자역학에서는 하나의 사건이 여러 결과로 나뉘면서 각기 다른 우주에서 각각의 결과를 경험할 수 있다는 아이디어를 제시합니다. 이렇게 되면, 우리가 경험하는 현실은 수많은 평행 우주 중 하나에 불과하며, 다른 우주에서는 다른 결과와 선택이 존재할 수 있습니다.

《평행 우주》는 양자역학, 우주 인플레이션, 끈 이론 등 다양한 현대 물리학 이론을 활용하여 평행 우주가 가능할 수 있음을 보여줍니다. 이러한 이론들은 우주에 대한 기존의 생각을 뛰어넘어 우리가 알고 있는 현실이 수많은 가능성 중 하나일 수 있다는 점을 암시하며, 우리 삶과 선택에 대한 새로운 관점을 제공합니다. 《평행 우주》를 통해 우리의 우주와 현실을 어떻게 바라볼지, 평행 우주의 존재 가능성을 어떻게 받아들일지 생각해 볼 수 있을 것입니다.

도서 분야	과학	관련 과목	물리학, 지구과학 계열 교과	관련 학과	천문우주 계열, 물리 계열 자연과학 계열

고전 필독서 심화 탐구하기

▸ 기본 개념 및 용어

개념 및 용어	의미
거품 우주론	거품 우주론bubble universe theory은 다중 우주multiverse 이론의 한 형태로, 우주가 여러 개의 '거품'으로 이루어져 있다는 개념이다. 이 이론에 따르면, 우리 우주는 단 하나의 우주가 아니라 각각의 거품이 독립적인 우주를 형성하는 여러 개의 우주 중 하나이다. · **우주의 생성:** 우주는 빅뱅으로 시작된 후, 특정 지역에서의 팽창으로 인해 거품처럼 형성된다. 각 거품은 서로 다른 물리적 상수를 가지고 있을 수 있으며, 각각의 거품 우주가 서로 다르게 진화할 수 있다. · **다양성:** 각 거품 우주는 서로 다른 물리 법칙이나 상수를 가질 수 있기에 어떤 거품 우주는 생명체가 존재할 수 있는 조건을 갖추고 있지만, 다른 거품은 그렇지 않을 수 있다. · **상호작용 없음:** 이러한 거품 우주들은 서로 독립적이며, 서로 간에 상호작용이 없다. 즉, 한 우주에서 발생하는 사건이 다른 우주에 영향을 미치지 않는다. · **인플레이션 이론:** 거품 우주론은 대개 인플레이션 이론과 연결되어 있다. 인플레이션 이론은 우주 초기의 급격한 팽창을 설명하는데, 이 과정에서 여러 개의 거품이 형성될 수 있다는 개념이 포함된다.
막	막brane은 끈 이론String Theory과 M-이론M-Theory에서 사용되는 개념으로, 고차원 공간에서 존재할 수 있는 여러 차원의 '객체' 또는 '구조'를 의미한다. 막, 영어로 brane(브레인)이라는 용어는 'membrane'의 줄임말이며, 보통 '차원'을 강조하는 문맥에서 사용된다. 끈 이론과 M-이론은 우리에게 익숙한 3차원 공간과 1차원 시간 이외에도 추가적인 차원이 존재할 수 있다고 설명한다. M-이론은 11차원으로 구성되며, 이 차원들에서 다양한 브레인이 존재할 수 있다. 브레인은 그 차원에 따라 다양하게 존재한다.

	0차원 브레인은 점point과 같은 구조이고, 1차원 브레인은 선line처럼 보인다. 끈 이론에서 말하는 끈string이 이에 해당된다. 2차원 브레인은 평면 또는 막처럼 보이며, 3차원 브레인은 부피를 가진 구조이다. 더 높은 차원의 브레인들도 있으며, 이러한 브레인들은 고차원 공간에서 복잡한 상호작용을 한다.

▸ 시대적 배경 및 사회적 배경 살펴보기

2005년은 현대 물리학과 우주론에서 여러 혁신적인 이론이 등장하고, 기존의 이론들이 더욱 발전하던 시기였다. 이 시기에는 끈 이론String Theory과 M-이론M-Theory이 많은 주목을 받았으며, 이론 물리학자들은 이 이론들을 통해 우주의 구조와 기원을 이해하려고 노력했다. 또한 우주 인플레이션 이론도 우주론에서 중요한 위치를 차지하고 있었다. 이러한 이론들은 모두 우주에 대한 전통적인 개념을 뛰어넘는 새로운 시각을 제공했다.

특히 양자역학과 우주론이 서로 밀접하게 연결되면서, 물리학자들은 우주의 다양한 측면을 설명하기 위해 평행 우주나 다중 우주 개념을 탐구하기 시작했으며, 이 과정에서 과학적 이해가 크게 확장되었다. 물리학자 미치오 카쿠는 '평행 우주'를 통해 이러한 새로운 이론들을 일반 독자에게 전달하고자 했다.

2000년대 초반은 특히 기술과 정보화가 급격히 발전하던 시기로, 인터넷과 컴퓨터 기술의 발전으로 정보를 쉽게 공유할 수 있게 되었으며, 이러한 사회적 변화는 과학에 대한 대중의 이해를 높이는 계기가 되었다. 또한 이 시기에는 공상 과학SF 영화와 TV 프로그램이 인기를 끌면서, 다중 우주와 평행 우주 개념이 대중문화에 자주 등장하기도 했

다. 이로 인해 일반인들도 이러한 개념에 관심이 높아졌고, 이는 과학적 아이디어가 대중에게 더 쉽게 전달되는 계기가 되었다.

현재에 적용하기

평행 우주가 실제로 존재할 경우 사회적, 경제적, 윤리적 측면에서 발생할 수 있는 문제들에 대해 설명해 보고, 이에 대한 해결 방안을 제시해 보자.

생기부 진로 활동 및 과세특 활용하기

▸ 책의 내용을 진로 활동과 연관 지은 경우(희망 진로: 천문우주학과, 철학과)

'평행 우주(미치오 카쿠)'를 통해 평행 우주라는 개념이 현실 세계의 가치관이나 신념 체계에 어떤 영향을 줄 수 있는지 탐구를 진행함. 평행 우주 이론에서는 모든 가능한 결과가 다른 우주에서 일어날 수 있다는 점을 강조하고, 이는 개인의 선택이 특정 결과로 확정되지 않는다는 것을 의미함을 설명함. 특정한 선택이 특별하지 않고, 어떤 결정을 내리든지 간에 다른 우주에서는 그 반대의 선택이 일어날 수 있기에 자유 의지를 제한할 수 있음을 논리적으로 설명해 냄. 반면 각각의 선택이 여러 결과를 만들어 낼 수 있다면, 이는 개인이 어떤 선택을 하더라도 그 결과가 다른 우주에서 일어날 다양한 가능성을 가질 수 있음을 근거로 하여 평행 우주의 개념이 오히려 자유 의지의 가능성을 확장시킨다는 점을 흥미롭게 설명함.

▸ 책의 내용을 지구과학, 물리학 계열 교과와 연관 지은 경우

'평행 우주(미치오 카쿠)'에서 다루는 평행 우주의 개념과 이론화된 과정을 설명함. 특히 평행 우주 이론이 많은 공상 과학 작품에서 다루어졌음을 설명하고, 공상 과학 소설이나 영화에서 평행 우주 개념이 어떻게 사용되었는지 소개함. 다중 우주 이론의 핵심인 양자 물리학의 기본 개념을 탐구함. 파동-입자 이중성, 양자 중첩, 양자 얽힘 등 양자 이론의 핵심 요소를 설명하고, 이러한 개념들이 평행 우주 이론과 어떻게 연관되는지를 밝혀냄. 이중 슬릿 실험과 양자 얽힘 시뮬레이션을 이용하여 양자 현상을 직접 제시하여 다중 우주의 개념을 보다 쉽게 이해할 수 있도록 도움. 평행 우주가 실재로 존재할 경우 현재 인식하고 있는 우주에 발생할 수 있는 물리적인 변화를 예상하고, 이러한 변화가 과학과 철학, 종교 간의 관계에 어떤 영향을 미칠지에 대해 자신의 생각을 논리적으로 제시함.

후속 활동으로 나아가기

▸ 끈 이론이 평행 우주 개념을 어떻게 설명하는지 탐구해 보자. 끈 이론과 M-이론이 우주의 다차원 구조와 연결될 수 있는 이유를 설명하고, 이 이론이 현대 물리학에서 갖는 의미를 분석해 보자.

▸ 평행 우주 이론이 제기하는 철학적, 윤리적 질문들, 예를 들어 '우리 우주 외에도 무한한 우주가 존재할 수 있을까?' 또는 '다른 차원에서 내가 존재할 가능성이 있을까?' 등과 같은 질문에 대해 생각해 보고 에세이로 작성해 보자. 이를 바탕으로, 다중 우주 이론이 우리의 삶과 사고에 미치는 영향에 대해 논의해보자.

▸ 이 책이 소개한 평행 우주 개념을 바탕으로 현실의 본질, 선택의 의미, 자유 의지, 다중 우주에서의 삶 등 인문학적인 주제를 선택해 철학 토론을 진행해 보자. 이를 소설이나 영화, 미술 작품 등 다양한 분야로 연결하여 창의적인 아이디어를 도출해 보자.

▸ 평행 우주 개념이라는 이론 물리학의 가능성을 통해, 우리 사회가 미래를 바라보는 방식에 대해 고찰해 보자. 이를 어떻게 기술 혁신과 사회적 변화를 촉진하는 데 활용할 수 있을지 고민해 보자.

함께 읽으면 좋은 책

폴 핼펀 **《그레이트 비욘드》** 지호, 2006

닐 디그래스 타이슨 외 2인 **《웰컴 투 더 유니버스》** 바다출판사, 2019

숀 캐럴 **《다세계》** 프시케의숲, 2021

스물네 번째 책

빌 브라이슨 ▸ 까치

과학을 어렵고 복잡하게 생각하는 사람들이 많습니다. 그러나 《거의 모든 것의 역사》는 우주의 기원부터 지구의 형성, 생명의 진화, 그리고 현대 물리학의 핵심 개념에 이르기까지 다양하고 폭넓은 주제를 다루면서도 과학을 누구나 쉽게 접근할 수 있고 흥미롭게 즐길 수 있는 주제로 만듭니다.

저자 빌 브라이슨Bill Bryson은 여행 작가 겸 기자로 활동하며 여러 과학 교양서를 집필했습니다. 그는 일상적인 언어를 사용하여 과학의 복잡한 개념을 알기 쉽게 설명하는 데 탁월한 능력을 발휘합니다. 이 책은 과학이 단순한 이론의 집합이 아니라 우리 일상과 긴밀하게 연결되어 있다는 사실을 알려줍니다. 우주의 빅뱅 이론에서부터 지구의 지질학적 변화, 생명의 기원과 진화, 그리고 현대 물리학의 가장 최신 이론에 이르기까지,《거의 모든 것의 역사》는 과학에 대한 포괄적인 여정을 제공합니다. 과학에 대한 호기심을 자극하며, 과학을 통해 세계를 이해하고 탐구하는 데 필요한 지식과 통찰을 주는 책이라고 할 수 있습니다.

빅뱅, 우주의 시작

먼저 제1부 '우주에서 잊혀진 것들'에서 빌 브라이슨은 우주의 시작을 이야기합니다. 우주가 어떻게 탄생했는지를 알려주는 빅뱅 이론에 따르면, 우주는 초기 매우 작고 밀집된 '특이점' 상태로 존재했습니다. 이 특이점은 공간과 시간, 그리고 모든 물질이 극도로 압축된 지점입니다. 빅뱅은 이 특이점이 갑자기 확장되는 사건을 말합니다. 이 확장 과정에서 우주가 빠르게 팽창하면서 온도와 압력이 높아졌고, 그 결과로 여러 가지 힘이 생겨났습니다. 중력, 전자기력, 그리고 원자와 원자핵 사이의 힘 등 우주를 구성하는 기본적인 힘들이 이 시기에 형성됩니다.

수소와 헬륨 같은 기본적인 원소들도 우주가 팽창하면서 만들어지기 시작했고, 이 원소들이 점차 우주 곳곳에 퍼지면서 별과 은하의 재료가 되었습니다. 우주가 계속해서 팽창하고 냉각됨에 따라, 수많은 별과 은하가 탄생하게 되었습니다.

이러한 빅뱅 이론은 1960년대에 전파 천문학자들이 '우주배경복사'를 발견하면서 더 확실해졌습니다. 우주배경복사는 우주가 빅뱅 이후 처음에 매우 뜨거웠다가 점차 식어가면서 남긴 일종의 열 흔적입니다. 이 발견은 빅뱅 이론을 강력하게 뒷받침해 주었습니다. 또한 초신성 같은 천문학적 현상들이 빅뱅 이론의 증거로 활용되었습니다. 초신성은 별이 폭발하는 사건으로, 이 과정에서 많은 에너지와 원소들이 생성됩니다. 이러한 발견과 연구를 통해, 빅뱅 이론은 우주가 어떻게 시작되고 발전했는지를 알려주는 주요한 과학적 이론이 되었습니다.

지구의 크기는 어떻게 잴까?

지구의 크기를 측정하는 것 또한 역사적으로 중요한 과제였습니다. 브라이슨은 제2부 '지구의 크기'에서 지구의 크기를 측정하고자 한 인간의 역사를 살펴봅니다. 고대 그리스의 학자 에라토스테네스는 두 도시에서 태양의 각도를 측정하고, 이를 이용해 지구의 둘레를 측정하는 방법을 개발했습니다. 이 방법은 지금으로부터 수천 년 전의 기술로도 지구의 크기를 상당히 정확하게 측정할 수 있었다는 것을 보여줍니다.

여기서는 지구의 크기만이 아니라 지구의 구성 요소와 물질들도 살펴봅니다. 지구는 다양한 원소로 구성되어 있습니다. 이 중에서 가장 많이 발견되는 것은 철, 산소, 규소, 마그네슘 등인데, 이러한 원소들은 지구의 핵, 맨틀, 지각 등 다양한 층에서 각각 다른 비율로 분포하고 있습니다. 이러한 원소의 분포는 지구의 구조와 특성, 형성 과정을 이해하는 데 중요한 역할을 합니다.

여기서 지질학과 화학 같은 고전 과학 분야는 지구의 구성과 구조를 이해하는 데 필수적입니다. 지질학은 지구의 형성 과정과 지각의 변화, 그리고 지진, 화산 같은 지질 활동을 연구하고, 화학은 물질의 성질과 원소의 상호작용을 다루며 지구의 구성과 변화에 대한 이해를 제공합니다.

새로운 시대를 연 현대 물리학

제3부 '새로운 시대의 도래'에서는 과학적 발견과 이론이 급격히 발전한 19세기 후반과 20세기 초반의 중요한 과학적 혁명을 다룹니다. 이 시기는 현대 과학의 기틀을 마련한 여러 중요한 발견들이 이루어진 시기이며, 새로운 이론들이 기존의 과학적 사고를 뒤흔들고 인류의 세계관을 변화시킨 시기입니다. 브라이슨은 이 부분에서 열역학, 양자론, 상대성이론, 초끈 이론, 판 구조론 등 현대 과학에서 중요한 역할을 하며 우주와 지구, 그리고 물리학적 세계를 이해하는 데 큰 도움이 되는 혁신적인 이론들과 그 이론을 제시한 과학자들 이야기를 상세하게 소개합니다.

그는 과학이 19세기 말과 20세기 초에 걸쳐 겪은 일련의 혁명적 변화가 인류의 사고방식과 세상에 대한 이해에 얼마나 큰 영향을 미쳤는지를 강조합니다. 과학적 발견들은 이전의 세계관을 뒤흔들었고, 이를 통해 우리는 더 넓고 깊은 우주와 자연의 원리를 이해할 수 있게 되었습니다. 저자는 이러한 주장을 통해 과학적 혁신이 계속해서 인류의 미래를 열어 나갈 것이라고 이야기합니다.

위험한 행성

제4부 '위험한 행성'은 지구가 고요한 행성이 아니라, 역동적이고 다양한 변화를 겪는 곳임을 알려줍니다. 브라이슨은 지구의 위험 요소를 이해하면, 우리가 지구의 지질학적, 지구물리학적 활동에 대해 더 많은 통찰을 얻을 수 있다고 이야기합니다.

예를 들어 소행성 충돌의 가능성입니다. 소행성은 우주에서 지구 주위를 떠도는 작은 바위나 금속 조각입니다. 그중 일부는 지구의 궤도를 따라 지구에 접근할 수 있습니다. 가끔 소행성이 지구에 충돌할 때가 있는데, 이로 인해 큰 파괴가 일어날 수 있습니다. 역사적으로, 공룡이 멸종한 사건도 거대한 소행성 충돌 때문이라는 이론이 있습니다.

지구의 지각이 움직이면서 발생하는 지각 변동인 지진 역시 지구에 위험한 요인입니다. 지구의 표면은 여러 개의 '판plate'으로 나뉘어 있는데, 이 판들이 서로 확장되거나 수렴할 때 지진이 발생합니다. 지진은 흔히 땅이 흔들리는 형태로 나타나며, 건물이나 기반 시설에 심각한 피해를 줄 수 있습니다.

화산 폭발 또한 뜨거운 용암, 화산재, 가스 등을 방출하며 주변 지역에 큰 피해를 줍니다. 특히 '초대형 화산' 폭발은 드물지만 발생하면 대기와 기후에 큰 변화를 일으킬 수 있습니다.

생명의 탄생과 진화

제5부 '생명, 그 자체'에서는 지구가 어떻게 생명의 탄생에 적합한 환경을 갖추게 되었는지 태양계 내 행성으로서 지구의 환경 변화부터 생명의 탄생과 진화까지 이야기합니다.

무엇보다 지구는 태양으로부터 적절한 거리에 위치하여 생명이 살기에 알맞은 온도를 유지하고 있습니다. 이 위치는 물이 액체 상태로 존재할 수 있는 지역으로, 생명 가능 지대Goldilocks Zone라고 불립니다. 또한 지구는 달이라는 위성 덕분에 안정적인 궤도를 유지하고 있습니다. 이러한 조건은 생명의 탄생에 필요한 중요한 요소로 작용합니다. 여기에 더해 지구에 있는 대기와 바다는 산소와 적당한 기후, 수분과 영양을 공급하며 생명이 생존할 수 있는 중요한 환경을 제공합니다.

특히 제5부에서는 생명체의 기본 단위인 세포가 어떻게 작동하고, 어떻게 생명체가 자신의 생명을 유지하고 번식하는지에 관해 비중있게 설명합니다. 또한 다윈의 진화론과 DNA를 중심으로 생명의 진화에 대해서도 다룹니다.

생명의 역사는 멸종과도 연관되어 있습니다. 지구는 과거에 여러 번의 대멸종을 경험했는데, 이로 인해 많은 생명체가 사라졌습니다. 이러한 멸종은 지구의 생명체가 어떻게 변화하고 적응하는지를 보여주기도 합니다.

지구의 지속 가능성과 인류의 미래

제6부 '우리의 미래'에서는 기후 변화와 인류의 진화를 통해 우리가 현재 직면하고 있는 문제들을 들여다 봅니다. 저자는 우리가 미래에 대비하고, 지구와 인류를 보호하기 위한 조치를 취해야 한다고 주장합니다. 이는 지구의 지속 가능성과 인류의 생존을 위한 것이기 때문입니다.

저자는 인간이 현대화된 기간이 지구 역사의 극히 일부에 불과하다는 점을 강조합니다. 지구의 역사 전체에서 인간이 차지하는 시간은 0.0001퍼센트 정도에 불과합니다. 이처럼 짧은 시간 동안 인류는 놀라운 발전을 이루었지만, 이를 위해 무한히 많은 행운이 필요했습니다. 앞으로도 이 행운이 유지되기 위해서는 지속적인 노력이 필요하다는 사실을 인식해야 한다고 저자는 말합니다.

빌 브라이슨의 《거의 모든 것의 역사》는 우주, 지구, 생명의 기원 등 방대한 과학적인 내용들을 일반 독자가 이해하기 쉽게 설명하여, 우리가 사는 세계를 과학적으로 바라볼 수 있는 시각을 제공합니다. 과학에 흥미를 불러일으키고, 우리가 지구와 우주에서 어떻게 살아가고 있는지에 대한 새로운 통찰을 제공하는 이 책은 과학에 관심이 있는 독자뿐만 아니라, 과학을 처음 접하는 사람들에게도 훌륭한 안내서가 될 것입니다. 이 책을 통해 과학의 세계를 탐험하며, 우주와 지구, 그리고 우리 자신에 대한 새로운 관점을 얻게 되길 바랍니다.

도서 분야	과학	관련 과목	통합과학, 과학 계열 교과	관련 학과	자연과학 계열

고전 필독서 심화 탐구하기

▸ 기본 개념 및 용어

개념 및 용어	의미
초신성	초신성supernova은 매우 강력한 별의 폭발 현상으로, 우주에서 가장 밝고 에너지가 많이 방출되는 현상 중 하나이다. 초신성은 짧은 시간 동안 엄청난 양의 에너지를 방출하며, 이를 통해 새로운 원소를 생성하고, 이 원소들이 우주의 다른 부분으로 퍼져 새로운 별, 행성, 생명체의 재료가 되는 중요한 역할을 한다. 또한 초신성은 우주의 구조와 진화, 별의 생명 주기를 이해하는 데 필수적이다. 초신성은 매우 밝게 빛나기 때문에 멀리 있는 은하에서도 관측할 수 있다. 이를 통해 천문학자들은 우주의 크기를 측정하거나 우주의 팽창 속도를 연구할 수도 있다.
판	지구의 표면은 여러 개의 거대한 판plate으로 나뉘어 있다. 이 판들은 지각(지구의 가장 바깥층)과 맨틀(지구의 두 번째 층)의 일부로 구성되어 있으며, 서로 밀고 당기거나 겹치면서 지구의 표면을 형성한다. 이 개념은 판 구조론plate tectonics의 핵심이며, 지구의 지질학적 활동과 현상을 설명하는 데 사용된다. 판은 크게 두 가지 유형으로 나뉜다. 대륙판은 지구의 대륙을 포함하는 판으로, 두껍고 밀도가 낮다. 대륙판은 주로 육지로 이루어져 있으며, 비교적 부드럽고 가벼운 암석으로 구성되어 있다. 해양판은 주로 바다 아래에 있는 판으로, 상대적으로 얇고 밀도가 높다. 해양판은 바다의 바닥을 이루며, 더 무겁고 단단한 암석으로 구성되어 있다.

▸ **시대적 배경 및 사회적 배경 살펴보기**

20세기 말과 21세기 초는 정보 기술, 우주 탐사, 생명 공학, 물리학 등 다양한 분야에서 획기적인 발전이 이루어진 시기이다. 과학 기술이 급속도로 발전하고, 과학에 대한 대중의 관심이 높아지기도 했다. 인터넷과 정보화 혁명이 가속화되면서, 과학 지식이 이전보다 더 빠르게 퍼지고, 과학에 대한 접근성도 쉬워졌다.

또한 과학의 중요성이 사회적으로 중요하게 인식되던 때이기도 했다. 기후 변화, 환경 문제, 유전학, 우주공학, 인공지능 등 다양한 주제가 대중의 관심을 받았다. 이러한 배경에서 빌 브라이슨의 '거의 모든 것의 역사'는 과학에 대한 대중의 이해를 높이고, 과학 지식을 쉽고 재미있게 전달하는 데 기여했다.

이 시기에는 대중문화에서 과학이 중요한 역할을 하기도 했다. 소설, 영화, TV 프로그램 등에서 과학을 다룬 소재가 각광받았고, 이러한 문화적 요소들이 과학에 대한 대중의 관심을 더욱 부추겼다. '거의 모든 것의 역사'는 이러한 사회적 분위기에서 탄생했다.

현재에 적용하기

과학사에서 중요한 발견 중 하나를 선택하여, 그 발견이 이루어진 과정과 그것이 인류의 생활에 미친 변화를 설명해 보자.

생기부 진로 활동 및 과세특 활용하기

▸ 책의 내용을 진로 활동과 연관 지은 경우(희망 진로: 문화재보존학과)

인류의 문화유산에 관심이 높은 학생으로, 인류의 기원과 진화 과정 연구에 대한 탐구를 통해 인류가 어디서 왔고 어떻게 현재에 이르게 되었는지를 담은 보고서를 작성하여 발표함. 이 과정에서 '거의 모든 것의 역사(빌 브라이슨)'를 읽고, 지구의 형성과 생명의 출현, 인류 문명의 발전 과정에 대해 심도 있게 학습하고, 과학적 발견이 어떻게 인간의 세계관을 변화시켰는지에 대해 정리함. 책의 내용을 바탕으로 여러 고대 문명의 유적과 유물을 분석하여 당시의 생활상과 문화, 사회 구조를 밝혀내고, 이를 재구성하여 고대 사회의 경제, 정치, 종교적 관행에 대해 이해하기 쉽게 설명하는 모습을 보임. 유물에 대한 분석은 인류의 문화적 사회적 발전을 이해하고 설명하는 데 매우 중요한 역할을 할 수 있고, 현재와 미래를 위한 교훈을 제공할 수 있음을 강조함. 또한 지구 생태계와 인류의 탄생에 관한 과학적 발견이 인류의 발전을 이해하고, 인류의 미래를 위한 통찰을 제공하는 근거가 될 수 있음을 강조함. 발굴된 유물과 유적의 보존과 복원 작업 과정에 대해 조사하고, 조사한 내용을 바탕으로 간단하게 시연을 진행함. 시연을 통해 복원 기술에 필요한 지식들을 설명함과 동시에 역사적 유산을 후세에 전달하고, 역사적 사실을 정확히 보존하는 것이 매우 중요함을 역설함.

▸ 책의 내용을 지구과학 계열 교과와 연관 지은 경우

지구의 형성과 진화, 그리고 그 복잡한 시스템에 관심을 갖고, '거의 모든 것의 역사(빌 브라이슨)'를 통해 지구와 우주의 기원, 생명의 출현, 과학적 발견에 대한 폭넓은 탐구를 진행하는 모습을 보임. 지구의 형성과 지질학적 사건들에 대한 자료들을 정리하여 지구의 탄생, 판 구조론, 화산 활동, 지진 등이 지구의 현재 모습을 만들어 낸 과정에 대한 자료를 제작하여 공유함. 지구의 지질학적 역사와 자연 재해 메커니즘 분석을 통해 자연

환경의 변화를 예측하고, 이에 대한 대응 방안을 마련하는 것이 중요함을 강조하여 학습에 대한 당위성을 부여하는 모습을 보임. 지구의 대기, 해양, 생물권, 지권 등 시스템 간의 다양한 상호작용을 분석하여, 기후 변화가 지구 환경에 미치는 영향을 밝혀냄. 특히 지구 시스템의 각 권역에 분포하고 있는 탄소의 형태와 권역 간의 탄소 이동을 근거로 하여 지구 온난화의 심각성을 설명하고, 지구 환경의 지속 가능성을 확보하는 것이 매우 중요함을 강조함. 책을 통해 지구과학이 단순한 이론적 지식이 아닌, 우리가 살고 있는 환경과 직결된 실질적인 문제를 해결하는 데 기여할 수 있는 필수 불가결한 것임을 증명해 냄.

후속 활동으로 나아가기

- 인류 역사에서 중요한 과학적 발견이 일어난 순간을 타임라인 형태로 정리해 보자. 타임라인은 각각의 과학적 발견이 일어난 연도, 과학자의 이름, 발견의 핵심 내용, 그리고 그것이 현대 사회에 미친 영향을 포함하여 작성하며, 이를 통해 과학적 발전이 시간이 지남에 따라 어떻게 연속적으로 이루어졌는지 상호 연관성을 살피며 이해해 보자.
- 이 책에서 다뤄진 과학적 발견 중 하나를 선택하여, 그 과정에서 상대적으로 덜 알려진 과학자나 흥미로운 일화를 조사해 보자. 예를 들어, DNA 구조를 밝히는 과정에서 로잘린드 프랭클린의 역할이나, 중력을 처음 설명하려고 했던 과학자들의 실패담을 탐구할 수도 있다. 이후 각 발견의 숨겨진 이야기와 그 의미에 대해 정리하여 발표해 보자.
- '거의 모든 것의 역사'는 기후 변화, 환경 문제, 인류의 미래 등에 대해 다루고 있다. 이 책의 내용을 활용하여 환경 탐구 활동을 진행하거나 사회적 문제에 대한 해결책을 모색해 보자. 기후 변화, 생물 다양성, 에너지 사용 등을 주제로 토론을 진행하고, 지속가능한 미래를 위한 대안을 찾아보자.

함께 읽으면 좋은 책

리처드 도킨스 **《리처드 도킨스, 내 인생의 책들》** 김영사, 2023

이완 라이스 모루스 외 12명 **《옥스퍼드 과학사》** 반니, 2019

스물다섯 번째 책

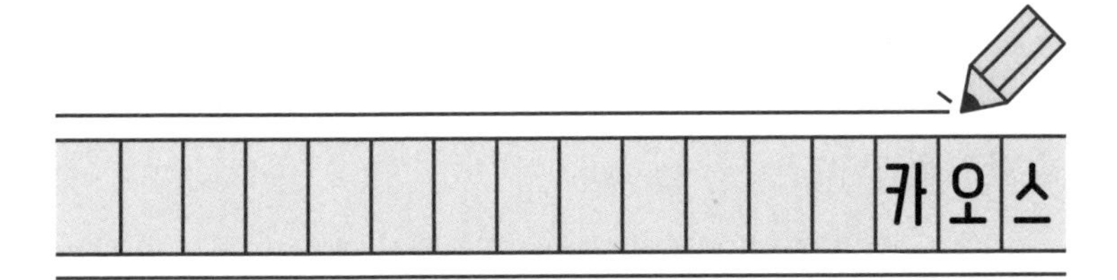

카오스

제임스 글릭 ▸ 동아시아

인간은 오랜 세월 동안 세상과 자연을 이해하려고 노력해 왔습니다. 이때 과학은 질서와 규칙성을 발견하고 세상을 설명하는 도구가 되어주었습니다. 특히 뉴턴의 물리학 같은 고전적인 과학 모델은 예측 가능성과 결정론을 기반으로 세상을 이해하게 했습니다. 하지만 자연의 복잡성과 불확실성을 마주하면서 과학자들은 종종 기존의 패러다임으로 설명할 수 없는 현상들과 마주하게 되었습니다.

미국의 기자이자 작가인 제임스 글릭James Gleick은 《카오스》에서 이 같은 문제에 대해 새로운 시각을 제시합니다. 이 책은 과학자들이 예상하지 못한 복잡성과 예측할 수 없는 패턴을 이해하고자 할 때, 어떻게 기존의 과학적 개념을 넘어서 카오스 이론을 발견하고 발전시켰는지에 관해 다룹니다. 과학자들이 카오스 이론을 발견하고 발전시키는 과정, 그리고 이 이론이 어떤 방식으로 기상학, 생물학, 경제학 등 다양한 분야에 영향을 미치고 있는지에 대한 이야기를 담고 있습니다.

《카오스》는 복잡하고 혼란스러운 세계에서 질서를 찾고자 하는 독자들에게 흥미로운 통찰을 제공하며, 과학의 새로운 경계를 탐험하는 모험으로 안내합니다. 특히 기존의 뉴턴 물리학과 같은 결정론적이고 예측 가능한 과학 모델과는 달리, 비선형적이고 복잡한 현상을 설명하는 점이 새롭게 다가옵니다. 카오스 이론은 '작은 변화가 큰 결과를 초래할 수 있다'는 특성을 강조하는데, 이는 자연 세계의 복잡성과 불확실성을 이해하는 데 중요한 근거가 됩니다. 저자는 이 책에서 카오스의 개념을 다음과 같은 요소로 설명합니다.

작은 행동이 큰 파급을 불러오는 나비 효과

나비 효과Butterfly Effect는 1960년대 초반, 미국의 기상학자 에드워드 로렌츠Edward Lorenz가 처음 사용한 용어로, 초기 조건의 미세한 차이가 결과에 큰 영향을 미칠 수 있음을 나타내는 말입니다. 그는 이를 '초기 조건에 대한 민감성'이라고 불렀습니다. 날씨 예측을 위한 컴퓨터 모델에서 미세한 입력의 차이가 완전히 다른 결과를 낳는 것을 보고, 그는 작은 변화가 커다란 차이를 만들 수 있다는 점을 인식했습니다. 나비 효과라는 말은 "브라질에 있는 나비의 날갯짓이 텍사스에서 토네이도를 일으킬 수 있을까?"라는 로렌츠의 질문에서 유래한 것입니다. 나비 효과는 카오스 이론의 예측 불가능성을 보여주며, 예측의 한계를 이해하는 데 중요한 개념입니다.

예측하기 어려운 비선형 시스템

비선형 시스템Nonlinear Systems은 입력과 출력이 일정한 비율로 변하는 선형 시스템과 달리, 작은 입력의 변화가 큰 출력 변화로 이어지거나 서로 다른 입력이 비슷한 출력을 만들어 예측이 어렵다는 특징이 있습니다. 기상 시스템, 생태계, 인구 역학 등 다양한 사례에서 비선형 시스템의 특징이 나타나며, 이런 경우 작은 변화가 큰 영향을 미치거나 예측 불가능성이 커집니다.

또한 비선형 시스템은 '이상한 끌개strange attractor'와 같은 복잡한 구조를 만들어 내거나 복잡한 패턴을 형성하며 예측할 수 없는 행동을 보이기도 합니다. 이러한 특징은 전통적인 방법으로 설명하기 어려운 현상을 이해하는 데 새로운 접근법이 필요함을 보여줍니다.

복잡하고 자기 유사적인 구조를 띠는 프랙탈

프랙탈Fractal은 자연과 수학에서 복잡하고 자기 유사적인 구조를 설명하며, 카오스와 밀접한 관련이 있습니다. '부분과 전체가 비슷한 패턴'인 자기 유사성self-similarity을 나타내는 프랙탈은 나무, 산맥, 해안선 등 자연계에서도 관찰됩니다. 또한 프랙탈은 비정수 차원Fractional Dimension이라는 개념을 지니며, 이는 차원이 정수와 비정수의 중간값을 가질 수 있음을 의미합니다.

프랙탈이라는 용어를 만든 이는 수학자 브누아 망델브로Benoit Mandelbrot로, 그는 프랙탈을 통해 자연계의 복잡한 패턴을 수학적으로 설명했으며 '망델브로 집합'으로 유명한 복잡한 자기 유사적 패턴을 제시했습니다. 프랙탈은 카오스 이론에서 이상한 끌개와 같은 복잡한 패턴을 시각화하며, 수학, 예술, 과학에도 영감을 주고 있습니다.

카오스 이론이 응용되는 여러 분야

카오스 이론은 다양한 분야에 적용될 수 있으며. 예측할 수 없을 것 같은 현상에서 질서를 찾거나 복잡한 시스템의 특성을 이해하는 데 도움이 됩니다. 카오스 이론은 복잡하고 비선형적인 시스템의 예측 불가능한 행동을 연구하는 학문으로, 다양한 학문 분야에서 아래와 같이 응용되고 있습니다.

- 기상학 : 카오스 이론은 기상 예측 시스템의 불완전성을 이해하는 데 도움이 됩니다. 초기 조건의 작은 변화가 날씨 패턴에

큰 영향을 미칠 수 있다는 나비 효과는 기상 예측의 불확실성을 설명하는 데 활용되었습니다.

- 수학: 프랙탈 같은 개념은 수학적 개념의 시각화와 구조 분석에 사용됩니다. 프랙탈은 자연계에서 복잡한 패턴을 이해하는 데 도움이 되며, 다양한 형태의 자기 유사성을 설명합니다.
- 생물학: 카오스 이론은 생태계와 인구 역학 등에서의 복잡성을 설명하는 데 도움이 됩니다. 예를 들어, 개체군 역학에서 생물의 개체 수의 변동이 비선형적인 특성을 보일 때, 카오스 이론을 통해 그 패턴을 표준화할 수 있습니다.
- 경제학: 카오스 이론은 경제 시스템의 복잡성을 설명하는 데 사용됩니다. 금융 시장이나 경제 주기에서 나타나는 비선형적인 패턴은 카오스 이론으로 설명될 수 있으며, 이는 경제 예측과 시장 분석에 도움을 줍니다.
- 의학: 카오스 이론은 심장 박동과 같은 생리학적 시스템의 복잡성을 이해하는 데도 활용됩니다. 심장 박동의 불규칙한 리듬이나 뇌파 패턴 변화를 분석하고 설명하는 데 카오스 이론이 사용됩니다.
- 공학: 카오스 이론은 진동, 유체 역학, 제어 시스템 등 공학 분야에도 적용됩니다. 예를 들어, 항공 우주 분야에서 비행기 날개 주변의 유체의 난류 패턴을 분석하는 데 카오스 이론이 활

용됩니다.

예측 불가능한 세상을 이해하는 새로운 관점

카오스 이론은 기존의 선형적이고 결정론적인 관점에서 벗어나, 복잡한 시스템의 본질을 이해하고자 하는 과학자들의 노력에서 비롯되었습니다. 나비 효과, 프랙탈, 이상한 끌개와 같은 개념은 우리가 세상을 바라보는 방식을 바꿔 놓았으며, 예측 불가능한 시스템의 패턴을 이해하는 새로운 방법을 제공했습니다.

이 책은 카오스 이론이 다양한 분야에 어떻게 응용되었는지, 그리고 이를 통해 얻은 통찰이 어떤 의미가 있는지 흥미로운 이야기로 풀어냅니다. 과학적 탐구 방식의 혁신과 복잡한 세계를 이해하는 새로운 관점을 제시합니다. 우리가 얼마나 많은 것을 알고 있으며, 얼마나 많은 것을 예측할 수 있는지에 관한 본질적인 질문을 던지는 책이라고 할 수 있습니다. 《카오스》는 복잡한 세계를 마주하는 모든 이들에게 새로운 시각과 통찰을 제공할 것입니다.

도서 분야	과학	관련 과목	과학 계열 교과	관련 학과	자연과학 계열

고전 필독서 심화 탐구하기

▸ 기본 개념 및 용어

개념 및 용어	의미
비정수 차원	비정수 차원Fractional Dimension은 프랙탈의 특성을 설명하는 개념으로, 일반적인 정수 차원이 아닌 비정수 또는 분수 형태의 차원을 의미한다. 비정수 차원은 프랙탈이 가지는 복잡성과 자기 유사성을 수학적으로 설명하는 데 사용된다. 일반적으로 차원은 공간을 측정하거나 구조를 분류하는 데 사용된다. 예를 들어, 1차원은 선, 2차원은 평면, 3차원은 입체를 나타낸다. 그러나 프랙탈은 이러한 전통적인 차원 개념으로는 충분히 설명하기 어려운 복잡한 패턴을 보인다. 이때 비정수 차원이 등장하여 프랙탈의 복잡성을 수치로 표현하는 방법을 제공한다.
망델브로 집합	망델브로 집합Mandelbrot Set은 프랙탈의 대표적인 예로, 수학자 망델브로에 의해 유명해진 복잡하고 아름다운 패턴을 생성하는 수학적 집합이다. 이는 복소수 공간에서 정의되며, 그 특유의 자기 유사성과 무한한 복잡성을 통해 프랙탈의 개념을 시각적으로 표현한다. 망델브로 집합은 다음과 같은 특징을 가지고 있다. · **복잡한 패턴**: 망델브로 집합을 그래픽으로 시각화하면, 세부적인 부분이 전체와 유사한 패턴을 보여주는 자기 유사성을 볼 수 있다. 확대하면 할수록 더 많은 복잡성과 세부적인 구조가 드러나며, 이는 프랙탈의 핵심 특성이다. · **무한한 복잡성**: 망델브로 집합의 가장 흥미로운 특징 중 하나는 이를 무한히 확대해도 계속해서 새로운 패턴과 구조가 드러난다는 것이다. 이는 프랙탈의 개념을 직접적으로 보여준다. · **수학적 아름다움**: 망델브로 집합의 독특하고 아름다운 형태는 수학계뿐만 아니라 예술 분야에도 영감을 주었으며, 프랙탈 아트와 다양한 그래픽 디자인에 활용되고 있다.

이상한 끌개	이상한 끌개Strange Attractor는 비선형 동역학 시스템에서 나타나는 복잡하고 예측 불가능한 궤적을 설명하는 개념이다. 주로 카오스 이론에서 다뤄지며, 시스템의 상태가 시간이 지나면서 특정 패턴에 수렴하지만, 그 패턴 자체는 매우 복잡하고 무작위적으로 보이는 경우에 나타난다. 이상한 끌개는 규칙적으로 보이는 부분도 있지만, 미세한 차이에 민감하여 장기적으로는 매우 다른 결과를 초래하는 민감한 의존성을 특징으로 한다. 예를 들어, 날씨 변화나 유체의 난류와 같은 복잡한 시스템에서 이상한 끌개는 그 시스템의 상태가 무작위처럼 보이지만, 실은 특정한 경향성을 가지고 반복된 패턴을 따르며 움직이는 것을 설명한다. 이때, 궤적은 고정된 점이나 단순한 주기가 아니라 복잡한 기하학적 형태로 나타나고, 이는 프랙탈 구조를 형성하는 경우가 많다.

▸ 시대적 배경 및 사회적 배경 살펴보기

1980년대 컴퓨터 기술의 발전은 과학 연구에서 복잡한 문제를 해결하는 효율성 높은 도구를 제공했다. 컴퓨터의 계산 능력이 향상되면서 과학자들은 비선형 시스템을 모델링하고 시각화할 수 있게 되었으며, 이는 카오스 이론의 발전에 결정적인 역할을 했다.

또한 1980년대는 물리학, 수학, 생물학, 경제학 등 다양한 분야에서 복잡성을 이해하려는 관심이 증가하던 시기였다. 기존의 선형적이고 결정론적인 패러다임으로는 설명할 수 없는 현상들이 많아지면서, 과학자들은 비선형성과 예측 불가능성을 다루는 새로운 접근법을 찾기 위해 다양한 시도를 하고 있었다. 이런 맥락에서 카오스 이론은 복잡한 시스템의 예측 불가능성과 불규칙한 패턴을 설명하는 혁신적인 도구로 부상했다.

이때는 과학의 대중화가 확산되던 시기이기도 했다. 과학에 대한 관심이 증가하고, 과학을 대중에게 쉽게 전달하려는 노력이 이어졌다. 제임스 글릭의 '카오스'는 이러한

움직임의 일환으로, 복잡한 과학 이론을 일반 독자들에게 이해하기 쉽게 전달하는 데 크게 기여했다. 이 시기는 또한 사회적, 경제적 변화가 급격하게 이루어지던 때로, 세상의 복잡성과 예측 불가능성이 두드러졌다. 카오스 이론은 이러한 복잡성과 불확실성을 이해하는 데 도움을 주는 이론으로 부각되었으며, 이는 사회의 다양한 분야에서 관심을 불러일으켰다.

카오스 이론은 과학계뿐만 아니라 예술, 문학, 심리학 등 다양한 분야에도 영향을 미쳤는데, 예술에서는 프랙탈이 새로운 형태의 표현 도구로 사용되었고, 문학에서는 복잡성과 불확실성을 다루는 주제들이 새롭게 등장했다. 이러한 사회적 배경은 '카오스'가 대중에게 큰 반향을 일으킨 이유 중 하나로 볼 수 있다.

현재에 적용하기

금융 시장의 변동성과 예측 불가능성을 카오스 이론의 개념을 통해 설명하고, 투자에 따른 리스크 관리 전략을 수립해 보자.

생기부 진로 활동 및 과세특 활용하기

▸ 책의 내용을 진로 활동과 연관 지은 경우(희망 진로: 경제학과)

'카오스(제임스 글릭)'를 통해 카오스 이론이 비선형적이고 예측 불가능한 시스템의 패턴과 질서를 밝혀내는 데 큰 역할을 수행할 수 있음을 알아내고, 경제학의 복잡한 현상을 분석하는 데 매우 유용한 도구가 될 수 있음을 밝혀냄. 책에서 언급되는 카오스 이론의 기본 개념, 특히 프랙탈 구조와 이상한 끌개 같은 개념은 경제 시스템의 동적이고 복잡한 행동을 이해하는 데 중요한 통찰을 제시함을 강조함. 경제 시장의 변동성, 금융 위기, 소비자 행동의 변화 등 비선형적이고 예측하기 어려운 패턴을 카오스 이론을 통해 더 효과적으로 분석하고 예측할 수 있음을 제시함. 이 중에서도 시장의 변동성을 분석하거나 금융 시스템의 안정성을 평가하는 과정을 통해 경제 정책의 효과를 예측하고, 실질적인 문제를 해결하는 데 중요한 역할을 수행할 수 있음을 밝혀냄. 카오스 이론과 같은 현대적 수학 개념을 활용하여 경제의 복잡한 패턴을 분석하고, 지속 가능한 경제 발전과 정책 수립에 기여하고자 하는 포부를 밝힘.

▸ 책의 내용을 생명과학 계열 교과와 연관 지은 경우

'카오스(제임스 글릭)'를 통해 자연계에서 발생하는 불규칙한 현상들 속에서도 패턴과 질서를 찾아낼 수 있음을 알아내고, 이러한 관점이 전통적인 과학적 패러다임과 다름을 설명함. '나비 효과'에 대해 탐구를 진행하여 작은 변화가 전체 시스템에 큰 영향을 미치는 과정을 분석하고, 기상 시스템, 생태계, 경제 등 여러 분야에서 카오스 이론이 어떻게 적용될 수 있는지 밝혀냄. 카오스 이론과 같은 비선형적 시스템이 미래의 기상 예측이나 생태계 보존, 복잡한 경제 시스템 분석 등 다양한 분야의 발전에 크게 기여할 수 있음을 제시함. 복잡한 패턴과 이상한 끌개, 프랙탈 구조와 같은 개념들이 자연계와 인공 시스템에서 어떻게 발견되고 설명될 수 있는지 조사하고 그 내용을 공유함. 카오스 이론이 수학, 물리학, 생물학 등 다양한 과학 분야와 밀접하게 연결되어 있으며 이는 자연을 더 깊이 이해하는 데 중요한 역할을 할 수 있음을 강조함.

후속 활동으로 나아가기

- 미술 수업이나 융합 수업에서 프랙탈 아트 프로젝트를 진행해 보자. 망델브로 집합Mandelbrot Set이나 줄리아 집합Julia Set 같은 프랙탈을 컴퓨터 그래픽 프로그램을 이용하여 생성하거나 직접 그려보는 활동을 하며, 이 과정에서 프랙탈의 자기 유사성을 관찰하고, 그 복잡성과 수학적 아름다움을 경험해 보자.
- 카오스 이론을 활용한 프로그래밍 과제를 진행해 보자. 다양한 프로그래밍 언어를 사용하여 망델브로 집합이나 줄리아 집합을 시각화하고, 나비 효과를 시뮬레이션하며, 이 과정을 통해 비선형 시스템의 복잡성과 예측 불가능성을 직접 확인해 보자.
- 카오스 이론을 적용하여 사회 시스템과 경제 시스템의 비선형성과 복잡성을 탐구해 보자. 구체적으로 전 세계적 경제 변화나 사회적 동향에서 나비 효과와 같은 예측 불가능한 요소를 찾아, 카오스 이론이 사회 현상을 설명하는 데 어떻게 활용될 수 있는지 알아보고 모둠별로 토론해 보자.
- 생태계는 다양한 종이 상호작용하는 복잡한 시스템으로, 개체군 역학, 종 다양성, 생태계의 안정성 등을 이해하는 데 카오스 이론이 활용될 수 있다. 카오스 이론을 적용하여 환경 관리와 보존 분야에서 지속 가능한 생태 관리 전략을 개발해 보자.

함께 읽으면 좋은 책

제레미 리프킨 **《엔트로피》** 세종연구원, 2015

스튜어트 A. 카우프만 **《무질서가 만든 질서》** 알에이치코리아, 2021

제임스 글릭 **《인포메이션》** 동아시아, 2017

스물여섯 번째 책

미래를 바꾼 아홉 가지 알고리즘

존 맥코믹 ▸ 에이콘

컴퓨터와 인터넷은 현대 사회에서 중요한 역할을 하며, 스마트폰 사용, 웹 검색, 온라인 쇼핑, 소셜 미디어 등 우리가 일상적으로 사용하는 기술의 배경에는 복잡한 알고리즘이 있습니다. 컴퓨터 과학 분야 연구자이자 교육자인 존 맥코믹John MacCormick이 쓴 《미래를 바꾼 아홉 가지 알고리즘》은 이러한 기술의 핵심을 이루는 아홉 가지 중요한 알고리즘을 소개하는 책입니다.

이 책은 이들 알고리즘이 컴퓨터 과학의 발전과 함께 어떻게 진화했는지, 현대 사회에서 어떤 역할을 하는지에 대해 자세히 설명해 줍니다. 책을 통해 알고리즘이 우리 미래에 미칠 영향을 더 깊이 이해할 수 있게 될 것입니다.

사용자의 의도와 맥락을 이해하는 검색 알고리즘

검색 엔진은 인터넷에서 정보를 검색해 사용자에게 제공하는 시스템입니다. 어떤 원리로 검색 엔진은 사용자가 원하는 페이지를 찾아 알려주는 걸까요? 대표적인 검색 알고리즘인 페이지랭크PageRank가 있습니다. 페이지랭크는 웹 페이지 간의 링크 구조를 분석해 각 페이지의 중요성을 평가하여 검색 노출의 순위를 정하는 알고리즘입니다. 페이지랭크는 다른 페이지로부터 받은 링크의 수와 그 페이지의 중요도를 고려해 점수를 부여하는데, 중요한 페이지로부터 링크를 많이 받을수록 페이지랭크가 높아집니다. 이때 링크의 수뿐만 아니라 출처와 의미도 평가의 요소가 됩니다.

페이지랭크는 검색 결과의 일부 요소로, 검색어와 관련된 키워드, 페이지 내용, 메타데이터 등도 함께 고려합니다. 검색 엔진은 이제 단순한 키워드 검색을 넘어 사용자의 의도와 맥락을 이해하며 운용되고 있으며, 이를 위해 기계 학습과 인공지능 기술을 활용하고 있습니다.

보안과 프라이버시를 위한 필수 기술, 암호화

인터넷 시대에 데이터 보안과 프라이버시 유지에 중요한 역할을 하는 것이 있는데, 바로 암호화입니다. 암호화 방식에는 대칭 키와 공개 키 암호화가 있습니다. 대칭 키 암호화는 암호화와 복호화에 같은 키를 사용하지만, 키 교환 시 보안 문제가 발생할 수 있습니다. 공개 키 암호화는 서로 다른 두 개의 키(공개 키와 개인 키)를 사용해 이러한 문제를 해결합니다. 대표적인 공개 키 암호화 방식인 RSA 알고리즘은 두 개의 큰 소수를 곱하여 키를 생성하며, 공개 키는 암호화, 개인 키는 복호화에 사용됩니다. RSA는 소인수분해의 복잡성에 기반하여 보안을 유지하며, 안전한 통신과 데이터 보호, 전자 서명, 디지털 인증에 활용됩니다. 전자 서명은 개인 키로 서명하고 공개 키로 검증하여 데이터의 무결성과 진위성을 확인합니다.

데이터의 오류를 막는 오류 정정 알고리즘

오류 정정 코드란 컴퓨터 데이터에서 오류를 검출해 정정하는 알고리즘을 말합니다. 데이터 전송 또는 저장 과정에서 발생하는 오류를 감지하고 수정하는 기술로, 디지털 통신과 데이터 저장에서 중요한 역할을 합니다. 전기적 간섭, 신호 약화 등으로 데이터가 손상되는 것을 방지하고 데이터의 신뢰성을 높입니다.

기본적인 오류 감지 방법으로 데이터의 비트 수가 짝수인지 홀수인지 확인해 오류를 감지하는 '패리티 비트'가 있습니다. 그러나 이는 단순한 오류 감지에만 유용하고, 정정에는 한계가 있습니다. 좀 더 복잡한 방식이긴 하나 '해밍 코드'는 추가 비트를 사용해 오류 발생 위치를 식별하고 이를 수정할 수 있습니다.

인공지능 분야에서 더 중요해진 패턴 인식

패턴 인식은 다양한 데이터에서 특정 패턴이나 특징을 식별하는 알고리즘으로, 컴퓨터 과학과 인공지능 분야에서 특히 중요하며 여러 분야에서 활용됩니다. 이는 텍스트, 이미지, 음성 등 다양한 데이터 유형에서 반복되는 구조를 찾아내는 과정으로, 기계 학습, 컴퓨터 비전, 자연어 처리와 밀접하게 관련됩니다. 이미지 인식은 엣지 감지, 사물 인식, 얼굴 인식 등 이미지를 분석하는 작업이며, OCR(광학 문자 인식)은 이미지에서 텍스트를 추출하는 기술입니다. 패턴 인식 알고리즘은 머신 러닝을 통해 데이터를 학습하고 패턴을 식별하며, 이미지 분류, 음성 인식, 자연어 처리 등에 활용됩니다.

효율적인 정보 저장과 전송을 위한 데이터 압축

데이터 압축은 정보를 보다 적은 용량으로 저장하고 전송하는 알고리즘으로, 네트워크 대역폭과 저장 공간을 절약할 수 있는 방법입니다. 압축은 손실 없는 압축과 손실 압축으로 나뉩니다. 손실 없는 압축은 데이터를 원래대로 복원할 수 있는 방식으로, 허프만 코딩과 런-렝스 인코딩이 대표적입니다. 허프만 코딩은 빈도에 따라 가변 길이의 코드 워드를 할당해 데이터 크기를 줄이고, 런-렝스 인코딩은 반복되는 요소를 하나만 기록해 압축합니다. 손실 압축은 일부 데이터를 삭제해 압축률을 높이는 방식입니다. 예를 들어 사진 압축 기술의 표준인 JPEG는 불필요한 이미지 세부 사항을 제거하고, 음악 등 오디오 데이터 압축 기술 중 하나인 MP3는 인간이 잘 듣지 못하는 주파수를 제거해 파일 크기를 줄입니다.

데이터 저장 관리 시스템, 데이터베이스

데이터베이스는 데이터를 구조화된 방식으로 저장하고 관리하는 시스템으로, 컴퓨터와 인터넷으로 중요한 많은 것이 작동하는 시대에 매우 필수적인 기술입니다. 관계형 데이터베이스, 비관계형 데이터베이스, 그래프 데이터베이스 등 여러 유형이 있으며, 특히 관계형 데이터베이스는 테이블 간의 관계를 정의해 데이터를 구조화하고, 데이터베이스용 하부 언어인 SQL을 사용해 데이터를 관리합니다.

데이터베이스의 핵심 요소 중 하나인 인덱스는 데이터를 빠르게 검색할 수 있도록 돕습니다. 이때 인덱스에서 자주 사용되는 균형 트리 구조인 B-트리는 데이터베이스의 검색, 삽입, 삭제 연산을 효율적으로 처리하며, 대규모 데이터에서도 성능을 유지합니다.

디지털 정보의 무결성과 신원을 보증하는 디지털 서명

디지털 서명은 전자 문서나 메시지의 진위성을 확인하고 무결성을 보장하며, 발신자의 신원을 인증하는 암호화 기술입니다. 종이 문서의 서명처럼 발신자의 확인과 문서의 무결성을 보장하는 역할을 합니다. 디지털 서명은 공개 키 암호화를 이용해 문서를 고유한 해시 값으로 변환하고, 개인 키로 암호화해 서명을 생성합니다. 수신자는 공개 키로 서명을 검증해 문서가 변경되지 않았는지 확인합니다. 또한 전자 인증서는 공인된 기관이 발행할 수 있으며 디지털 서명의 신뢰성을 높입니다.

컴퓨터로 해결할 수 없는 문제들

컴퓨터 과학의 중요한 개념으로 계산 가능성computability과 결정 불가능성undecidability이 있습니다. 계산 가능성은 주어진 문제가 해결 가능한가, 그 문제를 해결할 수 있는 절차나 규칙(알고리즘)이 존재하는가에 관한 것입니다. 예를 들어, 덧셈이나 곱셈과 같은 연산은 계산 가능한 문제입니다. 이렇게 계산 가능한 문제들은 알고리즘으로 해결할 수 있으며, 컴퓨터는 이런 작업을 잘 수행할 수 있습니다.

반면 결정 불가능성은 어떤 문제를 해결할 수 있는 알고리즘이 존재하지 않다는 뜻입니다. 이는 컴퓨터의 한계를 나타냅니다. 가장 대표적인 예로는 '정지 문제Halting Problem'가 있습니다. 정지 문제란 임의의 프로그램이 주어졌을 때, 그 프로그램이 무한히 실행될지 아니면 실행이 멈출지를 예측하는 문제입니다. 이 문제는 수학적으로 풀 수 없는 것으로 증명되었고, 이는 컴퓨터가 모든 문제를 해결할 수 없다는 것을 의미합니다.

계산 가능한 문제는 알고리즘으로 해결할 수 있습니다. 하지만 아무리 많은 알고리즘이 개발되더라도 컴퓨터로 해결할 수 없는 문제는 존재하기 마련입니다. 저자는 이러한 한계를 통해 컴퓨터 과학의 본질적인 경계를 탐구하며, 이는 인간이 해결하고자 하는 문제의 복잡성을 이해하는 데 중요한 개념임을 강조합니다.

《미래를 바꾼 아홉 가지 알고리즘》은 현대 사회에서 중요한 역할을 하는 알고리즘들을 소개하며, 이들 기술이 일상에 어떻게 영향을 미치는지 보여줍니다. 알고리즘은 단순한 기술이 아니라 사회, 비즈니스, 과학 등 우리 사회의 다양한 분야에 영향을 미치는 중요한 요소입니다. 그렇기에 알고리즘의 작동 방식과 한계를 아는 것은 매우 중요합니다. 이 책을 읽고 알고리즘이 우리의 일상에 구체적으로 어떻게 접목되어 있는지 살펴보고, 미래에는 어떤 영향을 미칠지에 대해서도 깊이 생각해 보면 좋겠습니다.

도서 분야	과학	관련 과목	정보과학 계열 교과, 기술 교과	관련 학과	컴퓨터공학 계열

고전 필독서 심화 탐구하기

▸ 기본 개념 및 용어

개념 및 용어	의미
소인수분해	소인수분해Prime Factorization는 주어진 자연수를 소수Prime Number들의 곱으로 분해하는 과정을 말한다. 소수는 1과 자기 자신 외에는 나누어떨어지지 않는 자연수로, 2, 3, 5, 7, 11, 13, 17 등이 있다. 소인수분해는 수학과 컴퓨터 과학에서 중요한 역할을 한다. 각 자연수가 고유한 소수의 곱으로 표현될 수 있다는 소인수분해 정리 또는 소수의 기본정리에 기반하여, 암호화, 특히 RSA 알고리즘 같은 공개 키 암호화 시스템에서 핵심적인 역할을 한다. RSA에서는 큰 수를 소인수분해하는 것이 매우 어렵다는 점을 이용하여 보안을 유지한다. 즉, 어떤 큰 수가 소수들의 곱으로 이루어졌을 때, 그 소수를 찾는 것이 매우 복잡하고 시간이 많이 걸리기 때문에, 이를 기반으로 보안이 보장된다.
대칭 키와 공개 키	대칭 키와 공개 키는 암호화에서 데이터를 보호하고 보안을 유지하는 두 가지 주요 방식이다. 각 방법은 데이터를 암호화하고 복호화하는 과정에서 사용하는 키key와 그 작동 방식에 따라 구분된다. 　대칭 키 암호화에서는 동일한 키를 사용하여 데이터를 암호화하고 복호화한다. 즉, 데이터의 송신자와 수신자가 동일한 키를 공유하며, 이 키를 사용하여 메시지를 암호화하고 해독한다. 공개 키 암호화에서는 서로 다른 두 개의 키, 즉 공개 키와 개인 키를 사용한다. 공개 키는 누구에게나 공개될 수 있으며, 이를 사용하여 데이터를 암호화한다. 개인 키는 비밀로 유지되며, 이를 사용하여 데이터를 복호화한다.

패리티 비트	패리티 비트Parity Bit는 데이터의 오류 감지를 위해 추가되는 비트이다. 데이터 전송 또는 저장 시 오류가 발생할 수 있는데, 이러한 오류를 감지하기 위해 패리티 비트를 추가하여 사용한다. 패리티는 데이터 블록에서 '1' 비트의 수를 기준으로 결정된다. 짝수 페리티의 경우, 데이터 블록에서 '1' 비트의 수가 짝수가 되도록 패리티 비트를 설정한다. 예를 들어, 7비트 데이터 1011001은 '1' 비트의 수가 4개로 짝수이다. 여기에 짝수 패리티 비트를 추가하면 10110010이 된다. 홀수 패리티의 경우, 데이터 블록에서 '1' 비트의 수가 홀수가 되도록 패리티 비트를 설정한다. 같은 데이터 1011001의 경우, 홀수 패리티에서는 '1' 비트가 홀수가 되도록 10110011이 된다. 패리티 비트는 데이터 전송 중에 발생할 수 있는 오류를 감지하는 오류 검출 코드로 사용된다. 예를 들어, 네트워크나 저장 매체에서 패리티 비트를 통해 데이터가 손상되었는지 간단하게 확인할 수 있다.
해밍 코드	해밍 코드Hamming Code는 오류 감지 및 오류 정정을 위한 데이터 인코딩 방법이다. 이 코드는 데이터 전송이나 저장 과정에서 발생할 수 있는 오류를 감지하고, 심지어 이를 자동으로 정정할 수 있다. 해밍 코드는 리처드 해밍Richard Hamming이 개발한 것으로, 디지털 통신과 데이터 저장 분야에 널리 사용된다.

B-트리	B-트리B-tree는 데이터베이스 및 파일 시스템에서 널리 사용되는 균형 트리 자료 구조의 일종이다. B-트리는 빠른 검색, 삽입, 삭제를 가능하게 하면서도 트리의 균형을 유지할 수 있도록 설계되어 있다. 이 자료 구조는 대규모 데이터를 효율적으로 관리할 수 있는 장점 때문에 데이터베이스 시스템 및 파일 시스템에서 중요하게 활용된다. B-트리는 노드가 여러 개의 키와 자식을 가질 수 있는 다진 트리multibranch tree로, B-트리의 각 노드는 일정한 범위 내에서 키를 포함할 수 있으며, 자식 노드도 가질 수 있다. 이는 단순 이진 트리와는 달리, 한 노드에서 여러 개의 분기점을 가지는 특성이 있다. 키Key는 각 노드에 저장되는 값 또는 데이터이다. 키는 일반적으로 정렬된 상태를 유지하며, 이 정렬된 상태는 검색과 연산을 빠르게 수행할 수 있도록 도와준다. 자식Child 노드는 해당 노드의 키와 관련된 하위 구조를 나타낸다. B-트리는 항상 균형을 유지한다. 모든 리프leaf 노드는 동일한 깊이depth를 가지며, 이로 인해 트리의 높이가 최소화된다. 균형을 유지하는 덕분에 검색, 삽입, 삭제 작업이 효율적으로 이루어진다. B-트리의 각 노드는 최소와 최대 키의 개수가 정해져 있다. 이 범위를 유지하기 위해 삽입이나 삭제 시에 노드를 분할하거나 병합할 수 있다.

▸ 시대적 배경 및 사회적 배경 살펴보기

디지털 혁명과 정보 기술의 급속한 발전이 이뤄진 21세기 초에는 인터넷과 개인용 컴퓨터, 모바일 기술, 클라우드 컴퓨팅, 빅데이터, 인공지능, 암호화 기술 등이 급격히 발달하고 확산 및 보급되었다.

인터넷은 20세기 후반부터 21세기 초반에 걸쳐 세계적으로 확산되었는데, 이는 전 세계 사람들이 디지털 정보를 공유하고 커뮤니케이션하는 방식을 혁신적으로 변화시켰다. 개인용 컴퓨터의 등장과 이후 스마트폰 등의 모바일 기술 발전은 정보 기술의 접근성을 크게 높였는데, 이는 일반인들이 컴퓨터 과학 기술을 일상적으로 활용하게 하는 데 큰 영향을 미쳤다. 이러한 흐름 속에 디지털 데이터의 양도 기하급수적으로 증가했으며, 이에 따라 데이터 저장, 관리, 분석, 보안 등의 기술이 중요한 과제가 되었다.

정보 기술이 경제, 사회, 문화, 정치 등 다양한 분야에서 중추적인 역할을 하는 정보 사회로 본격적으로 접어들었다는 것은 알고리즘이 우리 삶의 다양한 측면에 깊이 관여하게 되는 시대가 되었음을 의미한다.

전자 상거래와 디지털 경제의 확산은 알고리즘이 비즈니스와 경제에 중요한 역할을 하게 했다. 이때 검색 엔진, 암호화, 디지털 서명 등은 이러한 디지털 경제의 핵심 요소가 되었다. 또한 인터넷과 디지털 기술의 발전은 동시에 프라이버시와 보안에 대한 새로운 도전을 가져왔다. 암호화 기술과 오류 정정 알고리즘은 이러한 문제를 해결하는 데 중요한 역할을 하게 되었다. 더불어 소셜 미디어의 확산은 알고리즘의 사회적 상호작용과 커뮤니케이션을 주도하는 역할을 강조했다. 검색 알고리즘, 패턴 인식, 그래프 알고리즘 등이 이 분야에서 중요한 역할을 하고 있다.

현재에 적용하기

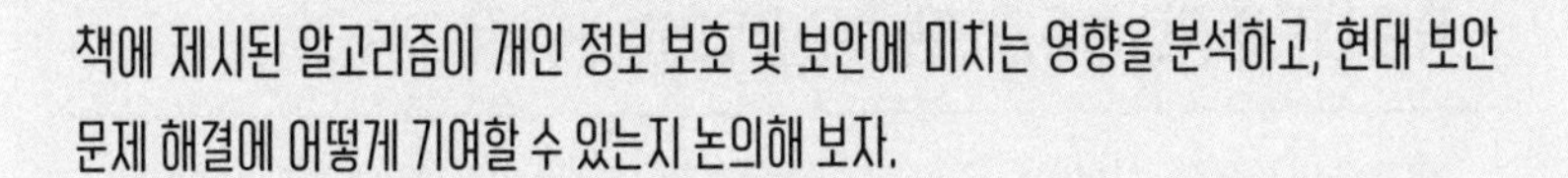

책에 제시된 알고리즘이 개인 정보 보호 및 보안에 미치는 영향을 분석하고, 현대 보안 문제 해결에 어떻게 기여할 수 있는지 논의해 보자.

생기부 진로 활동 및 과세특 활용하기

▸ 책의 내용을 진로 활동과 연관 지은 경우(희망 진로: 컴퓨터공학과)

'미래를 바꾼 아홉 가지 알고리즘(존 맥코믹)'을 통해, 알고리즘이 사회에 미치는 영향을 탐구하여 알고리즘이 현대 사회의 다양한 방면에서 어떤 역할을 하고, 이로 인해 사회 구조와 인간 행동이 어떻게 변화하는지를 밝혀냄. 소셜 미디어 알고리즘이 여론, 정보 확산, 선거에 미치는 영향과 검색 엔진 알고리즘이 정보 접근성과 정보 격차에 미치는 영향을 상세하게 파악해 냄. 공정성, 편향, 개인 정보 보호 문제 등에 관한 알고리즘의 문제들을 제시하고, 이에 대한 토론을 직접 진행하여 알고리즘 사용에 따른 윤리적 문제들에 대한 다양한 의견을 수집하고 공유함. 인종, 성별, 사회적 지위에 따른 알고리즘의 편향이 발생할 수 있음을 제시하고, 사용자 추적, 프라이버시 침해와 같은 개인 정보 보호의 문제가 발생할 수 있음을 설명함. 알고리즘 사용에 따른 사회적 책임의 중요성을 강조하고, 알고리즘을 개발하고 사용하는 기업과 기관이 사회적 책임을 어떻게 이행하고 있는지, 그리고 알고리즘의 부정적인 영향에 대해 어떻게 대처해야 하는지에 대한 자신의 생각을 논리적으로 제시함.

▸ 책의 내용을 정보과학 계열 교과와 연관 지은 경우

프로그래밍 알고리즘의 기본 개념을 소개하고, 알고리즘의 작동 원리를 이해하기 쉽게 설명함. 알고리즘의 정의와 역사를 설명하고, 검색 엔진, 암호화, 소셜 미디어 추천 등 일상생활에서 알고리즘이 적용되는 예시들을 제시함. '미래를 바꾼 아홉 가지 알고리즘(존 맥코믹)'에서 소개된 아홉 가지 알고리즘을 설명하고, 각 알고리즘의 원리와 응용 분야를 탐구함. 특히 알고리즘을 데이터 분석에 어떻게 적용하는지 탐구하여 그 내용을 제시함. 빅데이터나 기계 학습과 같은 데이터 과학 분야에 응용될 수 있음을 설명하고. 데이터 분석에 클러스터링 및 회귀 분석과 같은 알고리즘이 사용됨을 소개함. 소개한 알고리즘의 일부를 직접 개발하여 구현해 냄. 알고리즘을 설계하고, 이를 파이썬으로 구현한 후 알고리즘의 효율성을 평가하여 성능을 개선하는 방법을 찾아냄.

후속 활동으로 나아가기

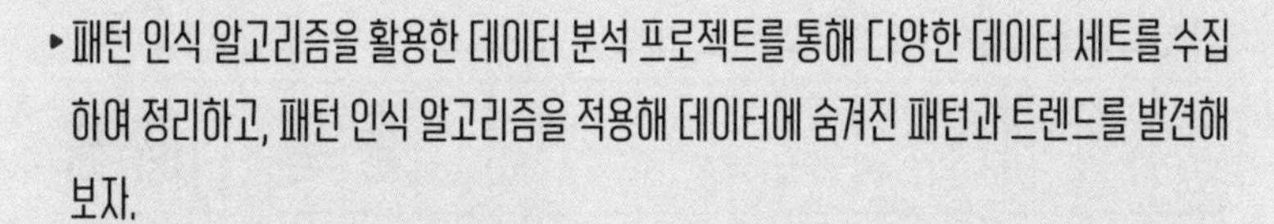

- 패턴 인식 알고리즘을 활용한 데이터 분석 프로젝트를 통해 다양한 데이터 세트를 수집하여 정리하고, 패턴 인식 알고리즘을 적용해 데이터에 숨겨진 패턴과 트렌드를 발견해 보자.
- 검색 엔진 알고리즘을 구현하여 간단한 웹사이트를 설계하고 개발해 보는 등 검색 엔진 알고리즘을 활용한 활동을 진행해 보자.

함께 읽으면 좋은 책

롤랜드 백하우스 《논리적 사고를 기르는 알고리즘 수업》 인사이트, 2024

브라이언 크리스천 외 1인 《알고리즘, 인생을 계산하다》 청림출판, 2018

스물일곱 번째 책

동물 해방

피터 싱어 ▸ 연암서가

《동물 해방》은 동물 윤리와 동물 권리 운동의 기초를 다진 기념비적인 작품입니다. 이 책을 쓴 피터 싱어Peter Albert David Singer는 공리주의 원리를 바탕으로 하는 실천 윤리학자로, 동물 해방론을 주장한 인물입니다. 그는 이 책을 통해 동물과 인간의 관계를 새로운 시각으로 바라볼 수 있게 했습니다. 1975년 처음 출간된 이래 이 책은 다양한 분야의 사람들에게 동물에 대한 태도를 재고하는 계기를 만들어 주었으며, 종 차별주의라는 개념을 통해 인간 중심주의의 한계를 부각시켰습니다.

《동물 해방》이 전달하고자 하는 메시지는 명확합니다. 인간이 동물을 대하는 방식이 종종 부당하고 비윤리적이라는 것입니다. 저자는 우리가 동물과 인간을 구분하고 인간에게만 특권을 부여하는 행위를 종 차별주의speciesism로 규정합니다. 그리고 이는 인종차별이나 성차별처럼, 비합리적인 차별이라는 관점에서 비판받아야 한다고 주장합니다.

동물이 고통받는 것은 정당한가

책의 서두에서는 동물 실험과 공장식 축산업의 문제점이 강조됩니다. 저자는 동물 실험을 과학적 목적을 위한 불가피한 것으로 간주하는 것은 인간의 이익을 위해 동물의 고통을 정당화하는 것이 아닌지 의문을 제기합니다. 그는 이러한 실험이 종종 동물의 고통을 무시하거나 최소화하기 위한 노력 없이 진행된다는 점을 지적합니다. 특히 공장식 축산업의 현장에서 동물들이 좁은 공간에 비위생적이고 비인륜적인 환경에 둘러싸여 있는 점을 지적하며, 이는 경제적 이익을 위해 동물의 복지를 철저하게 무시하는 행위라고 비판합니다.

저자의 철학적 기반은 공리주의입니다. 도덕적 판단의 기준은 고통을 느끼는 능력에 있으며, 동물이 인간과 마찬가지로 고통을 느낄 수 있다면 그들의 고통을 무시하는 것은 잘못된 것이라는 논리입니다. 이 관점에서 보면, 인간의 이익을 위해 동물을 희생시키는 것은 도덕적이지 않은 것입니다. 따라서 저자는 채식주의나 비건

라이프 스타일과 같은 선택을 하는 것이 도덕적 일관성을 유지하는 방법이라고 제안합니다.

동물 해방의 근거가 되는 공리주의 철학

피터 싱어의 《동물 해방》에서 공리주의는 책의 핵심이 되는 철학적 토대이며, 동물 해방을 논의하는 데 중요한 역할을 합니다. 공리주의는 행위의 도덕적 가치를 그 행위가 초래하는 결과, 특히 고통과 행복에 기반하여 판단하는 철학적 이론입니다. 그러니까 공리주의에 따르면 최선의 행위는 가능한 한 많은 행복을 창출하고 고통을 최소화하는 것입니다. 이러한 공리주의 철학 개념은 제레미 벤담Jeremy Bentham과 존 스튜어트 밀John Stuart Mill과 같은 철학자들의 사상에 기초하고 있습니다.

공리주의자들은 최대한 많은 사람들에게 행복(쾌락)을 주고 고통을 줄이는 것이 선이라고 생각합니다. 이들은 어떤 행동이 최대한의 행복을 창출하고 최소한의 고통을 유발하는지를 기준으로 그 행동의 도덕적 가치를 평가합니다.

'문제가 되는 것은 그들이 이성적인가, 그들이 말을 할 수 있는가가 아니라, 그들이 고통을 느낄 수 있는가이다'라는 공리주의 철학자 벤담의 말은 저자에게 큰 영향을 미칩니다. 이 말은 도덕적 고려의 기준을 이성과 언어의 능력이 아닌 고통을 느낄 수 있는가 없는

가에 두고 있음을 의미합니다.

저자는 인간의 고통과 동물의 고통을 동일한 도덕적 기준으로 다루어야 한다고 주장합니다. 그는 한 종이 다른 종보다 우월하다는 이유로 그들의 고통을 무시하는 것은 잘못된 태도라며, 종 차별주의를 비판합니다. 공리주의는 이러한 종 차별주의에 반대하며, 어떤 존재가 고통을 느낄 수 있다면, 도덕적인 배려를 받을 자격이 충분하다고 강조합니다. 이에 따르면 인간뿐 아니라 동물도 도덕적 배려의 대상이 됩니다.

《동물 해방》에서 공리주의는 동물 실험, 공장식 축산, 사육 방식 등에서 발생하는 동물의 고통을 도덕적 관점에서 비판하는 근거를 제공합니다. 저자는 공리주의적 관점에서 이러한 행위가 인간에게 이익을 제공할 수 있지만, 동물에게 엄청난 고통을 유발하기 때문에 도덕적으로 올바르지 못하다고 주장합니다. 따라서 동물의 고통을 최소화하고 행복을 극대화하는 방법을 찾아야 한다는 것이 그의 입장입니다.

이러한 공리주의적 원칙은 동물 권리 운동의 토대가 되며, 사람들이 동물에 대한 태도를 바꾸고 행동을 변화시키는 동기를 제공합니다. 채식주의, 비건 생활 방식, 동물 실험 반대 등의 운동은 이러한 공리주의적 접근 방식에 기반을 두고, 동물의 고통을 최소화하고 동물의 복지를 증진시키는 방법이 됩니다.

동물 해방을 위해 우리가 할 수 있는 일들

이 책의 후반부에서는 동물 해방을 위한 다양한 실천 방법이 제시되어 있습니다. 개인의 소비 습관을 바꾸고, 동물 복지를 지원하며, 동물 실험을 줄이기 위한 사회적 · 법적 변화를 지지하는 행동을 통해 동물 해방에 기여할 수 있다고 저자는 이야기합니다. 싱어는 동물에 대한 태도 변화를 이끌어 내기 위해서는 개개인의 작은 행동의 변화가 큰 변화를 만들 수 있다고 강조합니다.

《동물 해방》을 읽고 나면 동물의 도덕적 지위에 대해 다시 한번 생각하고, 일상생활에서 동물을 배려할 수 있는 방법을 고민하게 됩니다. 단순히 동물을 사랑하거나 동물의 권리를 지지하는 것 이상으로, 인간과 동물 사이의 공존에 대해 진지하게 성찰하게 됩니다. 이 책은 도덕적 진보가 어떻게 이뤄질 수 있는지, 그리고 그 과정에서 우리가 어떤 역할을 할 수 있는지 방향을 제시해 줍니다. 《동물 해방》이 우리에게 주는 큰 의미입니다.

도서 분야	과학	관련 과목	생명과학 계열 교과	관련 학과	수의학 계열, 생명과학 계열

고전 필독서 심화 탐구하기

▸ 기본 개념 및 용어

개념 및 용어	의미
종 차별주의	종 차별주의speciesism는 인간이 종의 차이를 근거로 다른 동물들을 부당하게 대우하거나, 그들의 고통을 무시하는 태도를 설명할 때 사용된다. 종 차별주의는 인종차별이나 성차별처럼, 특정 그룹을 우월하거나 열등하게 여기는 행위로 간주된다.
제레미 벤담	제레미 벤담Jeremy Bentham, 1748-1832은 영국의 철학자이자 법학자로, 공리주의utilitarianism 철학의 선구자 중 하나다. 그는 철학적 이론과 사회 개혁을 연결하여 공리주의의 원리를 사회 제도에 적용하는 데 주력했다. 벤담의 핵심 철학적 개념은 '최대 다수의 최대 행복the greatest happiness of the greatest number'이며, 이는 행위의 도덕적 가치를 그 행위가 만들어 내는 결과에 따라 평가하는 원칙이다. 벤담은 법률, 경제, 정치, 형사 사법 시스템 등 다양한 분야에 공리주의를 적용하는 데 관심이 많았다. 그는 판옵티콘panopticon이라는 교도소 설계 개념을 제안하기도 했는데, 이는 중앙에서 모든 수감자를 관찰할 수 있는 구조로, 교도소 운영의 효율성을 높이고자 하는 의도였다. 벤담은 그의 철학적 업적뿐 아니라 사회 개혁에 대한 기여로도 유명하다. 그는 형법 개혁, 여성 권리, 노예제 폐지, 동물 복지 등에 대한 진보적인 입장을 지지했고, 사회적 이익을 극대화하는 방향으로 제도를 개선하려는 노력을 기울였다. 그의 아이디어는 이후의 공리주의 철학자들과 사회 개혁 운동에 큰 영향을 미쳤다.

개념 및 용어	의미
존 스튜어트 밀	존 스튜어트 밀John Stuart Mill, 1806-1873은 영국의 철학자, 경제학자, 정치 이론가, 사회 개혁가로, 공리주의와 자유주의의 대표 인물이다. 그는 제레미 벤담Jeremy Bentham의 공리주의 이론을 발전시키고 확장하는 데 크게 기여했으며, 그의 철학적 저작들은 정치 철학과 윤리학에 지대한 영향을 미쳤다. 밀은 벤담의 공리주의를 발전시키면서, 단순히 쾌락의 양만을 고려하는 벤담의 접근 방식을 넘어서, 쾌락의 질을 강조했다. 밀은 질적으로 더 나은 쾌락이 있다고 주장하며, 도덕적 판단에서 이러한 질적 요소를 고려해야 한다고 제안했다. 그의 가장 유명한 말 중 하나는 '차라리 불만을 가진 소크라테스가 되는 것이, 만족한 바보가 되는 것보다 낫다'인데, 이는 고차원적이고 지적인 쾌락이 육체적이고 단순한 쾌락보다 더 높은 가치를 지닌다는 그의 견해를 반영한다. 밀은 또한 자유주의의 핵심 원칙을 제시한 '자유론On Liberty'으로도 유명하다. 이 책에서 그는 개인의 자유와 사회적 간섭의 한계를 다루며, '타인에게 해를 끼치지 않는 한, 개인은 자유로워야 한다'는 해악 원칙harm principle을 제시한다. 이 원칙은 개인의 권리와 사회적 규제 사이의 균형을 찾는 데 중요한 기준이 되었으며, 현대 자유주의의 기초를 형성했다. 또한 밀은 '여성의 종속The Subjection of Women'에서 여성의 권리를 옹호하고, 남녀평등을 지지한 초기 페미니즘의 옹호자였다. 그는 여성에게 투표권과 교육 기회를 제공해야 한다고 주장하며, 사회가 여성에게 부과하는 제약을 비판했다. 밀은 그의 저서 '정치경제학 원리Principles of Political Economy'를 통해 경제학 분야에도 영향을 끼쳤다. 그는 경제적 효율성과 사회적 공정성을 조화시키는 데 관심이 많았으며, 부의 불평등을 줄이기 위한 다양한 제안을 내놓았다.

▸ 시대적 배경 및 사회적 배경 살펴보기

피터 싱어의 '동물 해방'은 1975년에 출간되었다. 이 시기는 동물 권리 운동이 시작되던 때로, 사회적 인식의 변화와 여러 진보적 운동의 영향을 받은 시기였다.

실제로 1960년대와 1970년대에는 다양한 사회적 운동이 급증했다. 인권 운동, 여성 운동, 반전 운동, 환경 운동 등이 활발하게 일어났으며, 이러한 운동은 개인의 권리와 사회 정의에 대한 인식을 높였다. 이러한 분위기에서 동물에 대한 윤리적 대우와 권리에 대한 관심도 증가했다. 또한 1970년대는 환경 의식이 높아지던 때였다. 1970년에 첫 번째 '지구의 날Earth Day' 기념식이 개최되었고, 환경 문제에 대한 사람들의 관심이 증폭되면서 동물과 인간이 공유하는 환경에 대한 새로운 시각이 대두되었다.

동물 복지에 대한 관심도 높아지기 시작했는데, 영국에서는 1960년대에 동물 실험과 관련된 규제가 강화되었으며, 미국에서도 1966년 동물 복지법이 통과되었다. 이 같은 움직임은 동물에 대한 사회적 인식을 변화시키는 데 크게 영향을 끼쳤다.

1970년대 초반까지 계속된 베트남 전쟁과 반전 운동으로 촉발된 사회적 불안은 더 나은 세상을 만들기 위한 다양한 운동으로 이어졌으며, 동물 권리 운동도 그중 하나였다. 채식주의와 비건 운동도 이 시기에 점차 확산되었는데, 동물 복지와 환경 문제에 대한 관심이 증가하면서, 많은 사람들이 식단에서 동물성 식품을 줄이는 선택을 하게 되었다. 이는 동물을 어떻게 대할 것인가에 관한 윤리적 논의를 촉진했다.

현재에 적용하기

동물 보호 법률 강화, 공장식 축산업 규제, 동물 학대 처벌 강화 등 동물의 권리와 복지를 개선하는 데 기여하는 방안에 대해 토론해 보자.

생기부 진로 활동 및 과세특 활용하기

▸ 책의 내용을 진로 활동과 연관 지은 경우(희망 진로: 수의학과)

'동물 해방(피터 싱어)'을 통해 동물 권리와 윤리적 대우에 대한 철학적 논의를 소개하며, 현대 사회에서 동물의 지위에 대한 재고의 필요성을 설득력 있게 제시함. '종 차별주의'를 비판하며 동물도 고통을 느낄 수 있다는 점에서 도덕적 고려의 대상이 되어야 한다고 주장하고, 피터 싱어의 '공리주의'를 근거로 제시하여 주장을 뒷받침함. 공장식 축산의 문제점을 분석하고, 동물 복지의 개념을 탐구함. 공장식 축산과 이러한 축산업이 동물 복지에 미치는 영향을 조사하여 윤리적 생산 방식을 제안함. 특히 윤리적 축산 및 동물 복지 인증 제도의 효과와 한계점을 제시하며 동물 복지에 대한 소비자의 역할 및 윤리적 소비가 무엇보다 중요함을 강조함. 더 나아가 동물 보호 법률의 필요성을 주장하며, 동물 권리를 보호하기 위한 주요 법률 및 정책에 대한 아이디어를 제시하고 동물 복지와 동물 권리를 개선하기 위한 사회적 운동 및 정책을 제안하는 모습을 보여줌.

▸ 책의 내용을 생명과학 계열 교과와 연관 지은 경우

동물 실험의 목적과 윤리적 문제에 대해 탐구를 진행함. '동물 해방(피터 싱어)'에서 제기된 동물 실험의 문제점을 파악하고 그에 대한 윤리적 대응 방안을 제시함. 동물 실험의 대안 기술들을 소개하여 동물 실험에 수반되는 윤리적 문제를 해결함과 동시에 과학적 연구의 정확성과 효율성을 높일 수 있음을 설명함. 인간의 세포를 사용한 인공 조직이나 장기를 이용할 경우 인간의 생리학적 특성에 더 부합하는 실험 결과를 얻을 수 있음을 강조함. 새롭게 각광 받고 있는 기술인 '오가노이드'를 소개하고, 줄기세포로부터 특정 장기나 조직의 작은 모델을 만들어 인체의 구조와 기능을 모방할 수 있음을 설명함. 이 기술을 새로운 약물이나 치료법의 효과를 테스트하는 데 사용하여, 동물 실험에 의존하지 않고도 정확한 데이터를 얻을 수 있음을 설명함. 컴퓨터 시뮬레이션 및 인실리코 실험, 인체 기반 실험 및 인비트로 등 다양한 기술들을 제시하여 동물 실험의 필요성에 대한 의문을 제기함.

후속 활동으로 나아가기

- 책에서 제기된 종 차별주의, 동물 실험, 공장식 축산업 등의 주제에 대해 토론하고, '동물의 권리와 윤리적 소비'에 초점을 맞춰 자신의 의견을 정리하고 공유해 보자.
- 동물 권리와 복지에 관한 다큐멘터리나 영화를 시청한 후, 시각적인 자료를 활용하여 '동물 해방'에 대해 설득하는 발표를 진행해 보자.
- 동물 실험의 문제점, 공장식 축산업의 영향, 동물 권리 운동의 역사 등에 대해 조사하고 발표해 보자. 또 동물 복지 개선을 위한 아이디어를 제안하고, 이를 학교나 지역에서 구현할 수 있는 방법을 찾아 보자.
- 직접 비건 요리를 만들어 먹어 보고 레시피를 공유해 보자. 이를 통해 채식주의의 이점과 이것이 동물 복지에 미치는 영향에 대해 생각하고 정리해 보자.

함께 읽으면 좋은 책

카타르지나 드 라자리-라덱 외 1인 **《공리주의 입문》** 울력, 2019

피터 싱어 **《모든 동물은 평등하다》** 오월의 봄, 2013

스물여덟 번째 책

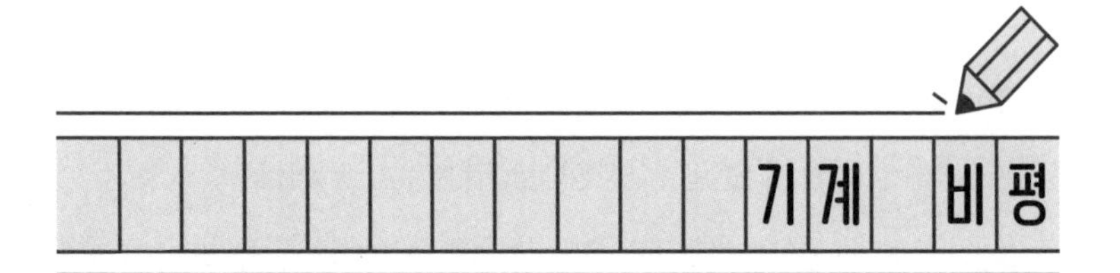

이영준 ▸ 워크룸프레스

저자 이영준은 국내에서 기계 비평이라는 독창적인 분야를 개척한 비평가이자 학자입니다. 저자는 기계와 테크놀로지에 대한 열정으로 서울대학교 자연과학대학에 입학했지만, 이후 인문학적 사유로 방향을 바꾸어 대학원에서 미학을 전공합니다. 이 독특한 이력을 바탕으로 그는 기계와 인간의 관계를 미학적, 철학적으로 탐구하며, 기계를 둘러싼 역사적, 문화적 의미를 성찰하는 '기계 비평'을 발전시킵니다.

사진 비평가로도 활동한 이영준은 기계 비평 외에도 이미지를 통한 비평적 사유를 계속해 나가고 있습니다. 그의 비평은 단순한 학술적 연구를 넘어선 인간적이고 진정성 있는 접근이 특징입니다.

특히 기계에 대한 그의 열정과 비평적 성찰은 독자들에게 흥미로운 시각을 제공합니다. 새로운 영역을 창조적으로 개척한 그가 한국에서 기계 비평의 선구자로 평가받는 것은 어찌 보면 당연한 일입니다.

이 책에서 저자는 기계와 인간, 기술과 문화의 상호작용을 심도 있게 분석해 냅니다. 기계 비평의 필요성과 기계와 인간의 관계에 대한 통찰력 있는 서술로, 그는 기술이 우리의 삶에 어떤 의미를 부여하는지, 그리고 우리의 삶이 기술에 의해 어떻게 변화되는지를 생각하게 만듭니다.

기계와 인간의 관계에 대한 성찰

《기계 비평》에서 이영준은 기계를 단순한 도구로 바라보지 않고, 그것을 인간 문화와 문명의 일환으로 바라봅니다. 저자는 기계가 인간에게 미치는 영향과 그 기계의 역사적 · 문화적 의미를 심도 있게 탐구함과 동시에 기계와 인간이 맺는 관계에서 드러나는 이원성을 강조합니다.

예를 들어, 기차는 겉으로는 편안한 좌석과 승객들의 이동 수단으로 기능하지만, 그 이면에는 엄청난 동력과 복잡한 메커니즘을 숨기고 있습니다. 저자는 바로 이 보이지 않는 부분을 탐구하고, 그 이면의 작동 원리를 비평적 담론으로 풀어내며 독자들에게 새로운 관점을 제공합니다.

저자가 바라본 기계는 인간이 만든 창조물임에도 불구하고, 시간이 지나면서 인간에게서 독립된 자율적 존재처럼 변해갑니다. 저자는 이러한 기계와 인간의 관계는 단순히 기술적 기능에만 머물지 않고, 우리가 어떻게 기계를 사용하고 이해하는지에 따라 그 의미가 변화할 수 있다고 설명합니다. 이를 통해 우리가 기계를 대할 때, 그것을 단순한 효율성의 도구로만 볼 것이 아니라, 그 기계가 품고 있는 역사적, 문화적, 미학적 측면을 함께 고려해야 한다는 점을 알 수 있습니다.

기계 비평이라는 새로운 분야

《기계 비평》은 제목 그대로 기계와 관련된 비평을 개척한 첫 번째 책입니다. 기계와 관련된 담론은 주로 기술적 분석에 그치는 경우가 대부분이지만, 저자는 기계가 지닌 예술적, 철학적 가치에 주목하며 이를 비평의 주제로 삼습니다. 이는 단순한 기술 비평을 넘어서 기계가 인간 문명에 끼친 영향, 그리고 그 안에 내재된 철학적 의미를 끌어내려는 시도라고 볼 수 있습니다.

특히 이 책에서 흥미로운 부분은 저자가 기계와 인간의 상호작용을 역사적 맥락 속에서 바라본다는 점입니다. 기계는 인간이 만들어 냈지만, 그것이 발전하면서 인간의 삶과 사고를 지배하게 되었다는 저자의 통찰은 매우 인상 깊게 다가옵니다.

이는 단순히 기계를 표면적으로 바라보는 것이 아니라, 기계가 사회적, 문화적, 철학적 맥락 속에서 어떻게 발전해 왔는지를 종합적으로 분석하는 것이 중요하다는 저자의 생각을 잘 보여줍니다. 기계 비평이라는 분야가 얼마나 중요한지, 그리고 왜 우리가 이러한 담론을 더욱 발전시켜야 하는지에 관해 저자는 명확히 이야기하고 있습니다.

저자의 개인적 경험과 기계에 대한 애정

저자의 기계에 대한 애정은 단순한 취미나 흥미를 넘어서 그의 삶 전반에 걸쳐 깊이 스며들어 있습니다. 저자는 기계와의 밀접한 경험을 통해 기계 비평을 발전시켜 나갑니다.

예를 들어, 저자가 컨테이너선을 타고 세계를 여행하며 기계를 직접 체험하는 장면은 기계를 이해하고자 하는 저자의 열정을 엿볼 수 있게 합니다. 또한 디젤 기관차에 동승하거나 항공사의 방대한 이미지 아카이브를 며칠 동안 탐색하는 등의 모습은 단순한 학문적 연구를 넘어 깊이 있는 탐구 정신을 보여 줍니다.

이러한 저자의 경험들은 단순히 기계에 대한 지식 축적에 그치지 않고, 기계가 인간에게 주는 감각적 경험, 그리고 그 안에 내재된 의미를 탐구하는 계기로 이어집니다. 저자의 글에서는 기계에 대한 진심 어린 애정과 그로부터 비롯된 비평적 시각이 드러나 있는데,

이는 독자들을 강하게 설득하며 동시에 기계에 대한 새로운 시각을 제시합니다.

기계 비평의 역할과 중요성

《기계 비평》에서 저자는 기계 비평이 단순히 기술적인 비평을 넘어 예술 비평과 동일하게, 보이지 않는 것들을 드러내는 작업이라고 말합니다. 비평가는 작품이 지닌 이면의 의미를 밝혀내고, 그것을 언어로 번역해 독자들에게 전달하는 역할을 합니다. 즉 기계 비평은 예술 작품을 분석하는 것과 유사한 방식으로, 기계가 지닌 복합적인 의미를 탐구하고 해석하는 작업이라는 뜻입니다.

저자가 주장하는 기계 비평의 중요성은 단순히 기술적 분석을 넘어 기계가 지닌 사회적, 역사적 맥락을 파헤치는 데 있습니다. 우리는 빠르게 발전하는 기계 문명 속에서 살아가고 있으며, 그 속에서 기계는 더 이상 단순한 도구가 아닌 인간 삶의 일부로 자리 잡았습니다. 기계 비평은 이러한 기계와 인간의 관계를 더욱 깊이 이해하고, 그 속에서 우리가 나아가야 할 방향을 모색하는 중요한 역할을 합니다.

기계에 대한 한국 사회의 사유 부족

저자는 한국 사회에서 기계와 기술에 대한 비평적 담론이 부족하다는 점을 지적합니다. 한국은 급속한 경제 성장을 이루며 기계와 기술을 효율성과 성과로만 평가해 왔고, 그로 인해 기계가 지닌 문화적, 역사적 의미를 충분히 성찰하지 못했습니다. 저자는 이제 이러한 기계에 대한 사유를 확장해야 할 때라고 주장하며, 기계 비평이 그 출발점이 될 수 있음을 강조합니다.

이영준의 《기계 비평》은 기계와 인간의 관계를 다각적으로 성찰하며, 우리가 기계 문명 속에서 어떤 시각을 가져야 할지 고민하게 만듭니다. 기계는 단순한 도구가 아니라, 우리가 만들어 낸 문화와 문명의 한 축으로서 깊은 의미를 담고 있습니다. 이 책을 통해 여러분 모두가 기계에 대한 새로운 시각을 얻고, 우리 사회에서 기계와 기술에 대한 비평적 담론의 필요성을 느낄 수 있기를 바랍니다.

도서 분야	과학	관련 과목	물리 계열 교과, 기술, 공학 교과	관련 학과	기계공학 계열, 기술공학 계열, 컴퓨터공학 계열

고전 필독서 심화 탐구하기

▸ 기본 개념 및 용어

개념 및 용어	의미
디젤 기관차	디젤 기관차는 디젤 엔진을 동력원으로 사용하는 철도 차량이다. 주로 장거리 화물 운송과 여객 운송에 이용되며, 증기 기관차의 후속으로 등장했다. 디젤 기관차는 내부 연소 기관을 사용하여 연료를 태워 동력을 발생시키고, 그 힘으로 바퀴를 돌려 기차를 움직이게 한다. 디젤 엔진은 비교적 높은 효율성과 장거리에 적합한 성능을 제공하며, 20세기 중반 이후부터 전 세계 철도망에서 널리 사용되기 시작했다. 디젤 기관차는 유지 보수가 용이하고, 전력 공급이 어려운 지역에서도 운행이 가능하다는 장점으로 인해 철도 산업에서 중요한 역할을 맡아왔으나 현대에 들어서 전기 기관차가 널리 보급되면서 그 비중이 줄고 있다. 하지만 여전히 많은 지역에서 사용되고 있다.
이미지 아카이브	이미지 아카이브Image Archive는 다양한 이미지 자료들을 체계적으로 수집, 보관, 분류, 그리고 제공하는 저장소 또는 데이터베이스를 말한다. 이러한 아카이브는 역사적, 문화적, 예술적, 학술적 목적을 위해 사진, 그림, 지도, 포스터 등 시각 자료를 보존하고, 연구자, 예술가, 일반 대중이 접근할 수 있도록 제공한다. 이미지 아카이브는 디지털 형태로 운영되는 경우가 많으며, 물리적 보관이 필요한 자료는 온도, 습도 등을 엄격히 관리하여 보존한다. 이를 통해 원본 자료의 손상을 막고, 디지털화된 이미지를 통해 누구나 쉽게 자료를 검색하고 이용할 수 있게 된다. 아카이브에 포함되는 자료는 주로 역사적 사건, 예술 작품, 과학적 도표, 사회적 현상 등을 기록한 것들로, 이미지의 고유성과 시대적 중요성이 강조된다.

▸ 시대적 배경 및 사회적 배경 살펴보기

이 책은 기술 혁신이 빠르게 진행되고, 디지털 혁명이 일어나며 우리의 일상생활과 사회 전반에 크게 영향을 끼치던 시기에 출간되었다. 컴퓨터, 인터넷, 스마트폰, 로봇 등 다양한 기술이 등장하면서 인간의 삶과 관계, 그리고 사회 구조에도 큰 변화가 일어나고, 단순히 공장이나 산업 분야에만 기술이 사용된 것이 아니라 개인의 삶 속까지 깊숙이 파고들어 일상적인 도구로 자리 잡은 시기였다.

이러한 기술의 발전으로 산업 구조와 노동 환경 또한 크게 변화했다. 자동화, 로봇 공학, 인공지능 등의 기술은 생산성을 높였지만, 동시에 일자리 감소나 인간 노동의 의미 변화 같은 사회적 문제를 야기했다. 디지털 기술이 확산되면서 사람들의 소통 방식도 변화했다. 소셜 미디어, 온라인 커뮤니티, 모바일 애플리케이션 등이 보편화되었고, 사람들은 더 많은 정보를 접할 수 있게 되었지만 이와 동시에 정보 과부하, 프라이버시 문제, 가짜 뉴스 등 새로운 문제들도 생겨났다. 이 책은 이러한 현대 기술 발전의 시대적, 사회적 배경과 그 영향에 대한 비판적 고찰을 담고 있다.

현재에 적용하기

일상에서 접할 수 있는 기계 중 하나를 선정하여 그 기능과 역할을 분석하고, 그 기계가 우리 삶에 미치는 영향을 비판적으로 평가해 보자.

생기부 진로 활동 및 과세특 활용하기

▸ 책의 내용을 진로 활동과 연관 지은 경우(희망 진로: 기계공학과)

기계와 기술의 역사를 탐구하고, 기술이 사회에 미친 영향을 분석함. 이를 통해 기술의 발전이 사회 구조와 문화에 어떤 변화를 가져왔는지 밝혀냄. 산업혁명이 기술과 기계에 어떤 영향을 주었는지, 그리고 그로 인한 도시화, 노동 구조 등의 사회적 변화를 설명함. 정보화 혁명, 디지털 기술, 인터넷과 같은 현대 기술의 발전이 사회에 미친 영향을 분석하여 과거부터 현재까지 기계가 우리의 삶에 큰 부분을 차지했음을 설명함. '기계 비평(이영준)'을 통해 기계와 기술이 예술과 문화에 미친 영향이 무엇인지 알아냄. 기술이 예술 작품, 영화, 음악 등에 어떻게 활용되었는지를 탐구하여 그 내용을 공유함. 키네틱 아트, 디지털 아트와 같이 기술과 기계가 예술 작품에 활용되는 방식을 설명함. 또한 기술이 영화 제작, 특수 효과, 시각 효과 등에 어떻게 적용되었는지 탐구하여, 기술의 예술적 측면을 강조함. 특히 기술이 전자 음악, 디지털 음악 생산 기술과 음악 산업의 발전을 도모하여 예술 산업에도 큰 영향을 미칠 수 있음을 설득력 있게 설명함.

▸ 책의 내용을 기술공학 계열 교과와 연관 지은 경우

'기계 비평(이영준)'에 언급된 기계들을 분석하고, 기계 속에 숨어있는 기술의 원리, 응용 및 사회적 영향 등에 대한 탐구를 진행함. CPU, 메모리, 저장 장치와 같은 컴퓨터 시스템의 기본 원리와 작동 방식 및 TCP/IP, 인터넷 프로토콜, 웹 기술과 같은 네트워크 인터넷 기술을 설명함. 이러한 컴퓨터와 정보 기술에 의해 디지털 혁명이 일어나고, 정보 접근성이 용이해졌으며 이에 따른 사이버 보안 문제가 발생하여 사회 구조와 일상 생활에 큰 변화를 주었음을 밝혀냄. 자동차 기술이 교통 시스템과 도시 환경에 미치는 영향을 분석하고, 교통 문제와 환경 문제에 대한 해결책을 제시함. 내연 기관부터 전기

자동차, 하이브리드 기술까지 자동차 기술의 역사와 발전 과정을 소개하고, GPS, 스마트 교통 시스템, 자율 주행 기술과 같은 교통 시스템의 발전이 인류의 삶에 편리함을 제공하였음을 설명함. 반면 무분별한 탄소 배출로 인해 환경이 심각해졌음을 강조하며 지속 가능한 교통 시스템이 하루빨리 구축되어야 함을 주장함. 특히 스마트폰, 태블릿, 웨어러블 기술과 전자기기의 발전이 소비 문화의 변화에 어떠한 영향을 주었는지 논리적으로 분석하여 큰 호응을 얻어냄.

후속 활동으로 나아가기

- 다양한 기술의 사례를 분석하고, 해당 기술의 긍정적 및 부정적 영향을 탐구해 보자. 이를 통해 기술이 사회에 미치는 영향과 윤리적 이슈를 이해하고, 책임감 있는 기술 사용에 대해 고민해 보자.
- 자동화, 인공지능, 빅데이터, 로봇 기술 등 여러 소재 중 선택하여, 기술과 기계가 사회에 미치는 영향을 주제로 토론을 진행해 보자.
- 로봇 공학 실습, 가상 현실(VR) 체험, 3D 프린팅 실습 등 다양한 기술을 직접 체험해 보고, 이러한 기술이 우리의 삶에 어떻게 적용되고 있는지 파악하여 기술의 역할과 의미를 분석하는 보고서를 작성해 보자.
- 사회에 긍정적인 영향을 미칠 수 있는 창의적인 기술 활용 방안에 대한 아이디어를 공유해 보자.

함께 읽으면 좋은 책

전치형 외 6인 **《기계비평들》** 워크룸프레스, 2019

에릭 브린욜프슨 외 1명 **《제2의 기계 시대》** 청림출판, 2014

스물아홉 번째 책

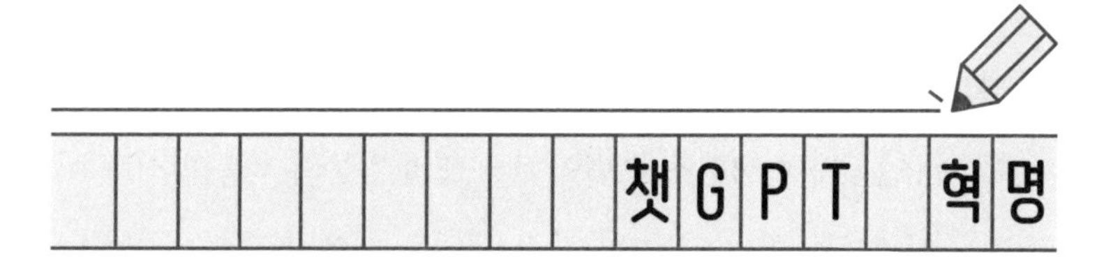

권기대 ▸ 베가북스

《챗GPT 혁명》은 대화형 인공지능 서비스의 대표 주자로 떠오르며 화제가 된 챗GPT에 대한 기본적인 지식과 정보를 제공하는 책입니다. 오픈AI가 만든 챗GPT의 개발 역사부터 다양한 기능, 그리고 검색, 반도체, 메타버스, 의료, 교육 등 다양한 산업 분야에 미칠 영향까지 다루며, 독자를 새로운 기술의 세계로 안내합니다.

이 책의 저자는 미국 월스트리트 출신의 경제 전문가입니다. 투자자의 시선으로 글로벌 투자 지형에 대한 챗GPT의 영향과 관련한 주요 기업들, 한국형 챗GPT의 등장 등에 대한 정보를 제공하며, 챗GPT가 가져올 혁명적인 변화를 심층 분석합니다. 특히 그는 챗GPT가 교육 및 연구 분야에 미치는 영향과 논란을 언급하며, 인류 역사에서 유례없는 이 혁명적 기술을 다양한 각도에서 살핍니다.

대화형 AI 서비스를 이해하기 위한 핵심 개념들

대화형 인공지능 서비스 모델인 챗GPT의 기능과 작동 방식을 이해하기 위해서는 먼저 몇 가지 핵심 개념을 이해할 필요가 있습니다. 본격적인 이야기에 앞서 다음 개념들을 참고하시길 바랍니다.

- 인공지능: 인간의 학습, 추론, 지각 능력 등을 컴퓨터로 구현하는 기술. 컴퓨터나 기계가 학습, 문제 해결, 언어 처리 등 인간과 유사한 지능을 발휘하는 기술임.
- 기계 학습ML: 데이터와 경험을 통해 시스템이 스스로 학습하고 성능을 향상시키는 기술.
- 딥러닝Deep Learning: 신경망 구조를 사용해 복잡한 패턴을 학습하고 예측하는 기계 학습의 하위 분야.
- 신경망Neural Networks: 인간이 뇌를 통해 문제를 처리하는 방법과 비슷하게 문제를 해결하기 위해 컴퓨터에서 채택하고 있는 구조. 인공 뉴런으로 구성된 네트워크로, 인간 뇌의 뉴런 연결을 모방해 학습하고 예측함.
- 자연어 처리NLP: 인공지능이 인간 언어를 이해하고 생성하는 기술.
- 사전 학습Pre-training: 대량의 데이터로 모델을 미리 학습시켜 일

반적인 지식과 언어 구조를 익히는 과정.

- 미세 조정Fine-tuning: 사전 학습된 모델을 특정 작업에 맞춰 조정하는 과정.
- 트랜스포머Transformer 모델: 병렬 처리와 주의 메커니즘을 사용해 효율적인 학습을 가능하게 하는 현대적 인공지능 모델.
- 주의Attention 메커니즘: 입력 데이터에서 중요한 부분에 집중하는 방식.
- GPT: 생성된 트랜스포머 구조로, 사전 학습과 미세 조정을 통해 다양한 텍스트 작업을 수행하는 모델.

챗GPT의 원리

챗GPT는 인공지능, 특히 자연어 처리NLP 기술을 기반으로 작동합니다. 주요 요소로는 트랜스포머 아키텍처, 사전 학습, 미세 조정, 생성 능력, 입력-출력 구조, 그리고 지속적인 대화 능력이 있습니다.

먼저 트랜스포머는 주의 메커니즘을 통해 입력된 데이터를 효율적으로 처리하며, 사전 학습을 통해 방대한 텍스트 데이터를 학습해 언어 패턴과 의미를 이해합니다. 그리고 미세 조정으로 추가적인 세부 조정을 거치며, 생성 능력을 통해 새로운 텍스트를 만들어 냅니다.

챗GPT는 사용자가 입력한 데이터를 바탕으로 문맥을 이해하고, 일관된 응답을 제공합니다. 이 과정에서 기계 학습과 딥러닝 기술이 중요한 역할을 합니다.

챗GPT 개발 역사

챗GPT는 트랜스포머 아키텍처에 기반을 두고 있습니다. 트랜스포머 모델은 2017년에 구글 브레인이 발표한 기념비적인 논문인 〈어텐션 이즈 올 유 니드Attention is All You Need〉에서 제안된 모델입니다. 트랜스포머는 주의 메커니즘을 통해 효율적인 학습과 병렬 처리를 가능하게 했으며, 이후 다양한 자연어 처리 작업에 널리 사용되었습니다.

오픈AI는 이를 활용해 GPTGenerative Pre-trained Transformer 모델 시리즈를 개발했습니다. 2018년에 발표된 첫 번째 GPT는 사전 학습과 미세 조정을 통해 다양한 작업을 처리했으며, 2019년 GPT-2는 더 큰 규모로 확장되어 텍스트 생성 능력을 인정받았습니다. 2020년 발표된 GPT-3는 1,750억 개의 매개 변수를 가진 매우 강력한 모델로, 자연어 처리 분야에서 새로운 기준을 세웠습니다. 챗GPT는 GPT-3를 기반으로 개발된 대화형 AI로, 2022년 11월에 공개되었으며 두 달 만에 1억 명 이상의 사용자를 확보하는 등 큰 인기를 얻었습니다.

다양한 분야의 챗GPT 활용

챗GPT는 다양한 분야에서 활용되고 있습니다. 콘텐츠 생성 능력을 바탕으로 기사, 블로그, 마케팅 자료 등을 자동으로 작성해 생산성을 높입니다. 교육 분야에서는 학생들의 질문에 답하며 튜터링 역할을 하거나 학습 자료 생성에 활용됩니다. 연구 및 데이터 분석에서 챗GPT는 문헌 조사, 데이터 분석, 요약 등에 사용되어 연구 효율성을 높입니다. 헬스 케어에서는 간단한 의료 상담과 건강 정보 제공에 도움을 주며, 엔터테인먼트와 게임에서는 캐릭터 대화 및 스토리 생성에 활용됩니다. 비즈니스 분야에서는 업무 자동화와 문서 요약 등에 사용됩니다. 이러한 활용은 작업 효율성을 높이고 개인화된 경험을 제공합니다. 다만 데이터 보안과 윤리적 문제에 주의를 요합니다.

챗GPT의 한계

챗GPT는 강력한 기능을 보유하고 있지만 몇 가지 한계와 문제점도 지니고 있습니다. 첫째, 부정확한 정보를 생성할 수 있습니다. 제공된 답이 논리적으로 그럴듯하지만 실제로는 틀릴 수 있습니다. 둘째, 문맥을 이해하는 데 한계가 있어 긴 대화나 복잡한 질문에 오류가 발생할 수 있습니다. 셋째, 학습 데이터의 편향성으로 인해 편견이 포함된 답을 제공할 수 있으며, 이는 민감한 주제에서 윤리적 문제를 야기할 수 있습니다. 넷째, 사용자 데이터 보안과 개인 정보 보호에 대한 우려가 있으며, 윤리적 문제나 잘못된 정보 전파, 자동화된 대화로 인해 혼란이 생길 수 있습니다. 마지막으로, 관련 규제와 거버넌스가 충분히 마련되지 않아 법적 기준이 명확하지 않습니다. 이러한 문제는 AI 서비스의 개선뿐만 아니라 사용자의 책임 있는 태도를 요구합니다.

대화형 인공지능 모델이 보여주는 미래

인공지능 모델은 계속 진화하여 미래에는 더 복잡한 맥락을 이해하는 맞춤형 서비스를 제공하게 될 것입니다. AI는 고객 서비스, 창작 분야 등에서 사람과 협력해 효율성을 높일 것이며, 윤리와 규제에 대한 요구도 증가할 것입니다. 이에 따라 AI의 공정성과 투명성을 보장하기 위해 규제 기관과 개발자의 협력이 중요해질 것입니다.

또한 AI 훈련에 필요한 에너지를 줄이고 지속 가능한 개발을 위해 에너지 효율과 친환경적인 인프라가 고려될 것입니다. AI 확산으로 인해 일자리와 사회적 상호작용, 교육 시스템의 변화가 예상되며, 우리 사회가 이제 이러한 변화에 적응해야 할 단계에 접어들 것입니다.

챗GPT는 초거대 AI의 일부에 불과하지만, 그 잠재력은 엄청납니다. 구글을 비롯한 주요 기술 기업들이 이른바 'AI 전쟁'에 뛰어들면서 인공지능 개발에 집중하고 있는 이유입니다. 우리는 이 강력한 기술의 잠재력을 충분히 지혜롭게 활용해야 하며, 동시에 그에 따른 문제점을 개선해 나가야 합니다. 이 책《챗GPT 혁명》은 챗GPT의 기원과 특성, 세계 경제 및 투자 시장에 미치는 영향, 주요 기업들, 기술의 한계와 문제점 등을 종합적으로 다루며, 기술 혁신을 탐험하고자 하는 이들에게 유용한 정보서가 되어 줄 것입니다.

도서 분야	과학	관련 과목	정보과학 계열 교과, 기술 교과	관련 학과	관련 학과, 컴퓨터공학 계열

고전 필독서 심화 탐구하기

▸ 기본 개념 및 용어

개념 및 용어	의미
인공 뉴런	인공 뉴런Artificial Neuron은 신경망의 기본 구성 요소로, 생물학적 뉴런에서 영감을 받아 만들어진 개념이다. 인공 뉴런은 주어진 입력을 기반으로 출력을 생성하며, 신경망에서 정보를 전달하고 처리하는 역할을 한다. 기계 학습과 딥러닝 분야에서 인공 뉴런과 신경망은 패턴 인식, 분류, 회귀, 이미지 및 음성 인식 등 다양한 응용 분야에서 활용되고 있다. 다음은 인공 뉴런이 작동하는 과정을 핵심 단어로 설명한 것이다. ·**입력**Input: 인공 뉴런은 여러 개의 입력을 받는다. 각 입력은 특정 값이나 데이터 포인트를 나타내며, 주로 다른 뉴런의 출력 또는 외부 데이터이다. ·**가중치**Weight: 각 입력에는 가중치가 할당된다. 가중치는 입력의 중요도를 나타내며, 신경망을 학습하는 과정에서 조정된다. ·**편향**Bias: 편향은 뉴런의 출력을 조절하는 추가적인 매개 변수이다. 가중치와 마찬가지로, 학습 과정에서 최적화된다. ·**합계**Summation: 인공 뉴런은 모든 입력에 가중치를 곱하고 편향을 더한 후, 이 값들을 합산한다. 이 과정을 통해 뉴런은 입력값과 가중치를 기반으로 하나의 합계값을 생성한다. ·**활성화 함수**Activation Function: 합계값은 활성화 함수에 전달된다. 활성화 함수는 비선형성을 도입하고, 결과를 특정 범위로 제한하는 역할을 한다. 일반적인 활성화 함수로는 시그모이드Sigmoid, 렐루ReLU, 탄젠트Tanh 등이 있다. ·**출력**Output: 활성화 함수를 통해 계산된 값이 인공 뉴런의 출력이다. 이 출력은 다음 뉴런으로 전달되거나 신경망의 최종 결과로 사용된다.

▸ 시대적 배경 및 사회적 배경 살펴보기

2010년대 초반부터 딥러닝 기술이 급격히 발전했다. 이 혁신은 주로 트랜스포머 아키텍처와 같은 새로운 모델의 개발, 컴퓨팅 파워의 증가, 대규모 데이터셋의 활용 등을 기반으로 했다. 이러한 기술 발전은 챗GPT와 같은 대형 언어 모델이 등장할 수 있는 발판이 되었다.

인공지능 기술이 사회와 경제에 미치는 영향이 커지면서, 인공지능에 대한 사회적 관심과 기대감도 증가했다. 이는 인공지능 기술의 연구와 개발에 대한 투자와 혁신을 촉진하는 원동력이 되었다. 또한 인터넷과 모바일 기술의 확산으로 사람들이 온라인에서 상호작용하는 시간이 증가했다. 이는 대화형 인공지능의 활용 범위를 넓히고, 사용자와 상호작용하는 자동화된 도구에 대한 수요를 폭발적으로 증가시켰다. 특히 기업과 조직은 효율성과 생산성을 높이기 위해 AI 기반 서비스를 점점 더 많이 활용하고 있으며, 이는 고객 서비스, 콘텐츠 생성, 자동화된 비서 역할 등 다양한 영역에서 AI 기술의 활용을 촉진했다.

이러한 시대적 및 사회적 배경에서 챗GPT와 같은 대화형 인공지능 모델이 개발되었다. 이와 동시에 인공지능의 사회적 영향과 윤리적 문제에 대한 논의도 함께 증가하고 있는 점은 주의 깊게 지켜봐야 할 부분이다.

현재에 적용하기

챗GPT를 일상생활에서 활용할 수 있는 구체적인 방법들(학습 보조, 창의적 글쓰기, 시간 관리, 정보 탐색 등)을 조사하고, 이러한 인공지능 도구가 개인의 생산성 향상과 문제 해결 능력에 어떤 긍정적인 영향을 미칠 수 있는지 분석해 보자.

생기부 진로 활동 및 과세특 활용하기

▸ 책의 내용을 진로 활동과 연관 지은 경우(희망 진로: 컴퓨터공학과)

'챗GPT 혁명(권기대)'을 통해 챗GPT의 원리를 분석하고, 이러한 언어 모델이 사회에 미치는 영향을 탐구하여 현대 사회에 어떤 변화를 가져왔는지를 분석해 냄. 언어 모델을 활용한 자동화된 콘텐츠 생성이 사회에 미치는 영향과 언어 모델이 소통과 인간관계에 미치는 영향을 밝혀냄. 특히 이러한 언어 모델이 야기할 수 있는 윤리적 문제들과 이를 해결하기 위한 방안들을 제시함. 인종, 성별, 성적 지향에 따른 언어 모델의 편향과 차별 문제, 언어 모델을 통한 정보 조작 및 가짜 뉴스 생성의 위험성 등을 제시하여 인공지능 기술의 양면성을 부각함. 언어 모델을 개발하고 사용하는 기업 및 조직의 사회적 책임을 강조하고, 이를 통해 언어 모델이 사회에 미치는 부정적 영향을 최소화하는 것이 중요함을 주장함. 알고리즘의 투명성, 데이터 보호 법률, AI 윤리 가이드라인을 통해 언어 모델을 적정선에서 규제하고, 윤리적 AI 개발, 시민 참여를 통해 언어 모델이 제기하는 사회적 문제에 적극적으로 대응하는 것이 중요함을 강조함.

▸ 책의 내용을 정보과학 계열 교과와 연관 지은 경우

GPT 모델의 기본 작동 원리와 트랜스포머 아키텍처의 작동 방식의 핵심 개념을 탐구하여 GPT 모델이 텍스트를 생성하는 과정을 파악함. GPT 모델의 훈련 과정과 사전 학습, 전이 학습의 원리를 설명하고, GPT 모델이 언어 패턴을 학습하는 방식과 이를 기반으로 텍스트를 생성하는 과정을 밝혀냄. '챗GPT 혁명(권기대)'을 통해 GPT 모델이 어떤 분야에서 활용되는지를 소개하고, 다양한 문제를 해결하는 데 어떤 역할을 하는지 설명함. 텍스트 생성, 번역, 요약, 질문 답변 과정과 같은 자연어 처리 분야에서 GPT 모델이 활용되는 원리와 함께 시, 소설 등의 창작 영역에서

도 GPT 모델이 활용될 수 있음을 소개함. 맥락 이해 부족, 장기 기억 문제, 편향 문제와 같은 GPT 모델의 한계를 분석하여 이를 개선할 수 있는 다양한 아이디어를 제시함. 더 큰 데이터 세트, 강화 학습, 하이브리드 아키텍처와 같은 기술적 방법들을 제안하고, GPT 모델과 다른 언어 모델을 비교 분석하여 각각의 단점을 보완할 수 있는 방법을 제시함. GPT 모델을 사용하여 텍스트 생성 및 요약 등의 작업을 직접 실행해 보고, 모델을 활용한 간단한 챗봇의 알고리즘을 탐구하여 그 원리를 밝혀냄.

후속 활동으로 나아가기

- 앞으로 GPT 모델이 더 복잡한 대화와 질문을 처리하게 되었을 때 사회경제적으로 미치게 될 영향을 분석하고 예측하는 보고서를 만들어 발표해 보자.
- 의료, 법률, 금융과 같은 전문 분야에서 인공지능이 어떻게 활용될 수 있을지 연구해 보고, AI에 의해 어떤 모습으로 변화될지 예측해 보는 프로젝트를 진행해 보자.
- AI가 텍스트를 넘어 음성, 비디오, 제스처 등을 통해 상호작용하는 방식에 대해 실험하고, 각 인터페이스가 제공하는 사용자 경험을 비교하여 발표해 보자.
- 'AI의 사회적 책임과 규제'를 주제로 AI 기술의 공정성, 투명성, 안전성에 대해 조사하고, AI 윤리와 관련된 사례를 분석하여 발표해 보자.

함께 읽으면 좋은 책

헨리 키신저 외 2인 **《AI 이후의 세계》** 윌북, 2023

리카이푸 외 1인 **《AI 2041》** 한빛비즈, 2023

서른 번째 책

사이먼 싱 ▸ 영림카디널

《페르마의 마지막 정리》는 300년 넘게 미스터리로 남아 있던 수학적 난제와 그것을 둘러싼 인물들의 흥미로운 이야기를 담고 있는 책입니다. 이 책의 저자 사이먼 싱Simon Singh은 영국 케임브리지 대학에서 물리학 박사 학위를 받고, BBC 프로듀서로서 다큐멘터리 〈페르마의 마지막 정리〉를 연출·제작했습니다. 이 다큐멘터리를 같은 제목의 책으로 출간한 것이 바로 《페르마의 마지막 정리》입니다.

이 책은 17세기 프랑스의 수학자 피에르 드 페르마가 책의 여백에 남긴 간단한 문구에서 시작됩니다. '나는 이 정리를 위한 놀라운 증명을 가지고 있지만, 여기에는 적을 공간이 없다'라는 페르마의 말은 수 세기 동안 수학자들을 매혹시켰고, 궁극적으로 수학계의 가장 큰 도전 과제 중 하나가 되었습니다. 이 책은 페르마의 마지막 정리가 어떻게 세월이 흐르면서 그렇게 많은 수학자를 매료시켰는지, 그리고 이들이 어떤 식으로 이 정리를 해결하기 위해 노력했는지에 대한 이야기를 통해 수학의 역사를 조명합니다. 또한 앤드루 와일스라는 수학자가 자신의 평생을 바쳐 이 문제를 해결하기까지의 과정을 감동적으로 그려 내며, 수학계에서의 혁신과 인간적인 도전을 흥미롭게 연결합니다.

페르마의 정리를 증명하기 위한 수학자들의 노력

사이먼 싱의 《페르마의 마지막 정리》는 페르마의 유명한 정리와 그것을 증명하려는 수학자들의 모습을 그려냅니다. 저자는 다양한 수학자들의 노력을 조명하는데, 특히 소피 제르맹, 에른스트 쿠머, 레온하르트 오일러 등 수학자들이 페르마의 정리에 기여한 부분을 설명하며, 수학의 발전 과정에서 이들이 어떤 역할을 했는지 강조합니다. 이들은 모두 페르마의 정리를 해결하기 위해 노력하고 결과적으로 기여도 했으나 최종적인 해결책을 제시하지는 못했습니다.

이후 앤드루 와일스라는 수학자가 등장합니다. 그는 어린 시절 페르마의 정리에 매료되어, 이 문제를 해결하기 위해 수학자로서 삶에 자신의 인생을 바칩니다. 그의 비밀스러운 연구와 꾸준한 노력, 그리고 수학적 창의성은 결국 페르마의 정리 증명을 성공시킵니다. 와일스가 증명에 도달하는 과정에서 겪은 좌절과 성공, 그리고 그의 증명이 수학계에 미친 영향은 수학의 힘과 아름다움을 생생하게 보여줍니다.

'페르마의 정리' 해결에 기여한 수학자들

이 책은 페르마의 정리와 관련된 역사적 맥락을 보여 주면서, 중요한 역할을 한 여러 수학자들을 소개합니다. 여기에 수학자들의 활약을 간략하게 정리해 보겠습니다.

- 피에르 드 페르마Pierre de Fermat: 17세기 프랑스의 수학자이자 변호사로, 페르마의 마지막 정리를 포함하여 수많은 중요한 수학적 아이디어를 제시했습니다. 그의 작업은 수학사에 큰 영향을 미쳤으며, 페르마의 마지막 정리로 인해 오랜 시간 동안 수학자들의 관심을 끌었습니다.
- 레온하르트 오일러Leonhard Euler: 18세기 스위스 수학자로, 수학의 다양한 분야에서 혁신적인 기여를 했습니다. 그는 페르마의 정리에 대한 증명을 여러 번 시도했고, 수학사에서 페르마의 정리를 해결하기 위한 초기 연구에 중요한 역할을 했습니다.
- 에른스트 쿠머Ernst Kummer: 19세기 독일 수학자로, 페르마의 마지막 정리의 증명을 위해 노력한 인물입니다. 그는 이론적인 측면

에서 접근하여, 정수론과 관련된 개념을 발전시켰습니다.

- 소피 제르맹Sophie Germain: 프랑스의 여성 수학자로, 페르마의 정리를 증명하기 위한 이론적 기반을 마련하는 데 기여했습니다. 그녀는 정수론에 대한 중요한 개념을 개발했고, 페르마의 마지막 정리의 해결을 위해 평생 수학을 연구했습니다.
- 다비트 힐베르트David Hilbert: 독일의 저명한 수학자로, 수학의 발전을 이끌었던 수학자 중 한 명입니다. 그는 20세기 초에 '힐베르트의 문제'라는 23가지 문제를 제시했으며, 페르마의 정리가 포함된 여러 수학적 난제를 해결하기 위해 노력했습니다.
- 앨런 베이커Alan Baker: 영국의 수학자로, 현대 정수론의 발전에 중요한 역할을 했습니다. 그의 연구는 페르마의 정리 증명에 필요한 이론적 토대를 제공했습니다.
- 앤드루 와일스Andrew Wiles: 20세기 후반, 페르마의 마지막 정리를 해결하기 위해 7년 동안 비밀리에 연구를 진행한 수학자입니다. 그는 엘립틱 곡선과 모듈러 형식 이론을 활용하여 페르마의 정리를 증명해냈고, 1994년에 그 증명 결과를 발표하면서 수학계에 큰 파장을 일으켰습니다.

페르마의 마지막 정리와 정수론

정수론Number Theory은 수학의 한 분야로, 정수의 성질과 정수들 간의 관계를 연구하는 이론입니다. 이는 수학에서 가장 오래된 분야 중 하나로, 기본적인 정수의 속성부터 복잡한 이론에 이르기까지 다양한 주제를 다룹니다.

정수론은 크게 두 가지 영역으로 나뉘는데, 하나는 순수 정수론이고 다른 하나는 분석적 정수론입니다. 순수 정수론은 주로 정수의 분할, 약수, 소수, 합동 등 기초적인 성질을 다루며, 분석적 정수론은 복소수나 무한급수 등의 분석 기법을 활용하여 정수론 문제를 연구합니다.

페르마의 마지막 정리의 증명은 정수론의 여러 발전과 직간접적으로 관련되어 있습니다. 역사적으로 레온하르트 오일러, 에른스트 쿠머, 소피 제르맹 등의 수학자들이 이 정리를 증명하려고 시도하면서 정수론 분야 발전에 크게 기여했으며, 이 과정에서 약수, 소수, 이차 형태, 합동론 등 정수론의 개념들이 발전했습니다.

앞서 언급한 앤드루 와일스의 페르마의 마지막 정리 증명은 정수론의 복잡한 영역을 활용합니다. 와일스는 엘립틱 곡선, 모듈러 형식, 갈루아 이론 등 고급 정수론 개념을 사용하여 증명을 완성했습니다. 이 과정에서 와일스는 수학의 여러 분야들을 종합하고, 새로운 방법을 도입하여 정수론 분야에 큰 공헌을 했습니다.

《페르마의 마지막 정리》는 수학의 아름다움과 수학자들의 헌신을 생생하게 전달하며, 독자들이 수학을 새로운 시각으로 볼 수 있는 기회를 제공합니다. 저자는 수학에 대한 열정과 흥미를 가진 독자들을 위해 이 복잡한 문제의 역사와 해결 과정을 이해하기 쉽게 풀어내고, 이 책을 통해 수학이 단순한 숫자와 공식을 넘어, 창의성과 끈기, 그리고 공동체의 노력을 요구하는 분야임을 보여줍니다. 수학을 잘 모르는 독자들이라고 해도 특유의 흥미진진 이야기와 이해하기 쉬운 설명으로 수학의 세계에 빠져들며, 수학자들의 끈질긴 노력과 열정에 영감을 얻게 될 것입니다.

《페르마의 마지막 정리》는 이 복잡한 수학적 미스터리가 어떻게 풀리게 되었는지를 흥미롭게 전달하며 수학의 역사와 도전을 향한 열망을 탐구하는 탁월한 작품입니다.

도서 분야	과학	관련 과목	수학 계열 교과	관련 학과	수학 계열, 수학교육 계열

고전 필독서 심화 탐구하기

▸ 기본 개념 및 용어

개념 및 용어	의미
힐베르트의 문제	힐베르트의 문제Hilbert's Problems는 1900년 독일의 수학자 다비트 힐베르트 David Hilbert가 제시한 23가지 수학 문제를 말한다. 이 문제들은 20세기 수학의 주요 연구 과제를 제시하고, 수학의 발전 방향을 안내하는 역할을 했다. 힐베르트는 파리에서 열린 국제수학자대회에서 이 문제들을 처음 발표했으며, 이는 당시 수학계에 큰 반향을 일으켰다. 힐베르트의 문제는 수학의 여러 분야를 아우르며, 당대의 수학적 과제와 수학의 이론적 기반에 대한 중요한 질문을 포함한다. 몇 가지 중요한 문제들을 간략하게 살펴보면 다음과 같다. ·**칸토어의 집합론과 연속체 가설:** 첫 번째 문제는 조지 칸토어Georg Cantor의 집합론과 관련된 것으로, 연속체 가설을 증명하거나 반증하는 것이 핵심이다. 이 문제는 집합론의 기초에 대한 질문을 제기하며, 수학의 무한 개념을 이해하는 데 중요한 역할을 한다. ·**페르마의 마지막 정리:** 이 문제는 힐베르트의 문제 중 여덟 번째로 언급되었으며, 페르마의 마지막 정리의 증명을 찾는 것을 목표로 한다. 이 문제는 이후 앤드루 와일스에 의해 해결되었다. ·**리만 가설:** 소수의 분포를 이해하는 데 중요한 가설이며, 현대 수학에서도 해결되지 않은 주요 난제이다. ·**양의 정수의 원에 대한 문제:** 힐베르트의 열 번째 문제는 정수론과 관련되어 있으며, 다항 방정식의 정수 해를 구하는 것이 핵심이다. 이 문제는 1970년에 해결되었으며, 정수론과 알고리즘 이론에 중요한 영향을 미쳤다. 힐베르트의 문제들은 수학의 여러 분야를 아우르며, 수학의 발전에 크게 기여했다. 이 문제들은 수학자들에게 도전 과제를 제시하고, 20세기 수학의 방향을 이끄는 데 중요한 역할을 했다.

개념 및 용어	의미
엘립틱 곡선	엘립틱 곡선Elliptic Curve은 대수기하학 분야에서 중요한 개념으로, 특히 정수론, 암호학, 그리고 페르마의 마지막 정리와 같은 수학적 문제에 사용된다. 엘립틱 곡선은 주어진 수학적 방정식을 만족하는 점들의 집합이다. 평면 위에서 매끄러운 곡선을 형성하며, 비특이성 조건 때문에 곡선에 자명한 특이점이 없다. 이는 곡선이 잘 정의된 구조를 가지며, 그 위에서 여러 가지 연산이 가능하다는 것을 의미한다. 다음은 엘립틱 곡선의 특징이다. ·**군 구조**: 엘립틱 곡선은 군group 구조를 가지는데, 이는 곡선 위의 점들을 특정한 방식으로 더하는 연산이 정의된다는 의미다. 두 점을 더하면 새로운 점이 생성되며, 이 연산은 연속적이고 닫혀 있는 특성을 지닌다. 이는 엘립틱 곡선을 암호학과 정수론에서 사용할 수 있는 중요한 이유 중 하나다. ·**응용 분야**: 엘립틱 곡선은 수학의 여러 분야에서 활용된다. 특히 정수론에서는 페르마의 마지막 정리 증명에 중요한 역할을 했다. 또한 엘립틱 곡선 암호학Elliptic Curve Cryptography은 현대 암호학에서 중요한 기술로, 데이터 보안 및 공개 키 암호 시스템에 사용된다. 엘립틱 곡선은 상대적으로 작은 키 사이즈로도 보안성이 높기 때문에, 효율적인 암호 기술로 널리 활용된다.
모듈러 형식론	모듈러 형식Modular Form 이론은 수학의 수론, 대수기하학, 복소해석학 등 여러 분야와 깊이 연관된 중요한 개념이다. 모듈러 형식은 특정한 대칭성과 분석적 성질을 갖는 복소함수로, 주로 타원형 모듈러 곡선Elliptic Modular Curve에 관련된 수학적 문제를 연구하는 데 사용된다. 모듈러 형식은 복소평면에서 특정한 변환 아래 불변성을 지니는 복소함수이다.

▸ 시대적 배경 및 사회적 배경 살펴보기

'페르마의 마지막 정리'는 수학의 주요 이론이었던 정수론, 대수학, 위상 수학 등의 발전과 깊이 관련되어 있다. 이 문제를 해결하려는 과정에서 수학의 여러 분야가 서로 교차하며 발전한 것이다. 이 정리는 수학자들 사이에서 도전의 대상이자 학문적 영감을 주는 주제였다. 1994년 앤드루 와일스Andrew Wiles가 이 정리를 증명하기까지 350년 동안 수많은 수학자들이 다양한 방법으로 도전했으며, 그 과정에서 수학의 여러 분야에서 다양한 접근법과 방법론이 개발되었다. 특히 모듈러 형식과 타니야마-시무라 추측Taniyama-Shimura conjecture이 문제를 해결하는데 중요한 역할을 했다.

페르마의 마지막 정리는 수학계뿐만 아니라 일반 대중에게도 널리 알려진 문제였다. 이 문제를 해결하는 것은 수학자들에게 학문적 명예와 사회적 인정을 가져다주는 것이었다. 이 때문에 많은 수학자들이 자신의 경력과 인생을 이 문제에 바쳤다. 그리고 이 정리의 해결 과정은 수학이 얼마나 아름답고 우아한 학문인지 보여주었다. 앤드루 와일스의 증명은 수학자들뿐만 아니라 일반 대중에게도 큰 감동을 주었으며, 수학의 위대함과 과학적 도전에 대한 찬사를 불러일으켰다.

현재에 적용하기

'밀레니엄 문제Millennium Problems'로도 알려진 세계 7대 수학 난제를 조사하고, 난제의 증명이 어떤 분야에 기여할 수 있는지 알아보자.

생기부 진로 활동 및 과세특 활용하기

▸ 책의 내용을 진로 활동과 연관 지은 경우(희망 진로: 수학교육과)

'페르마의 마지막 정리(사이먼 싱)'에 언급되는 수학적 패턴의 원리를 분석하고 이를 작품으로 제작하는 활동을 진행함. 나무, 번개, 해안선 등 자연에서 발견되는 프랙탈을 탐구하여 이를 미술 작품으로 표현함. 특히 프랙탈을 기반으로 한 만다라를 디자인하여 수학적 개념을 예술적으로 새롭게 표현해 냄. 프랙탈 구조 중 하나인 만델브로 집합의 개념을 탐구하고, 이를 활용하여 다양한 창의적인 작품들을 제작함. 프랙탈 생성 프로그램을 이용하여 만델브로 집합을 생성하고, 다양한 색상과 패턴을 적용하여 다양한 만델브로 작품을 만들어 냄. 특히 만델브로 집합을 확대하면서 나타나는 새로운 패턴을 탐구하고, 이를 기반으로 더욱 독특한 미술 작품을 만들어냄. 벽화, 디지털 아트 등 만델브로 집합에서 영감을 받은 다양한 예술 작품들을 소개하며 수학적 개념이 다양한 분야에서 활용될 수 있음을 흥미롭게 제시함.

▸ 책의 내용을 수학 계열 교과와 연관 지은 경우

'페르마의 마지막 정리(사이먼 싱)'를 통해 페르마의 마지막 정리에 대한 역사적 배경을 분석하고, 이 정리가 수학계에서 어떤 위치를 차지하는지 탐구함. 피에르 드 페르마, 앤드루 와일스 등 페르마의 마지막 정리와 관련된 주요 수학자들의 업적을 조사하고, 정수론, 대수 기하학, 모듈러 형식 등 페르마의 마지막 정리를 해결하는 데 필요한 수학적 개념을 탐구함. 페르마의 마지막 정리와 관련된 정수론의 주요 개념과 이를 해결하는 데 사용된 수학적 도구를 심도 있게 학습하여 그 과정을 밝혀냄. 정수론의 기본 개념을 시작으로, 타니야마-시무라 추측과 모듈러 형식 등 페르마의 마지막 정리를 해결하기 위한 이론들을 알기 쉽게 설명하고, 이러한 정수론이 실제로 암호화, 컴퓨터 과학 등에 응용되고 있음을 소개하며 수학이 인류의 삶에 밀접한 연관성이 있음을 흥미롭게 제시함. 또한 프랙탈, 대칭과 같은 수학적 패턴이 예술 분야에 폭넓게 사용되고 있음을 소개하고, 이를 토대로 수학이 음악, 문학 등 다른 분야에 활용될 수 있는 방안을 제시함.

후속 활동으로 나아가기

▸ 페르마의 마지막 정리를 예술적으로 표현하는 활동을 진행해 보자. 수학적 패턴과 도형을 활용해 예술 작품을 제작하거나 수학적 주제를 활용한 연극이나 퍼포먼스 제작을 통해 수학 개념을 창의적으로 연출해 보자. 또한 수학적 원리를 음악 작곡이나 연주에 적용하여 음악 속에 숨겨진 수학적 패턴을 분석해 보는 과정을 통해 수학과 음악의 관계를 탐구해 보자.

▸ '페르마의 마지막 정리'에서 다루는 수학 문제를 기반으로, 함께 도전하고 해결할 수 있는 수학 문제를 선정하여 탐구해 보자.

▸ '페르마의 마지막 정리'에 등장하는 수학자들의 업적과 삶을 연구하고, 이를 발표해 보자.

함께 읽으면 좋은 책

마이클 브룩스 **《수학은 어떻게 문명을 만들었는가》** 브론스테인, 2022

올리버 존슨 **《수학의 힘》** 더퀘스트, 2024

명문대 입학을 위해 반드시 읽어야 할

생기부 고전 필독서 30 | 과학 편 |

초판 1쇄 발행 2024년 12월 20일

지은이 홍석균
펴낸이 민혜영
펴낸곳 데이스타
주소 서울시 마포구 월드컵로 14길 56, 3~5층
전화 02-303-5580 | **팩스** 02-2179-8768
홈페이지 www.cassiopeiabook.com | **전자우편** editor@cassiopeiabook.com
출판등록 2012년 12월 27일 제2014-000277호

ISBN 979-11-6827-264-4 (43400)

• 데이스타는 (주)카시오페아 출판사의 어린이·청소년 브랜드입니다.
• 잘못된 책은 구입하신 곳에서 바꿔 드립니다.
• 책값은 뒤표지에 있습니다.